高等数学竞赛指导教程

刘启明　主编

张世华　冯杏芳　刘立红　副主编

北京航空航天大学出版社

内 容 简 介

本书是为大学生数学竞赛(非数学类)编写的教学辅导教材,内容涵盖极限与连续、导数与偏导数、定积分与重积分、曲线积分与曲面积分、无穷级数、常微分方程与空间解析几何 7 个专题,每个专题由知识概要介绍、典型例题分析及模拟题目自测三部分组成。附录给出了中国大学生数学竞赛竞赛大纲(非数学专业类)和 2018—2020 年全国大学生数学竞赛真题及参考答案。

本书既可以作为参加全国大学生数学竞赛的教学与学习用书,也可作为本科生的考研参考书。

图书在版编目(CIP)数据

高等数学竞赛指导教程 / 刘启明主编. -- 北京 :
北京航空航天大学出版社,2022.3
ISBN 978 - 7 - 5124 - 3746 - 3

Ⅰ. ①高… Ⅱ. ①刘… Ⅲ. ①高等数学－高等学校－
教学参考资料 Ⅳ. ①O13

中国版本图书馆 CIP 数据核字(2022)第 038442 号

高等数学竞赛指导教程

刘启明　主编

张世华　冯杏芳　刘立红　副主编

策划编辑　陈守平　　责任编辑　杨　昕

*

北京航空航天大学出版社出版发行

北京市海淀区学院路 37 号(邮编 100191)　http://www.buaapress.com.cn
发行部电话:(010)82317024　传真:(010)82328026
读者信箱:goodtextbook@126.com　邮购电话:(010)82316936
北京建宏印刷有限公司印装　各地书店经销

*

开本:787×1 092　1/16　印张:12.25　字数:321 千字
2022 年 5 月第 1 版　2024 年 5 月第 2 次印刷　印数:1 001～1 300 册
ISBN 978 - 7 - 5124 - 3746 - 3　定价:48.00 元

前　言

全国大学生数学竞赛(The Chinese Mathematics Competitions, CMC)始于 2009 年,每年举行一次. 该竞赛是展现大学生数学基本功与数学思维的舞台,同时也推动了大学数学教学的改革与建设.

本书针对非数学专业的全国大学生数学竞赛而编写,作者是长期工作在高等数学教学第一线的教师. 本书分为 7 章,内容包括极限与连续、导数与偏导数、定积分与重积分、曲线积分与曲面积分、无穷级数、常微分方程及空间解析几何,每章均由知识概要介绍、典型例题分析及模拟题目自测三部分组成. 知识概要介绍清晰简洁、便于理解,典型例题分析覆盖面广、深浅相宜,模拟题目自测接近实战、锻炼能力. 另外,附录给出了中国大学生数学竞赛竞赛大纲(非数学专业类)和 2018—2020 年全国大学生数学竞赛真题及参考答案.

本书既可以作为参加全国大学生数学竞赛的教学与学习用书,也可作为本科生的考研参考用书。

本书主要由刘启明、张世华、冯杏芳、刘立红编写,刘启明编写了第 1 章和第 2 章,张世华编写了第 3 章和第 6 章,冯杏芳编写了第 4 章和第 7 章,刘立红编写了第 5 章. 刘启明任本书的主编,对全书进行了统稿.

鉴于作者水平有限,书中不足之处在所难免,敬请广大读者批评指正.

电子邮箱为 lqmmath@163.com.

作　者

2021 年 10 月于陆军工程大学石家庄校区

目　　录

第1章 极限与连续

1.1 知识概要介绍

1.1.1 函　数

函数的两要素：对应法则与定义域.

函数的性态：奇偶性、单调性、有界性与周期性.

1.1.2 极　限

1. 极限的定义

"$\varepsilon - N$"定义：若 $\forall \varepsilon > 0$，$\exists N > 0$，使得当 $n > N$ 时，恒有 $|a_n - a| < \varepsilon$，则

$$\lim_{n \to \infty} a_n = a.$$

"$\varepsilon - \delta$"定义：若 $\forall \varepsilon > 0$，$\exists \delta > 0$，使得当 $0 < |x - x_0| < \delta$ 时，恒有 $|f(x) - A| < \varepsilon$，则

$$\lim_{x \to x_0} f(x) = A.$$

2. 极限的求法

（1）极限的定义

利用定义计算极限.

（2）四则运算法则

若 $\lim f(x) = A$，$\lim g(x) = B$，则

$$\lim[f(x) \pm g(x)] = \lim f(x) \pm \lim g(x) = A \pm B,$$

$$\lim[f(x)g(x)] = \lim f(x) \cdot \lim g(x) = A \cdot B,$$

$$\lim \frac{f(x)}{g(x)} = \frac{\lim f(x)}{\lim g(x)} = \frac{A}{B} \quad (B \neq 0).$$

（3）复合运算法则

设函数 $y = f[g(x)]$ 由函数 $y = f(u)$ 与函数 $u = g(x)$ 复合而成，$y = f[g(x)]$ 在 x_0 的某去心邻域内有定义，若 $\lim\limits_{x \to x_0} g(x) = u_0$，函数 $y = f(u)$ 在 $u = u_0$ 连续，则

$$\lim_{x \to x_0} f[g(x)] = \lim_{u \to u_0} f(u) = f(u_0).$$

（4）等价无穷小代换

设 $\alpha \sim \alpha'$，$\beta \sim \beta'$，且 $\lim \dfrac{\beta'}{\alpha'}$ 存在，则 $\lim \dfrac{\beta}{\alpha} = \lim \dfrac{\beta'}{\alpha'}$.

当 $x \to 0$ 时，常用的等价无穷小有

$$\sin x \sim x, \quad \tan x \sim x, \quad \arcsin x \sim x,$$

$$1 - \cos x \sim \frac{1}{2}x^2, \quad \arctan x \sim x,$$

$$\ln(1+x) \sim x,$$

$$\mathrm{e}^x - 1 \sim x, \quad \sqrt{1+x} - 1 \sim \frac{1}{2}x,$$

$$a^x - 1 \sim x\ln a, \quad (1+x)^u - 1 \sim ux.$$

（5）夹逼准则

如果数列 $\{x_n\}$，$\{y_n\}$ 和 $\{z_n\}$ 满足 $y_n \leqslant x_n \leqslant z_n$ 且 $\lim\limits_{n \to \infty} y_n = \lim\limits_{n \to \infty} z_n = a$，则 $\lim\limits_{n \to \infty} x_n = a$.

当 $x \in \mathring{U}(x_0, \delta)$ 时，有 $g(x) \leqslant f(x) \leqslant h(x)$ 成立，且 $\lim\limits_{x \to x_0} g(x) = \lim\limits_{x \to x_0} h(x) = A$，则

$$\lim_{x \to x_0} f(x) = A.$$

（6）单调有界定理

单调有界数列必有极限，即单调增加有上界的数列必有极限，单调减少有下界的数列必有极限.

注：在同一变化过程中单调增加且有上界的函数极限存在；在同一变化过程中单调减少且有下界的函数极限存在.

（7）归结原则

如果极限 $\lim\limits_{\substack{x \to x_0 \\ (x \to \infty)}} f(x) = A \Leftrightarrow \forall \{x_n\}$，$\lim\limits_{n \to \infty} x_n = x_0 (\lim\limits_{n \to \infty} x_n = \infty)$，$x_n \neq x_0 (n \in \mathbf{N}^+)$，则

$$\lim_{n \to \infty} f(x_n) = \lim_{x \to x_0} f(x).$$

（8）洛比达法则

洛必达法则主要解决 $\dfrac{0}{0}$ 和 $\dfrac{\infty}{\infty}$ 型极限问题，即有

$$\lim_{x \to \infty} \frac{f(x)}{F(x)} = \lim_{x \to \infty} \frac{f'(x)}{F'(x)},$$

其他类型的转化为这两种类型：$\infty - \infty$ 型 $\to \dfrac{0}{0}$，$\dfrac{\infty}{\infty}$ 型 $\leftarrow \infty^0$，0^∞，0^0 型.

（9）施笃兹(Stolz)定理

① 设 x_n 满足 $x_n < x_{n+1}$，$\lim\limits_{n \to \infty} x_n = +\infty$，如果 $\lim\limits_{n \to \infty} \dfrac{y_n - y_{n-1}}{x_n - x_{n-1}} = a$（或 ∞），则

$$\lim_{n \to \infty} \frac{y_n}{x_n} = a \text{（或 ∞）}.$$

② 设 x_n 满足 $x_n > x_{n+1}$，$\lim\limits_{n \to \infty} x_n = \lim\limits_{n \to \infty} y_n = 0$，如果 $\lim\limits_{n \to \infty} \dfrac{y_n - y_{n-1}}{x_n - x_{n-1}} = a$（或 ∞），则

$$\lim_{n \to \infty} \frac{y_n}{x_n} = a \text{（或 ∞）}.$$

施笃兹定理可以推广到函数极限的情况：

① 若 $f(x)$、$g(x)$ 在 $[a, +\infty)$ 内闭有界（指对任意 $b > a$，$f(x)$、$g(x)$ 在 $[a, b]$ 上有界），且存在常数 $T > 0$ 使得 $g(x+T) > g(x)$，则 $\lim\limits_{x \to +\infty} g(x) = +\infty$. 如果 $\lim\limits_{x \to +\infty} \dfrac{f(x+T) - f(x)}{g(x+T) - g(x)} = a$（或 ∞），则 $\lim\limits_{x \to +\infty} \dfrac{f(x)}{g(x)} = a$（或 ∞）.

② 若 $f(x)$、$g(x)$ 在 $[a, +\infty)$ 内闭有界（指对任意 $b > a$，$f(x)$、$g(x)$ 在 $[a, b]$ 上有界），且存在常数 $T > 0$ 使得 $0 < g(x+T) < g(x)$，则 $\lim\limits_{x \to +\infty} f(x) = \lim\limits_{x \to +\infty} g(x) = 0$. 如果 $\lim\limits_{x \to +\infty} \dfrac{f(x+T) - f(x)}{g(x+T) - g(x)} = a$（或 ∞），则 $\lim\limits_{x \to +\infty} \dfrac{f(x)}{g(x)} = a$（或 ∞）.

（10）泰勒（Taylor）公式

利用泰勒公式计算极限.

（11）定积分定义

利用定义式 $\lim\limits_{\lambda \to 0} \sum\limits_{i=1}^{n} f(\xi_i) \Delta x_i = \int_a^b f(x) \mathrm{d}x$ 计算极限.

（12）无穷小的性质

有界函数与无穷小的乘积是无穷小.

（13）柯西（Cauchy）收敛定理

设 $\lim\limits_{n \to \infty} x_n = a \Leftrightarrow \forall \varepsilon > 0$，存在正整数 N，当 $m, n > N$ 时，有 $|x_n - x_m| < \varepsilon$. 函数有类似定理.

（14）常用极限

$$\lim_{n \to \infty} \sqrt[n]{a} = 1, \quad \lim_{n \to \infty} \sqrt[n]{n} = 1, \quad \lim_{n \to \infty} \frac{a^n}{n!} = 0,$$

$$\lim_{a \to 0} (1+a)^{\frac{1}{a}} = \mathrm{e}, \quad \lim_{a \to 0} \frac{\sin a}{a} = 1.$$

1.1.3　连　续

1. 连续的定义

设函数 $y = f(x)$ 在点 x_0 的某一邻域内有定义，如果
$$\lim_{x \to x_0} f(x) = f(x_0),$$
或
$$\lim_{\Delta x \to 0} \Delta y = \lim_{\Delta x \to 0} [f(x_0 + \Delta x) - f(x_0)] = 0,$$
则称函数 $f(x)$ 在 x_0 连续；否则，称 x_0 为间断点.

"$\varepsilon - \delta$" 定义：若对 $\forall \varepsilon > 0$，$\exists \delta > 0$，使得当 $|x - x_0| < \delta$ 时，恒有 $|f(x) - f(x_0)| < \varepsilon$，则函数 $f(x)$ 在 x_0 连续.

若函数 $f(x)$ 在开区间 (a, b) 内的每一点处都连续，在 $x = a$ 处右连续，在 $x = b$ 处左连续，则称函数 $f(x)$ 在闭区间 $[a, b]$ 上连续.

2. 闭区间连续函数的性质

最值定理：在闭区间上连续的函数在该区间上有界且一定能取得它的最大值和最小值.

零点定理：设函数 $f(x)$ 在闭区间 $[a,b]$ 上连续，且 $f(a) \cdot f(b) < 0$，则在开区间 (a,b) 内至少有一点 ξ，使 $f(\xi) = 0$.

1.2　典型例题分析

例 1　证明在实轴上满足方程 $f(x+y) = f(x) + f(y)$ 的唯一不等于零的连续函数是 $f(x) = ax$（a 为常数）.

证明　首先，证明对于 $c \in \mathbf{R}$ 有 $f(cx) = cf(x)$.

注意，$f(2x) = f(x+x) = f(x) + f(x) = 2f(x)$，若 $f(kx) = kf(x)$，则有
$$f((k+1)x) = f(kx+x) = f(kx) + f(x)$$
$$= kf(x) + f(x) = (k+1)f(x).$$

由数学归纳法可知 $f(nx) = nf(x)$，$n \in \mathbf{N}$，而 $f(x) = f\left(n \dfrac{x}{n}\right) = nf\left(\dfrac{x}{n}\right)$，即 $f\left(\dfrac{x}{n}\right) = \dfrac{1}{n}f(x)$.

所以 $f\left(\dfrac{m}{n}x\right) = \dfrac{m}{n}f(x)$.

同时，由 $f(x) = f(x+0) = f(x) + f(0)$ 知 $f(0) = 0$.

进一步，由 $f(0) = f[x+(-x)] = f(x) + f(-x)$ 知 $f(-x) = -f(x)$，所以
$$f\left(-\frac{m}{n}x\right) = -\frac{m}{n}f(x).$$

这样对于任意有理数 c，$f(cx) = cf(x)$.

对于任意无理数 c，总存在有理数序列 $\{c_n\}$，使得 $\lim\limits_{n \to \infty} c_n = c$. 从而
$$f(cx) - c_n f(x) = f(cx) - f(c_n x) = f[(c-c_n)x],$$
令 $n \to \infty$，得 $f(cx) = cf(x)$. 所以对于 $c \in \mathbf{R}$，$f(cx) = cf(x)$.

其次，确定 $c \in \mathbf{R}$ 唯一既可. $f(x) = f(1 \cdot x) = f(1)x$，从而 $c = f(1)$.

例 2　对于数列 $\{x_n\}$，若 $x_{2k-1} \to a(k \to \infty)$，$x_{2k} \to a(k \to \infty)$，证明：$x_n \to a(n \to \infty)$.

证明　即证对 $\forall \varepsilon > 0$，找 $N > 0$，当 $n > N$ 时，$|x_n - a| < \varepsilon$.

因为 $\lim\limits_{k \to \infty} x_{2k} = a$，对上述 ε，$\exists N_1 > 0$，使得当 $2k > N_1$ 时，有 $|x_{2k} - a| < \varepsilon$.

又因为 $\lim\limits_{k \to \infty} x_{2k-1} = a$，对上述 ε，$\exists N_2 > 0$，当 $2k-1 > N_2$ 时，有 $|x_{2k-1} - a| < \varepsilon$，取 $N = \max\{N_1, N_2\}$，只要 $n > N$ 时，就有 $|x_n - a| < \varepsilon$，所以 $\lim\limits_{n \to \infty} x_n = a$.

例 3　证明 $\lim\limits_{n \to \infty} \dfrac{n!}{n^n} = 0$.

证明　$\forall \varepsilon > 0$，寻找一个正整数 N，使得当 $n > N$ 时，恒有 $\left|\dfrac{n!}{n^n} - 0\right| < \varepsilon$. 因为
$$\left|\frac{n!}{n^n} - 0\right| = \frac{1 \cdot 2 \cdot 3 \cdots (n-1) \cdot n}{n \cdot n \cdot n \cdots n \cdot n} < \frac{1}{n},$$

所以欲使 $\left|\dfrac{n!}{n^n} - 0\right| < \varepsilon$，只要 $\dfrac{1}{n} < \varepsilon$，即 $n > \dfrac{1}{\varepsilon}$，故取 $N = \left[\dfrac{1}{\varepsilon}\right] + 1$.

例 4　设 $a > 0$，证明 $\lim\limits_{n \to \infty} \sqrt[n]{a} = 1$.

证明　由数列极限的定义，证明 $\lim\limits_{n \to \infty} \sqrt[n]{a} = 1$，就是对 $\forall \varepsilon > 0$，寻找一个正整数 N，使得当 $n > N$ 时，恒有 $|\sqrt[n]{a} - 1| < \varepsilon$. 我们知道当 $a = 1$ 时，$\sqrt[n]{a} - 1 = 0$；当 $a > 1$ 时，$\sqrt[n]{a} - 1 > 0$；当 $a < 1$

时,$\sqrt[n]{a}-1<0$. 所以下面我们需要分 $a=1,a>1,a<1$ 三种情况进行讨论.

(1) 当 $a=1$ 时,显然 $\lim\limits_{n\to\infty}\sqrt[n]{a}=1$.

(2) 当 $a>1$ 时,此时 $\sqrt[n]{a}>1$. 对 $\forall\varepsilon>0$,因为

$$|\sqrt[n]{a}-1|=\sqrt[n]{a}-1,$$

所以欲使 $|\sqrt[n]{a}-1|<\varepsilon$,只须 $\sqrt[n]{a}-1<\varepsilon$,即 $\sqrt[n]{a}<1+\varepsilon$,两边取自然对数得 $\dfrac{1}{n}\ln a<\ln(1+\varepsilon)$,即

$n>\dfrac{\ln a}{\ln(1+\varepsilon)}$. 取 $N=\left[\dfrac{\ln a}{\ln(1+\varepsilon)}\right]+1$,则当 $n>N$ 时,有 $|\sqrt[n]{a}-1|<\varepsilon$,即 $\lim\limits_{n\to\infty}\sqrt[n]{a}=1$.

(3) 当 $0<a<1$ 时,令 $b=\dfrac{1}{a}>1$,有

$$|\sqrt[n]{a}-1|=\left|\dfrac{1}{\sqrt[n]{b}}-1\right|=\dfrac{|\sqrt[n]{b}-1|}{\sqrt[n]{b}}\leqslant|\sqrt[n]{b}-1|,$$

由(2)可知,$\forall\varepsilon>0,\exists N$,当 $n>N$ 时,$|\sqrt[n]{b}-1|<\varepsilon$,从而 $|\sqrt[n]{a}-1|<\varepsilon$.

例 5 计算 $\lim\limits_{n\to\infty}\dfrac{1!+2!+\cdots+n!}{n!}$.

解 原式 $=1+\lim\limits_{n\to\infty}\dfrac{1!+2!+\cdots+(n-2)!+(n-1)!}{n!}$,由于

$$0<\dfrac{1!+2!+\cdots+(n-2)!+(n-1)!}{n!}<\dfrac{(n-2)(n-2)!+(n-1)!}{n!}<\dfrac{2(n-1)!}{n!}=\dfrac{2}{n}.$$

因为 $\lim\limits_{n\to\infty}\dfrac{2}{n}=0$,由夹逼定理得 $\lim\limits_{n\to\infty}\dfrac{1!+2!+\cdots+(n-1)!}{n!}=0$,所以原式 $=1$.

例 6 求 $\lim\limits_{n\to\infty}\sqrt[n]{n}$.

解 当 $n>1$ 时,

$$1<\sqrt[n]{n}=\sqrt[n]{\sqrt{n}\cdot\sqrt{n}\cdot1\cdots1}<\dfrac{2\sqrt{n}+(n-2)}{n}<\dfrac{2\sqrt{n}+n}{n},$$

即 $1<\sqrt[n]{n}<1+\dfrac{2}{\sqrt{n}}$,又 $\lim\limits_{n\to\infty}\dfrac{2}{\sqrt{n}}=0$,所以 $\lim\limits_{n\to\infty}\sqrt[n]{n}=1$.

例 7 若 $a_r>0,r=1,2,\cdots,m(m\geqslant2)$,求 $\lim\limits_{n\to\infty}\sqrt[n]{a_1^n+a_2^n+\cdots+a_m^n}$.

解 设 $A=\max\{a_1,a_2,\cdots,a_m\}$,则

$$A^n<a_1^n+a_2^n+\cdots+a_m^n\leqslant mA^n,$$

所以 $A<\sqrt[n]{a_1^n+a_2^n+\cdots+a_m^n}\leqslant\sqrt[n]{m}A$.

可以证明 $\lim\limits_{n\to\infty}\sqrt[n]{m}=1$(例 4 的结论). 从而,由夹逼定理可得,原式 $=A$.

例 8 若 $f(x)>0$,在区间 $[0,1]$ 上连续,试证

$$\lim_{n\to\infty}\sqrt[n]{\sum_{i=1}^{n}\left[f\left(\dfrac{i}{n}\right)\right]^n\dfrac{1}{n}}=\max_{0\leqslant x\leqslant1}f(x).$$

证明 记 $M=\max\limits_{0\leqslant x\leqslant1}f(x)$,则 $x_n=\sqrt[n]{\sum_{i=1}^{n}\left[f\left(\dfrac{i}{n}\right)\right]^n\dfrac{1}{n}}\leqslant M$,由于 $f(x)$ 在区间 $[0,1]$ 上连续,存在 $x_0\in[0,1]$ 使得 $f(x_0)=M$,于是对于任意 $\varepsilon>0$,存在 $\delta>0$,当 $|x-x_0|<\delta$ 时,有 $M-\varepsilon<f(x)<M+\varepsilon$. 当 n 充分大时,存在正整数 i_0 使得

$$\left|\frac{i_0}{n}-x_0\right|<\delta, \quad f\left(\frac{i_0}{n}\right)\geqslant M-\varepsilon,$$

故

$$x_n=\sqrt[n]{\sum_{i=1}^{n}\left[f\left(\frac{i}{n}\right)\right]^n\frac{1}{n}}\geqslant\sqrt[n]{\left[f\left(\frac{i_0}{n}\right)\right]^n\frac{1}{n}}>(M-\varepsilon)\frac{1}{\sqrt[n]{n}},$$

$\lim\limits_{n\to\infty}(M-\varepsilon)\dfrac{1}{\sqrt[n]{n}}=M-\varepsilon.$ 由 ε 的任意性可知 $\lim\limits_{n\to\infty}x_n=\max\limits_{0\leqslant x\leqslant1}f(x).$

例9 设 $x_0>0,x_{n+1}=\dfrac{1}{2}\left(x_n+\dfrac{a}{x_n}\right)$,其中 $a>0,n=0,1,2,\cdots$,试证 $\lim\limits_{n\to\infty}x_n$ 存在并求解.

证明 因为 $x_n=\dfrac{1}{2}\left(x_{n-1}+\dfrac{a}{x_{n-1}}\right)\geqslant\sqrt{x_{n-1}\cdot\dfrac{a}{x_{n-1}}}=\sqrt{a}$,又因

$$\frac{x_n}{x_{n-1}}=\frac{\frac{1}{2}\left(x_{n-1}+\frac{a}{x_{n-1}}\right)}{x_{n-1}}=\frac{1}{2}\left(1+\frac{a}{x_{n-1}^2}\right)\leqslant\frac{1}{2}\left(1+\frac{a}{a}\right)=1.$$

所以 $x_n\leqslant x_{n-1}.$

x_n 单调递减,并且有下界.由单调有界定理,$\lim\limits_{n\to\infty}x_n$ 存在,设为 $A.$ 对等式两边分别取极限,有 $A=\dfrac{1}{2}\left(A+\dfrac{a}{A}\right)$,求解得 $A=\sqrt{a}$,所以 $\lim\limits_{n\to\infty}x_n=\sqrt{a}.$

例10 计算 $\lim\limits_{n\to\infty}\left[\dfrac{1}{n+1}+\dfrac{1}{n+3}+\cdots+\dfrac{1}{n+(2n+1)}\right].$

解 原式 $=\dfrac{1}{2}\lim\limits_{n\to\infty}\dfrac{2}{n}\left(\dfrac{1}{1+\frac{1}{n}}+\dfrac{1}{1+\frac{3}{n}}+\cdots+\dfrac{1}{1+\frac{2n-1}{n}}\right)+\dfrac{1}{2}\lim\limits_{n\to\infty}\dfrac{2}{n}\dfrac{1}{1+\frac{2n+1}{n}}$

$$=\frac{1}{2}\int_0^2\frac{1}{1+x}\mathrm{d}x+0=\frac{1}{2}\ln3.$$

例11 求极限 $\lim\limits_{n\to\infty}\displaystyle\int_0^{\frac{1}{2}}\dfrac{x^n}{1+x}\mathrm{d}x.$

解 应用定积分中值定理,得 $\displaystyle\int_0^{\frac{1}{2}}\dfrac{x^n}{1+x}\mathrm{d}x=\dfrac{1}{2}\dfrac{\xi^n}{1+\xi},0\leqslant\xi\leqslant\dfrac{1}{2}.$

由于 $\lim\limits_{n\to\infty}\dfrac{1}{2}\dfrac{\xi^n}{1+\xi}=0$,所以 $\lim\limits_{n\to\infty}\displaystyle\int_0^{\frac{1}{2}}\dfrac{x^n}{1+x}\mathrm{d}x=0.$

例12 求极限 $\lim\limits_{n\to\infty}\left(\dfrac{1}{n}+\dfrac{1}{n+1}+\cdots+\dfrac{1}{2n}\right).$

解 由 $\dfrac{1}{n+1}<\ln\left(1+\dfrac{1}{n}\right)<\dfrac{1}{n}$ 得

$$\ln\frac{2n+1}{n}=\ln\left(1+\frac{1}{n}\right)+\ln\left(1+\frac{1}{n+1}\right)+\cdots+\ln\left(1+\frac{1}{2n}\right)<\frac{1}{n}+\frac{1}{n+1}+\cdots+\frac{1}{2n},$$

$$\frac{1}{n}+\frac{1}{n+1}+\cdots+\frac{1}{2n}<\ln\left(1+\frac{1}{n-1}\right)+\ln\left(1+\frac{1}{n}\right)+\cdots+\ln\left(1+\frac{1}{2n-1}\right)=\ln\frac{2n}{n-1},$$

而 $\lim\limits_{n\to\infty}\ln\dfrac{2n+1}{n}=\lim\limits_{n\to\infty}\ln\dfrac{2n}{n-1}=\ln2$,由夹逼准则得

$$\lim\limits_{n\to\infty}\left(\frac{1}{n}+\frac{1}{n+1}+\cdots+\frac{1}{2n}\right)=\ln2.$$

例 13　设 $\lim\limits_{n\to\infty} x_n = a$，求证 $\lim\limits_{n\to\infty} \dfrac{x_1+x_2+\cdots+x_n}{n} = a$.

证明　方法一：利用极限定义.

因为 $\lim\limits_{n\to\infty} x_n = a$，所以对于任意 $\varepsilon > 0$，存在 N 使得 $|x_n - a| < \dfrac{\varepsilon}{2}$，$n > N$.

因此有

$$\left| \frac{x_1+x_2+\cdots+x_n}{n} - a \right| \leqslant \frac{|x_1-a|+|x_2-a|+\cdots+|x_{N+1}-a|+\cdots+|x_n-a|}{n}$$

$$\leqslant \frac{|x_1-a|+|x_2-a|+\cdots+|x_N-a|}{n} + \frac{n-N}{n}\frac{\varepsilon}{2}$$

$$\leqslant \frac{|x_1-a|+|x_2-a|+\cdots+|x_N-a|}{n} + \frac{\varepsilon}{2}.$$

令 $N' = 2\left[\dfrac{|x_1-a|+|x_2-a|+\cdots+|x_N-a|}{\varepsilon} \right]$，则

$$\frac{|x_1-a|+|x_2-a|+\cdots+|x_N-a|}{n} < \frac{\varepsilon}{2}, \quad n > N',$$

取 $\overline{N} = \max\{N, N'\}$，当 $n > \overline{N}$ 时，就有

$$\left| \frac{x_1+x_2+\cdots+x_n}{n} - a \right| < \frac{\varepsilon}{2} + \frac{\varepsilon}{2} = \varepsilon,$$

于是 $\lim\limits_{n\to\infty} x_n = a$.

方法二：利用 Stolz 定理.

令 $z_n = n, y_n = x_1 + x_2 + \cdots + x_n$，由于 $\lim\limits_{n\to\infty} z_n = \infty$，$\lim\limits_{n\to\infty} \dfrac{y_n - y_{n-1}}{z_n - z_{n-1}} = \lim\limits_{n\to\infty} \dfrac{x_n}{1} = \lim\limits_{n\to\infty} x_n = a$，所以 $\lim\limits_{n\to\infty} \dfrac{y_n}{z_n} = a$，即

$$\lim\limits_{n\to\infty} \frac{x_1+x_2+\cdots+x_n}{n} = a.$$

例 14　求极限 $\lim\limits_{n\to\infty} \left(\dfrac{2}{2^2-1} \right)^{\frac{1}{2^{n-1}}} \left(\dfrac{2^2}{2^3-1} \right)^{\frac{1}{2^{n-2}}} \cdots \left(\dfrac{2^{n-1}}{2^n-1} \right)^{\frac{1}{2}}$.

解　先取对数，再取极限.

记 $x_n = \left(\dfrac{2}{2^2-1} \right)^{\frac{1}{2^{n-1}}} \left(\dfrac{2^2}{2^3-1} \right)^{\frac{1}{2^{n-2}}} \cdots \left(\dfrac{2^{n-1}}{2^n-1} \right)^{\frac{1}{2}}$，

$$\lim\limits_{n\to\infty} \ln x_n = \lim\limits_{n\to\infty} \frac{\ln \dfrac{2}{2^2-1} + 2\ln \dfrac{2^2}{2^3-1} + \cdots + 2^{n-2}\ln \dfrac{2^{n-1}}{2^n-1}}{2^{n-1}}$$

$$= \lim\limits_{n\to\infty} \frac{2^{n-2}\ln \dfrac{2^{n-1}}{2^n-1}}{2^{n-1}-2^{n-2}} = \lim\limits_{n\to\infty} \ln \frac{1}{2 - \dfrac{1}{2^{n-1}}} = \ln \frac{1}{2},$$

所以 $\lim\limits_{x\to\infty} x_n = \dfrac{1}{2}$.

例 15 求极限 $\lim\limits_{x \to +\infty} (x^{\frac{1}{x}} - 1)^{\frac{1}{\ln x}}$.

解 原式 $= \lim\limits_{x \to +\infty} e^{\frac{\ln\left(x^{\frac{1}{x}} - 1\right)}{\ln x}}$，其中，$\lim\limits_{x \to +\infty} x^{\frac{1}{x}} = e^{\lim\limits_{x \to +\infty} \frac{\ln x}{x}} = 1$，利用洛必达法则，有

$$\lim_{x \to +\infty} \frac{\ln(x^{\frac{1}{x}} - 1)}{\ln x} = \lim_{x \to +\infty} \frac{x^{\frac{1}{x}} \left(\frac{1}{x^2} - \frac{\ln x}{x^2}\right)}{\frac{1}{x}\left(x^{\frac{1}{x}} - 1\right)} = \lim_{x \to +\infty} \frac{1 - \ln x}{x\left(x^{\frac{1}{x}} - 1\right)}$$

$$= \lim_{x \to +\infty} \frac{1 - \ln x}{x\left(e^{\frac{\ln x}{x}} - 1\right)} = \lim_{x \to +\infty} \frac{1 - \ln x}{\ln x} = -1.$$

例 16 设 $f(x)$ 在 $[a, +\infty)$ 上连续，并且 $\lim\limits_{x \to +\infty} f(x)$ 存在，证明 $f(x)$ 在 $[a, +\infty)$ 上有界.

证明 设 $\lim\limits_{x \to +\infty} f(x) = A$，对于 $\varepsilon = 1$，$\exists X > 0$，当 $x > X$ 时，有 $|f(x) - A| < \varepsilon$，所以在 $[X, +\infty)$ 上，有 $|f(x)| < |A| + 1$.

又因为 $f(x)$ 在 $[a, X]$ 上连续，必有界，$\exists M_1 > 0$，使得 $|f(x)| \leqslant M_1$.

取 $M = \max(|A| + 1, M_1)$，则 $\forall x \in [a, +\infty)$，都有 $|f(x)| \leqslant M$.

例 17（2015 年河北省竞赛） 设 $f(x)$ 满足 $f(a+0) = f(b-0) = +\infty$，在 (a, b) 内连续，证明：$f(x)$ 可以在 (a, b) 内取得最小值.

证明 由于 $f(a+0) = f(b-0) = +\infty$，不妨取 $c = \dfrac{a+b}{2}$，则必然存在 $\delta_1 > 0, \delta_2 > 0$，使得当 $x \in (a, a+\delta_1)$ 时，有 $f(x) > f(c)$，且当 $x \in (b-\delta_2, b)$ 时，也有 $f(x) > f(c)$.

任意取
$$x_1 \in (a, a+\delta_1), \quad x_2 \in (b-\delta_2, b),$$
则 $c \in [x_1, x_2]$ 且 $f(x_1) > f(c), f(x_2) > f(c)$. 结合 $f(x)$ 在 $[x_1, x_2]$ 上连续，因此，$f(x)$ 在 $[x_1, x_2] \subset (a, b)$ 存在最小值，不妨设为 x_0，则对任意 $x \in [x_1, x_2]$ 有 $f(x_0) \leqslant f(x)$.

又当 $x \in (a, x_1)$ 或 $x \in (x_2, b)$ 时，有 $f(x) > f(c) \geqslant f(x_0)$. 于是 x_0 是 $f(x)$ 的最小值点，即 $f(x)$ 可以在 (a, b) 内取得最小值.

例 18 设 $\lim\limits_{n \to \infty} a_n = a$，证明 $\lim\limits_{n \to \infty} \dfrac{\sum\limits_{k=1}^{n} C_n^k a_k}{2^n} = a$.

证明 只需证明 $a = 0$ 的情形，当 $a \neq 0$ 时，考虑 $a'_n = a_n - a$ 即可.

设 $a = 0$，由极限定义可知对 $\forall \varepsilon > 0$，存在 $N_1 > 0$，当 $n > N_1$ 时，就有 $|a_n| < \varepsilon$. 于是当 $n > N_1$ 时，有

$$\left| \frac{\sum\limits_{k=N_1+1}^{n} C_n^k a_k}{2^n} \right| \leqslant \frac{\sum\limits_{k=N_1+1}^{n} C_n^k |a_k|}{2^n} < \frac{\varepsilon \sum\limits_{k=N_1+1}^{n} C_n^k}{2^n} \leqslant \varepsilon,$$

由于 $C_n^k = \dfrac{n(n-1)(n-2)\cdots(n-k+1)}{k!} \leqslant n^k$，因此 $0 \leqslant \dfrac{C_n^k}{2^n} \leqslant \dfrac{n^k}{2^n}$，根据夹逼定理有 $\lim\limits_{n \to \infty} \dfrac{C_n^k}{2^n} = 0$，从而

$\lim\limits_{n \to \infty} \dfrac{\sum\limits_{k=1}^{N} C_n^k a_k}{2^n} = 0$，故存在 N_2，当 $n > N_2$ 时，有 $\left| \dfrac{\sum\limits_{k=1}^{N} C_n^k a_k}{2^n} \right| < \varepsilon.$

取 $N=\max\{N_1,N_2\}$，当 $n>N$ 时有

$$\left|\frac{\displaystyle\sum_{k=1}^{n}\mathrm{C}_n^k a_k}{2^n}\right|\leqslant\left|\frac{\displaystyle\sum_{k=1}^{N}\mathrm{C}_n^k a_k}{2^n}\right|+\left|\frac{\displaystyle\sum_{k=N+1}^{n}\mathrm{C}_n^k a_k}{2^n}\right|<\varepsilon+\varepsilon=2\varepsilon,$$

由极限定义可知 $\displaystyle\lim_{n\to\infty}\frac{\displaystyle\sum_{k=1}^{n}\mathrm{C}_n^k a_k}{2^n}=a.$

例 19 求极限 $\displaystyle\lim_{x\to0}\frac{\cos x-\mathrm{e}^{-\frac{x^2}{2}}}{x^4}.$

解 可以用泰勒公式.

$$\mathrm{e}^{-\frac{x^2}{2}}=1+\left(-\frac{x^2}{2}\right)+\frac{1}{2!}\left(-\frac{x^2}{2}\right)^2+o\left(\left(-\frac{x^2}{2}\right)^2\right),$$

$$\cos x=1-\frac{x^2}{2!}+\frac{x^4}{4!}+o(x^4),$$

$$\cos x-\mathrm{e}^{-\frac{x^2}{2}}=-\frac{x^4}{12}+o(x^4),$$

$$\lim_{x\to0}\frac{\cos x-\mathrm{e}^{-\frac{x^2}{2}}}{x^4}=\lim_{x\to0}\left[-\frac{1}{12}+\frac{o(x^4)}{x^4}\right]=-\frac{1}{12}.$$

例 20（2011 年全国预赛） 如果存在正整数 p 使得 $\displaystyle\lim_{n\to\infty}(a_{n+p}-a_n)=\lambda$，证明 $\displaystyle\lim_{n\to\infty}\frac{a_n}{n}=\frac{\lambda}{p}.$

证明 对于给定的 p，显然数列 $\{np\}$ 为数列 $\{n\}$ 的子列. 从而 $\{A_n=a_{(n+1)p}-a_{np}\}$ 为数列 $\{a_{n+p}-a_n\}$ 的子列. 因为 $\displaystyle\lim_{n\to\infty}(a_{n+p}-a_n)=\lambda$，从而

$$\lim_{n\to\infty}A_n=\lim_{n\to\infty}[a_{(n+1)p}-a_{np}]=\lambda,$$

进一步有 $\displaystyle\lim_{n\to\infty}\frac{A_1+A_2+\cdots+A_n}{n}=\lambda.$

由 $A_1+A_2+\cdots+A_n=a_{(n+1)p}-a_p$，从而 $\displaystyle\lim_{n\to\infty}\frac{a_{(n+1)p}-a_p}{n}=\lambda$，故

$$\lim_{n\to\infty}\frac{a_{(n+1)p}-a_p}{n}=\lim_{n\to\infty}\frac{a_{(n+1)p}}{n}=\lim_{n\to\infty}\frac{a_{(n+1)p}}{(n+1)p}\cdot\frac{(n+1)p}{n}=p\lim_{n\to\infty}\frac{a_{(n+1)p}}{(n+1)p},$$

所以 $\displaystyle\lim_{m\to\infty}\frac{a_m}{m}=\frac{\lambda}{p}.$

例 21（2017 年全国决赛） 设 $a_n=\displaystyle\sum_{k=1}^{n}\frac{1}{k}-\ln n$，证明 $\displaystyle\lim_{n\to\infty}a_n$ 存在.

证明 方法一：

注意，$a_n-a_{n-1}=\dfrac{1}{n}-\ln\dfrac{n}{n-1}=\dfrac{1}{n}-\ln\left(1+\dfrac{1}{n-1}\right).$

由于当 $x>0$ 时，有 $\dfrac{x}{1+x}<\ln(1+x)<x$，于是

$$\frac{1}{n}-\ln\left(1+\frac{1}{n-1}\right)\leqslant\frac{1}{n}-\frac{\dfrac{1}{n-1}}{1+\dfrac{1}{n-1}}=0,$$

即 $a_n\leqslant a_{n-1}$. 又因为

$$a_n = \sum_{k=1}^{n} \frac{1}{k} - \sum_{k=2}^{n} \ln \frac{k}{k-1} = 1 + \sum_{k=2}^{n} \left(\frac{1}{k} - \ln \frac{k}{k-1} \right) = 1 + \sum_{k=2}^{n} \left[\frac{1}{k} - \ln \left(1 + \frac{1}{k-1} \right) \right]$$

$$\geqslant 1 + \sum_{k=2}^{n} \left(\frac{1}{k} - \frac{1}{k-1} \right) = \frac{1}{n} > 0,$$

所以数列 $\{a_n\}$ 单调减少有下界，故 $\lim\limits_{n\to\infty} a_n$ 存在．

方法二：

$|a_n - a_{n-1}| = \left| \frac{1}{n} - [\ln n - \ln(n-1)] \right|$，应用拉格朗日（Lagrange）中值定理，有

$$|\ln n - \ln(n-1)| = \frac{1}{\xi_n}, \quad n-1 < \xi_n < n.$$

因此 $|a_n - a_{n-1}| = \frac{n - \xi_n}{n \xi_n} < \frac{1}{(n-1)^2}$，而 $\sum\limits_{n=2}^{\infty} \frac{1}{(n-1)^2}$ 收敛，故 $\sum\limits_{n=2}^{\infty} |a_n - a_{n-1}|$ 收敛，从而 $a_n = \sum\limits_{k=2}^{n}(a_k - a_{k-1}) + a_1$ 也收敛．

例 22 设 $x_n = \sum\limits_{k=1}^{n} \frac{1}{\sqrt{k}} - 2\sqrt{n}$，证明 $\lim\limits_{n\to\infty} x_n$ 存在．

证明 方法一：

注意，$\frac{1}{\sqrt{k}} > \frac{2}{\sqrt{k} + \sqrt{k+1}} = 2(\sqrt{k+1} - \sqrt{k})$．

于是 $x_n = \sum\limits_{k=1}^{n} \frac{1}{\sqrt{k}} - 2\sqrt{n} > 2\sqrt{n+1} - 2 - 2\sqrt{n} > -2$．

$$x_{n+1} - x_n = \frac{1}{\sqrt{n+1}} - 2\sqrt{n+1} + 2\sqrt{n} = \frac{1}{\sqrt{n+1}} - \frac{2}{\sqrt{n+1} + \sqrt{n}} < 0.$$

因此数列单调递减有下界，因此 $\{x_n\}$ 收敛．

方法二：

由于 $x_n = \sum\limits_{k=1}^{n}(x_k - x_{k-1})$，且记 $x_0 = 0$．x_n 是级数 $\sum\limits_{k=1}^{\infty}(x_k - x_{k-1})$ 的部分和，而

$$x_{k+1} - x_k = \frac{1}{\sqrt{k+1}} - \frac{2}{\sqrt{k+1} + \sqrt{k}} = -\frac{1}{\sqrt{k+1}\,(\sqrt{k+1} + \sqrt{k})^2} = O\left(\frac{1}{k^{3/2}} \right),$$

所以 $\sum\limits_{k=1}^{\infty}(x_k - x_{k-1})$ 收敛，即 $\lim\limits_{n\to\infty} x_n$ 存在．

例 23 设 $x_1 = \ln a$，$x_n = \sum\limits_{k=1}^{n} \ln(a - x_{k-1})$，$n > 1$．证明 $\lim\limits_{n\to\infty} x_n = a - 1$．

证明 由 $x_n = \sum\limits_{k=1}^{n} \ln(a - x_{k-1})$ 知道 $x_n = x_{n-1} + \ln(a - x_{n-1})$．

令 $f(x) = x + \ln(a - x)$（$x < a$），则 $f'(x) = 1 - \frac{1}{a-x} = \frac{a-1-x}{a-x}$，$x = a-1$ 是函数的唯一驻点．

当 $x < a-1$ 时，$f'(x) > 0$；当 $x > a-1$ 时，$f'(x) < 0$，所以 $x = a-1$ 是函数的最大值点，故有 $f(x) \leqslant f(a-1) = a-1$，即 $\{x_n\}$ 有上界．

又若 $x \leqslant a-1$，则 $\ln(a-x) \geqslant 0$，由 $x_n = \sum\limits_{k=1}^{n} \ln(a - x_k)$ 知 $\{x_n\}$ 单调增加．因此 $\lim\limits_{n\to\infty} x_n$ 存在．

设 $\lim\limits_{n\to\infty} x_n = A$，在 $x_n = x_{n-1} + \ln(a - x_{n-1})$ 两边取极限，得 $A = A + \ln(a - A)$，解得 $A = a-1$，从

而 $\lim\limits_{n\to\infty} x_n = a-1$.

例 24　设 $x_0>0$，$x_n=\ln(1+x_{n-1})$，$n=1,2,\cdots$，求 $\lim\limits_{n\to\infty} nx_n$.

解　由 $x_n=\ln(1+x_{n-1})>0$ 及 $x_n-x_{n-1}=\ln(1+x_{n-1})-x_{n-1}<0$ 可知，$\{x_n\}$ 单调减少有下界. 因此 $\lim\limits_{n\to\infty} x_n$ 存在. 设 $\lim\limits_{n\to\infty} x_n=A$，在 $x_n=\ln(1+x_n)$ 两边取极限，得 $A=\ln(1+A)$，解得 $A=0$，从而 $\lim\limits_{n\to\infty} x_n=0$.

由 Stolz 定理，有

$$\lim_{n\to\infty} nx_n = \lim_{n\to\infty}\frac{n}{\dfrac{1}{x_n}} = \lim_{n\to\infty}\frac{n-(n-1)}{\dfrac{1}{x_n}-\dfrac{1}{x_{n-1}}}$$

$$=\lim_{n\to\infty}\frac{1}{\dfrac{1}{\ln(1+x_{n-1})}-\dfrac{1}{x_{n-1}}}$$

$$=\lim_{n\to\infty}\frac{x_{n-1}\ln(1+x_{n-1})}{x_{n-1}-\ln(1+x_{n-1})}$$

$$=\lim_{x\to0}\frac{x\ln(1+x)}{x-\ln(1+x)}=\lim_{x\to0}\frac{x^2}{x-\ln(1+x)}$$

$$=\lim_{x\to0}\frac{2x}{1-\dfrac{1}{1+x}}=\lim_{x\to0}2(1+x)=2.$$

例 25　设 $S_n=\dfrac{\sum\limits_{k=0}^{n}\ln C_n^k}{n^2}$，求 $\lim\limits_{n\to\infty} S_n$.

解　由于 $\lim\limits_{n\to\infty} n^2=+\infty$，应用 Stolz 公式

$$\lim_{n\to\infty} S_n = \lim_{n\to\infty}\frac{\sum\limits_{k=0}^{n+1}\ln C_{n+1}^k - \sum\limits_{k=0}^{n}\ln C_n^k}{(n+1)^2-n^2} = \lim_{n\to\infty}\frac{\sum\limits_{k=0}^{n}\ln\dfrac{n+1}{n-k+1}}{2n+1}$$

$$=\lim_{n\to\infty}\frac{(n+1)\ln(n+1)-\sum\limits_{k=1}^{n+1}\ln k}{2n+1}$$

$$=\lim_{n\to\infty}\frac{(n+1)\ln(n+1)-n\ln n-\ln(n+1)}{(2n+1)-(2n-1)}\quad(\text{再次使用 Stolz 公式})$$

$$=\frac{1}{2}\lim_{n\to\infty}\ln\left(1+\frac{1}{n}\right)^n=\frac{1}{2}.$$

例 26（2014 年全国决赛）　设 $f(x)$ 在 $[0,+\infty)$ 上连续可导，

$$f'(x)=\frac{1}{1+f^2(x)}\left[\sqrt{\frac{1}{x}}-\sqrt{\ln\left(1+\frac{1}{x}\right)}\right],$$

证明：$\lim\limits_{x\to+\infty} f(x)$ 存在.

证明　对函数 $\ln t$ 在区间 $[x,x+1]$ 上用拉格朗日中值定理，有

$$\frac{1}{1+x}<\ln\left(1+\frac{1}{x}\right)<\frac{1}{x}.$$

所以当 $x>0$ 时,有 $f'(x)>0$,即 $f(x)$ 在 $[0,+\infty)$ 上单调增加.

又 $f'(x) \leqslant \sqrt{\dfrac{1}{x}} - \sqrt{\ln\left(1+\dfrac{1}{x}\right)} \leqslant \sqrt{\dfrac{1}{x}} - \sqrt{\dfrac{1}{1+x}} = \dfrac{1}{(\sqrt{x+1}+\sqrt{x})\sqrt{x(x+1)}} \leqslant \dfrac{1}{2\sqrt{x^3}}.$

故 $\displaystyle\int_1^x f'(t)\,\mathrm{d}t \leqslant \int_1^x \dfrac{1}{2\sqrt{t^3}}\,\mathrm{d}t$,所以 $f(x)-f(1) \leqslant 1-\dfrac{1}{\sqrt{x}} \leqslant 1$,即 $f(x) \leqslant 1+f(1)$.

因此函数 $f(x)$ 在 $[0,+\infty)$ 上单调增加有上界,所以 $\lim\limits_{x\to+\infty} f(x)$ 存在.

1.3 模拟题目自测

1. 证明在实轴上满足方程 $f(x+y)=f(x)f(y)$ 的唯一不等于零的连续函数是 $f(x)=a^x$（$a>0$ 为常数）.

2. 求 $\lim\limits_{x\to 1} \dfrac{x+x^2+\cdots+x^n-n}{x-1}$.

3. 求 $\lim\limits_{n\to\infty}\left(\dfrac{1}{\sqrt{4n^2-1^2}}+\dfrac{1}{\sqrt{4n^2-2^2}}+\cdots+\dfrac{1}{\sqrt{4n^2-n^2}}\right)$.

4. 设 $\lim\limits_{n\to\infty} x_n=a$,求证 $\lim\limits_{n\to\infty}\sqrt[n]{x_1 x_2 \cdots x_n}=a$（$x_i>0$,$i=1,2,\cdots,n$）.

5. （2009 年全国预赛）求极限 $\lim\limits_{x\to 0}\left(\dfrac{\mathrm{e}^x+\mathrm{e}^{2x}+\cdots+\mathrm{e}^{nx}}{n}\right)^{\frac{\mathrm{e}}{x}}$.

6. 求极限 $\lim\limits_{n\to\infty}\left(\dfrac{a^{\frac{1}{n}}+b^{\frac{1}{n}}+c^{\frac{1}{n}}}{3}\right)^n$.

7. 设 $x_1>0$,$x_n=\sqrt{2+x_{n-1}}$,试证 $\lim\limits_{n\to\infty} x_n$ 存在并计算其值.

8. 设 $x_n=\dfrac{1}{2\ln 2}+\cdots+\dfrac{1}{n\ln n}-\ln\ln n$（$n=2,3,\cdots$）,试证 x_n 收敛.

9. 利用 Stolz 公式证明 $\lim\limits_{n\to\infty}\dfrac{1^p+2^p+\cdots+n^p}{n^{p+1}}=\dfrac{1}{p+1}$,其中 p 为自然数.

10. 设 $f(x)$ 具有连续的二阶导数,且 $\lim\limits_{x\to 0}\left[1+x+\dfrac{f(x)}{x}\right]^{\frac{1}{x}}=\mathrm{e}^3$,试求 $\lim\limits_{x\to 0}\left[1+\dfrac{f(x)}{x}\right]^{\frac{1}{x}}$.

11. 计算极限 $\lim\limits_{x\to 0}\dfrac{\tan\tan x-\sin\sin x}{\tan x\sin x}$.

12. 计算极限 $\lim\limits_{n\to\infty}\left[\dfrac{1}{1\cdot 2\cdot 3}+\dfrac{1}{2\cdot 3\cdot 4}+\cdots+\dfrac{1}{n(n+1)(n+2)}\right]$.

13. （1996 年南京大学竞赛题）设函数 $f(x)$ 在 $x=a$ 处可导,且 $f(a)\neq 0$,计算极限 $\lim\limits_{n\to\infty}\left[\dfrac{f\left(a+\dfrac{1}{n}\right)}{f(a)}\right]^n$.

14. （2012 年江苏省竞赛）求 $\lim\limits_{n\to\infty}\dfrac{1}{n}|1-2+3-\cdots+(-1)^{n+1}n|$.

15. 设 $f(x)$ 在区间 $[a,+\infty)$ 内可导,且 $\lim\limits_{x\to+\infty} f'(x)=A$,求 $\lim\limits_{x\to+\infty}\dfrac{f(x)}{x}$.

16. （2014 年全国预赛）设 $A_n=\dfrac{n}{n^2+1}+\dfrac{n}{n^2+2^2}+\cdots+\dfrac{n}{n^2+n^2}$,求 $\lim\limits_{n\to\infty} n\left(\dfrac{\pi}{4}-A_n\right)$.

17. (2013 年河北省竞赛)设 $f(x)$ 在 $(-\infty,+\infty)$ 内连续,且 $f(f(x))=x$,证明至少存在一点 $c\in(-\infty,+\infty)$,使得 $f(c)=c$.

18. 设函数 $f(x)$ 定义在 $(a,+\infty)$ 内,$f(x)$ 在任意的有限区间内有界且满足 $\lim\limits_{x\to+\infty}[f(x+1)-f(x)]=A$,证明:$\lim\limits_{x\to+\infty}\dfrac{f(x)}{x}=A$.

19. 对于数列 $x_0=a,0<a<\dfrac{\pi}{2},x_n=\sin x_{n-1}(n=1,2,\cdots)$. 证明:

(1) $\lim\limits_{n\to\infty}x_n=0$;

(2) $\lim\limits_{n\to\infty}\sqrt{\dfrac{n}{3}}x_n=1$.

答案与提示

1. 由于 $f(x)\not\equiv0$,存在 $x_0\in\mathbf{R}$ 使得 $f(x_0)\neq0$,从而对于任意 $x\in\mathbf{R}$,有 $f(x)f(x_0-x)=f[x+(x_0-x)]=f(x_0)\neq0$,可知 $f(x)\neq0$.同时,有
$$f(x)=f\left(\frac{x}{2}+\frac{x}{2}\right)=\left[f\left(\frac{x}{2}\right)\right]^2>0.$$

令 $F(x)=\log_a f(x),a=f(1)>0$,连续且满足 $F(x+y)=F(x)+F(y)$,由例 1 知 $F(x)=a_1x,a_1=F(1)=\log_a f(1)=\log_a a=1$. 因此 $F(x)=x$. 从而 $f(x)=a^{F(x)}=a^x,a=f(1)>0$.

2. 利用公式 $a^n-b^n=(a-b)(a^{n-1}+a^{n-2}b+\cdots+ab^{n-2}+b^{n-1})$.
$$\begin{aligned}
\text{原式}&=\lim_{x\to1}\frac{(x-1)+(x^2-1)+\cdots+(x^n-1)}{x-1}\\
&=\lim_{x\to1}[1+(x+1)+\cdots+(x^{n-1}+x^{n-2}+\cdots+1)]\\
&=1+2+\cdots+n=\frac{n(n+1)}{2}.
\end{aligned}$$

3. 原式 $=\displaystyle\int_0^1\frac{1}{\sqrt{4-x^2}}\mathrm{d}x=\left[\arcsin\frac{x}{2}\right]_0^1=\frac{\pi}{6}$.

4. 考虑函数 $\ln\sqrt[n]{x_1x_2\cdots x_n}=\dfrac{\ln x_1+\ln x_2+\cdots+\ln x_n}{n}$.

5. 原式 $=\displaystyle\lim_{x\to0}\left(1+\frac{e^x+e^{2x}+\cdots+e^{nx}-n}{n}\right)^{\frac{n}{e^x+e^{2x}+\cdots+e^{nx}-n}\cdot\frac{e(e^x+e^{2x}+\cdots+e^{nx}-n)}{nx}}$

$$=e^{\lim\limits_{x\to0}\frac{e^x+e^{2x}+\cdots+e^{nx}-n}{nx}}=e^{\lim\limits_{x\to0}\frac{e^x+2e^{2x}+\cdots+ne^{nx}}{n}}$$

$$=e^{\frac{1+2+\cdots+n}{n}}=e^{\frac{n+1}{2}e}.$$

6. 原式 $=\displaystyle\lim_{n\to\infty}\left(1+\frac{a^{\frac{1}{n}}+b^{\frac{1}{n}}+c^{\frac{1}{n}}-3}{3}\right)^{\frac{3}{a^{\frac{1}{n}}+b^{\frac{1}{n}}+c^{\frac{1}{n}}-3}\cdot\frac{a^{\frac{1}{n}}+b^{\frac{1}{n}}+c^{\frac{1}{n}}-3}{3}n}$

$$=e^{\lim\limits_{n\to\infty}\frac{a^{\frac{1}{n}}+b^{\frac{1}{n}}+c^{\frac{1}{n}}-3}{3}n}=e^{\lim\limits_{n\to\infty}\frac{1}{3}\left(\frac{a^{\frac{1}{n}}-1}{\frac{1}{n}}+\frac{b^{\frac{1}{n}}-1}{\frac{1}{n}}+\frac{c^{\frac{1}{n}}-1}{\frac{1}{n}}\right)}$$

$$=e^{\frac{1}{3}(\ln a+\ln b+\ln c)}=\sqrt[3]{abc}.$$

7. 单调有界数列必有极限.

8.
$$|x_{n+1} - x_n| = \left| \frac{1}{(n+1)\ln(n+1)} - \left[\ln\ln(n+1) - \ln\ln n \right] \right|$$

$$= \left| \frac{1}{(n+1)\ln(n+1)} - \frac{1}{\xi_n \ln \xi_n} \right| \leqslant \frac{1}{n\ln n} - \frac{1}{(n+1)\ln(n+1)},$$

$\sum\limits_{k=2}^{n} |x_{k+1} - x_k| \leqslant \dfrac{1}{2\ln 2}$，故 $\sum\limits_{n=1}^{\infty} |x_{n+1} - x_n|$ 收敛，从而 $x_{n+1} = \sum\limits_{k=1}^{n}(x_{k+1} - x_k) + x_1$ 也收敛.

9. $\lim\limits_{n\to\infty} \dfrac{1^p + 2^p + \cdots + n^p}{n^{p+1}} = \lim\limits_{n\to\infty} \dfrac{(n+1)^p}{(n+1)^{p+1} - n^{p+1}}$

$$= \lim\limits_{n\to\infty} \frac{(n+1)p}{(p+1)n^p + \dfrac{(p+1)p}{2}n^{p-1} + \cdots + 1}$$

$$= \frac{1}{p+1}.$$

10. 由 $\lim\limits_{x\to 0}\left[1 + x + \dfrac{f(x)}{x}\right]^{\frac{1}{x}} = e^3$ 得 $\lim\limits_{x\to 0} \dfrac{\ln\left[1 + x + \dfrac{f(x)}{x}\right]}{x} = 3$，因此 $\lim\limits_{x\to 0}\ln\left[1 + x + \dfrac{f(x)}{x}\right] = 0$，从

而 $\lim\limits_{x\to 0}\dfrac{f(x)}{x} = 0$.

由此 $f(0) = \lim\limits_{x\to 0}f(x) = 0, f'(0) = \lim\limits_{x\to 0}\dfrac{f(x)}{x} = 0$.

由于

$$3 = \lim\limits_{x\to 0}\frac{\ln\left[+x+\dfrac{f(x)}{x}\right]}{x} = \lim\limits_{x\to 0}\frac{x + \dfrac{f(x)}{x}}{x} = \lim\limits_{x\to 0}\frac{f(x)}{x^2} + 1,$$

于是 $\lim\limits_{x\to 0}\dfrac{f(x)}{x^2} = 2$. 从而

$$\lim\limits_{x\to 0}\left[1 + \frac{f(x)}{x}\right]^{\frac{1}{x}} = \lim\limits_{x\to 0}\left[1 + \frac{f(x)}{x}\right]^{\frac{x}{f(x)}\frac{f(x)}{x^2}} = e^2.$$

11. 由泰勒公式将分子与分母函数展开为 x 的多项式进行计算.

12. 由 $\dfrac{1}{n(n+1)(n+2)} = \dfrac{1}{2}\left[\dfrac{1}{n(n+1)} - \dfrac{1}{(n+1)(n+2)}\right]$ 可得，

$$原式 = \lim\limits_{n\to\infty}\left[\frac{1}{4} - \frac{1}{2(n+1)(n+2)}\right] = \frac{1}{4}.$$

13. 记 $u(n) = \dfrac{f\left(a + \dfrac{1}{n}\right) - f(a)}{f(a)}$，则

$$原式 = \lim\limits_{n\to\infty}[1 + u(n)]^{\frac{1}{u(n)}\frac{f\left(a+\frac{1}{n}\right) - f(a)}{f(a)\frac{1}{n}}}$$

$$= \exp\left[\frac{1}{f(a)}\lim\limits_{n\to\infty}\frac{f\left(a + \dfrac{1}{n}\right) - f(a)}{\dfrac{1}{n}}\right]$$

$$= \exp\left[\frac{f'(a)}{f(a)}\right].$$

14. 令 $x_n = \dfrac{1}{n}|1 - 2 + 3 - \cdots + (-1)^{n+1}n|$，则

$$x_{2n} = \frac{1}{2n}|1-2+3-\cdots+(2n-1)-2n|$$

$$= \frac{1}{2n}|[1+3+\cdots+(2n-1)]-(2+4+\cdots+2n)|$$

$$= \frac{1}{2n}|n^2-n(n+1)| = \frac{1}{2},$$

$$x_{2n+1} = \frac{1}{2n+1}|1-2+3-\cdots+(2n-1)-2n+(2n+1)|$$

$$= \frac{1}{2n+1}|[1+3+\cdots+(2n+1)]-(2+4+\cdots+2n)|$$

$$= \frac{1}{2n+1}|(n+1)^2-n(n+1)| = \frac{n+1}{2n+1},$$

$$\lim_{n\to\infty} x_{2n+1} = \lim_{n\to\infty} \frac{n+1}{2n+1} = \frac{1}{2}.$$

因此，$\lim_{n\to\infty}\frac{1}{n}|1-2+3-\cdots+(-1)^{n+1}n| = \lim_{n\to\infty} x_n = \frac{1}{2}$.

15. 若 $A > 0$，由 $\lim\limits_{x\to+\infty} f'(x) = A > 0$，则存在 $X > 0$，当 $x > X$ 时，$f'(x) > \frac{A}{2}$，从而

$$f(x) - f(X) = f'(\xi)(x-X) > \frac{A}{2}(x-X).$$

$\lim\limits_{x\to+\infty} f(x) = +\infty$，由洛比达法则可知 $\lim\limits_{x\to+\infty}\frac{f(x)}{x} = \lim\limits_{x\to+\infty}\frac{f'(x)}{1} = A$.

若 $A = 0$，考虑函数 $g(x) = f(x) + x$，$\lim\limits_{x\to+\infty} g'(x) = \lim\limits_{x\to+\infty} f'(x) + 1 = 1 > 0$，于是 $\lim\limits_{x\to+\infty}\frac{g(x)}{x} = 1$，

从而 $\lim\limits_{x\to+\infty}\frac{f(x)}{x} = \lim\limits_{x\to+\infty}\frac{g(x)-x}{x} = \lim\limits_{x\to+\infty}\frac{g(x)}{x} - 1 = 1 - 1 = 0$.

16. 令 $f(x) = \frac{1}{1+x^2}$，$x_i = \frac{i}{n}$，则

$$A_n = \frac{n}{n^2+1} + \frac{n}{n^2+2^2} + \cdots + \frac{n}{n^2+n^2} = \frac{1}{n}\sum_{i=1}^{n}\frac{1}{1+x_i^2},$$

$$\int_0^1 f(x)\,dx = \frac{\pi}{4},$$

$$A_n = \sum_{i=1}^{n}\int_{x_{i-1}}^{x_i} f(x_i)\,dx,$$

$$J_n = n\left(\frac{\pi}{4} - A_n\right) = n\sum_{i=1}^{n}\int_{x_{i-1}}^{x_i}[f(x)-f(x_i)]\,dx,$$

由拉格朗日中值定理，存在 $\xi_i \in (x_{i-1}, x_i)$ 使得 $J_n = n\sum_{i=1}^{n}\int_{x_{i-1}}^{x_i} f'(\xi_i)(x-x_i)\,dx$.

由于 $f(x)$ 在 $[x_{i-1}, x_i]$ 上连续可导，设 $m_i \leqslant f'(x) \leqslant M_i$，$x \in [x_{i-1}, x_i]$，且注意 $x_i - x_{i-1} = \frac{1}{n}$，故可知 $\int_{x_{i-1}}^{x_i} f'(\xi_i)(x-x_i)\,dx$ 介于 $\frac{m_i}{2n^2}$ 与 $\frac{M_i}{2n^2}$ 之间，所以存在 $\eta_i \in (x_{i-1}, x_i)$ 使得

$\int_{x_{i-1}}^{x_i} f'(\xi_i)(x-x_i)\,dx = -\frac{f'(\eta_i)}{2n^2}$. 这样，$n\left(\frac{\pi}{4} - A_n\right) = J_n = -\frac{1}{2n}\sum_{i=1}^{n} f'(\eta_i)$. 因此

$$\lim_{n\to\infty} n\left(\frac{\pi}{4} - A_n\right) = -\frac{1}{2}\lim_{n\to\infty}\frac{1}{n}\sum_{i=1}^{n} f'(\eta_i)$$

$$=-\frac{1}{2}\int_0^1 f'(x)\mathrm{d}x$$

$$=-\frac{1}{2}\big[f(1)-f(0)\big]=\frac{1}{4}.$$

17. 用反证法. 假设结论不成立, 则对于任意 $x\in(-\infty,+\infty)$ 有 $f(x)\neq x$. 做辅助函数 $g(x)=f(x)-x$, 则函数 $g(x)$ 在 $(-\infty,+\infty)$ 内连续, 且由零点定理知 $g(x)$ 在 $(-\infty,+\infty)$ 内同号.

若恒有 $g(x)=f(x)-x>0$, 即 $f(x)>x$, 则 $f[f(x)]>f(x)>x$, 与题设矛盾.

若恒有 $g(x)=f(x)-x<0$, 即 $f(x)<x$, 则 $f[f(x)]<f(x)<x$, 与题设矛盾.

因此, 至少存在一点 $c\in(-\infty,+\infty)$ 使得 $f(c)=c$.

18. 利用连续函数情形下的 Stolz 定理容易证明结论成立.

19. (1) $0<x_n=\sin x_{n-1}<x_{n-1}<\dfrac{\pi}{2}$, 表明 x_n 单调有下界 0, 因此 $\lim\limits_{n\to\infty}x_n$ 存在. 取极限得 $A=\sin A$, 于是 $A=0$.

(2) 利用连续函数情形下的 Stolz 定理证明. 只需证明 $\lim\limits_{n\to\infty}nx_n^2=3$.

$$\lim_{n\to\infty}nx_n^2=\lim_{n\to\infty}\frac{n}{\frac{1}{x_n^2}}=\lim_{n\to\infty}\frac{n-(n-1)}{\frac{1}{x_n^2}-\frac{1}{x_{n-1}^2}}$$

$$=\lim_{n\to\infty}\frac{1}{\frac{1}{\sin^2 x_{n-1}}-\frac{1}{x_{n-1}^2}}$$

$$=\lim_{n\to\infty}\frac{x_{n-1}^2\sin^2 x_{n-1}}{x_{n-1}^2-\sin^2 x_{n-1}}$$

$$=\lim_{x\to 0^+}\frac{x^2\sin^2 x}{x^2-\sin^2 x}$$

$$=\lim_{x\to 0^+}\frac{x^4}{(x+\sin x)(x-\sin x)}$$

$$=\lim_{x\to 0^+}\frac{x^4}{[2x+o(x)]\left[\frac{x^3}{6}+o(x^3)\right]}=3.$$

第 2 章　导数与偏导数

2.1　知识概要介绍

2.1.1　导数与微分

1. 导数与微分定义

设函数 $y=f(x)$ 在点 x_0 的某个邻域内有定义,当自变量 x 在 x_0 处取得增量 Δx 时,函数取得增量 $\Delta y=f(x_0+\Delta x)-f(x_0)$;如果 Δy 与 Δx 之比当 $\Delta x\to 0$ 时的极限存在,则称这个极限为函数 $y=f(x)$ 在点 x_0 处的导数.

$$f'(x_0)=\lim_{\Delta x\to 0}\frac{\Delta y}{\Delta x}=\lim_{\Delta x\to 0}\frac{f(x_0+\Delta x)-f(x_0)}{\Delta x}.$$

设函数 $y=f(x)$ 在某区间内有定义,x_0 及 $x_0+\Delta x$ 在这区间内.若函数增量 Δy 可表示为

$$\Delta y=A\Delta x+o(\Delta x),$$

则称函数 $y=f(x)$ 在点 x_0 处可微,并称 $A\Delta x$ 为函数 $y=f(x)$ 在点 x_0 处的微分,记作 $\mathrm{d}y$,即

$$\mathrm{d}y=A\Delta x=f'(x_0)\Delta x=f'(x)\mathrm{d}x.$$

关系:可导$\Leftrightarrow$可微$\Rightarrow$连续$\Rightarrow\lim\limits_{x\to x_0}f(x)=f(x_0)$.

2. 导数计算

(1) 导数定义

利用定义计算函数在一点处的导数.

(2) 导数基本公式

利用公式计算导函数.

(3) 导数的四则运算法则

若函数 $u(x),v(x)$ 均可导,则有

$$(u\pm v)'=u'\pm v',$$
$$(uv)'=u'v+uv',$$
$$\left(\frac{u}{v}\right)'=\frac{u'v-uv'}{v^2}(v\neq 0).$$

(4) 复合函数的链式法则

若 $u=\varphi(x)$ 在点 x_0 处可导,而 $y=f(u)$ 在点 $u_0=\varphi(x_0)$ 处可导,则复合函数 $y=f[\varphi(x)]$

在点 x_0 处可导,且其导数为

$$\frac{\mathrm{d}y}{\mathrm{d}x}\Big|_{x=x_0}=f'(u_0)\cdot\varphi'(x_0).$$

(5) 参数式函数的导数

函数由参数方程 $\begin{cases}x=\varphi(t)\\y=\psi(t)\end{cases}$ 确定,则 $\dfrac{\mathrm{d}y}{\mathrm{d}x}=\dfrac{\psi'(t)}{\varphi'(t)}$.

(6) 反函数求导

若函数 $x=\varphi(y)$ 在某区间 I_y 内单调,可导且 $\varphi'(y)\neq0$,则它的反函数 $y=f(x)$ 在对应的区间 I_x 内可导,且其导数为

$$f'(x)=\frac{1}{\varphi'(y)}.$$

(7) 隐函数求导

采用对数求导法,对于

$$y=u(x)^{v(x)},$$

两边取对数化为隐函数 $\ln y=v(x)\ln u(x)$,两边求导得

$$\frac{\mathrm{d}y}{\mathrm{d}x}\frac{1}{y}=v'(x)\ln u(x)+v(x)\frac{u'(x)}{u(x)}.$$

于是

$$\frac{\mathrm{d}y}{\mathrm{d}x}=u(x)^{v(x)}\left[v'(x)\ln u(x)+v(x)\frac{u'(x)}{u(x)}\right].$$

(8) 高阶导数计算

$$(\sin x)^{(n)}=\sin\left(x+n\cdot\frac{\pi}{2}\right),$$
$$(\cos x)^{(n)}=\cos\left(x+n\cdot\frac{\pi}{2}\right),$$
$$\left(\frac{1}{x}\right)^{(n)}=(-1)^n\frac{n!}{x^{n+1}},$$
$$(u\pm v)^{(n)}=u^{(n)}\pm v^{(n)},$$
$$(uv)^{(n)}=\sum_{k=0}^{n}\mathrm{C}_n^k u^{(n-k)}v^{(k)}$$
$$=u^{(n)}v+\cdots+\frac{n(n-1)\cdots(n-k+1)}{k!}u^{(n-k)}v^{(k)}+\cdots+uv^{(n)}.$$

2.1.2 中值定理

罗尔(Rolle)定理:如果函数 $f(x)$ 在闭区间 $[a,b]$ 上连续,在开区间 (a,b) 内可导,且 $f(a)=f(b)$,则在 (a,b) 内至少存在一点 ξ,使得 $f'(\xi)=0$.

拉格朗日(Lagrange)中值定理:如果函数 $f(x)$ 在闭区间 $[a,b]$ 上连续,在开区间 (a,b) 内可导,则在 (a,b) 内至少存在一点 ξ,使得

$$f(b)-f(a)=f'(\xi)(b-a).$$

推论:如果在任意 (a,b) 内,有 $f'(x)=g'(x)$,则 $f(x)=g(x)+C$(C 为常数).

柯西(Cauchy)中值定理:如果函数 $f(x)$ 及 $F(x)$ 在闭区间 $[a,b]$ 上连续,在开区间 (a,b) 内可导,且 $F'(x)\neq0$,则在 (a,b) 内至少存在一点 ξ,使得

$$\frac{f(b)-f(a)}{F(b)-F(a)}=\frac{f'(\xi)}{F'(\xi)}.$$

泰勒(Taylor)中值定理: 若函数 $f(x)$ 在含有 x_0 的某个开区间 (a,b) 内具有直到 $(n+1)$ 阶的导数,则对任一 $x\in(a,b)$,有

$$f(x)=f(x_0)+f'(x_0)(x-x_0)+\frac{f''(x_0)}{2!}(x-x_0)^2+\cdots+\frac{f^{(n)}(x_0)}{n!}(x-x_0)^n+R_n(x).$$

其中, $R_n(x)=\frac{f^{(n+1)}(\xi)}{(n+1)!}(x-x_0)^{n+1}$,这里 ξ 是介于 x_0 与 x 之间的某个值.

注: $R_n(x)=o((x-x_0)^n)$.

当 $x=0$ 时,泰勒公式称为麦克劳林公式. 常用的麦克劳林公式有

$$e^x=1+x+\frac{1}{2!}x^2+\cdots+\frac{1}{n!}x^n+o(x^n);$$

$$\sin x=x-\frac{x^3}{3!}+\frac{x^5}{5!}-\frac{x^7}{7!}+\cdots+(-1)^{m-1}\frac{x^{2m-1}}{(2m-1)!}+o(x^{2m-1});$$

$$\cos x=1-\frac{x^2}{2!}+\frac{x^4}{4!}-\cdots+(-1)^m\frac{x^{2m}}{(2m)!}+o(x^{2m});$$

$$\ln(1+x)=x-\frac{1}{2}x^2+\frac{1}{3}x^3-\cdots+(-1)^{(n-1)}\frac{x^n}{n}+o(x^n);$$

$$(1+x)^n=1+nx+\frac{n(n-1)}{2!}x^2+\cdots+x^n+o(x^n)(二项式定理).$$

中值定理之间的关系:

$$罗尔定理\xleftarrow{f(a)=f(b)}拉格朗日中值定理\xleftarrow{F(x)=x}柯西中值定理$$
$$\Uparrow n=1$$
$$泰勒中值定理$$

2.1.3　导数在几何上的应用

1. 单调性

设函数 $y=f(x)$ 在 I 上可导,如果 $f'(x)>0$,那么函数 $y=f(x)$ 在 I 上单调增加;如果 $f'(x)<0$,那么函数 $y=f(x)$ 在 I 上单调减少.

2. 凹凸性

设函数 $y=f(x)$ 在 I 上二阶可导,如果 $f''(x)>0$,那么曲线 $y=f(x)$ 在 I 上是凹的;如果 $f''(x)<0$,那么曲线 $y=f(x)$ 在 I 上是凸的.

3. 切　线

已知曲线方程 $y=f(x)$,则 $f'(x_0)$ 表示曲线在点 $(x_0,f(x_0))$ 处切线的斜率.

切线方程: $y=f(x_0)+f'(x_0)(x-x_0)$;

法线方程: $y=f(x_0)-\frac{1}{f'(x_0)}(x-x_0)(f'(x_0)\neq0)$.

当 $f'(x_0)=0$ 时,切线方程为 $y=f(x_0)$;法线方程为 $x=x_0$.

4. 渐近线

若设 $\lim\limits_{x \to \infty} f(x) = A$，则直线 $y = A$ 是函数 $y = f(x)$ 图形的水平渐近线.

若设 $\lim\limits_{x \to x_0} f(x) = \infty$，则直线 $x = x_0$ 是函数 $y = f(x)$ 图形的铅直渐近线.

若设 $\lim\limits_{x \to \infty} \dfrac{f(x)}{x} = k \neq 0$，$\lim\limits_{x \to \infty}[f(x) - kx] = b$，则直线 $y = kx + b$ 是函数 $y = f(x)$ 图形的斜渐近线.

5. 曲　率

曲线 $y = f(x)$ 在点 (x, y) 处的曲率为 $k = \dfrac{|y''|}{(1 + y'^2)^{\frac{3}{2}}}$.

2.1.4　一元函数的极值与最值

1. 函数的极值判定

费马引理：设函数 $f(x)$ 在点 x_0 处具有导数，且在 x_0 处取得极值，那么 $f'(x_0) = 0$.

函数取得极值的第一充分条件：设函数 $f(x)$ 在点 x_0 处连续，且在 x_0 的某去心邻域 $\mathring{U}(x_0, \delta)$ 内可导.

① 若 $x \in (x_0 - \delta, x_0)$ 时，$f'(x) > 0$，而 $x \in (x_0, x_0 + \delta)$ 时，$f'(x) < 0$，则 $f(x)$ 在 x_0 处取得极大值；

② 若 $x \in (x_0 - \delta, x_0)$ 时，$f'(x) < 0$，而 $x \in (x_0, x_0 + \delta)$ 时，$f'(x) > 0$，则 $f(x)$ 在 x_0 处取得极小值；

③ 若 $x \in \mathring{U}(x_0, \delta)$ 时，$f'(x)$ 的符号保持不变，则 $f(x)$ 在 x_0 处没有极值.

函数取得极值的第二充分条件：设函数 $f(x)$ 在点 x_0 处具有二阶导数且 $f'(x_0) = 0$，$f''(x_0) \neq 0$，则

① 当 $f''(x_0) < 0$ 时，函数 $f(x)$ 在 x_0 处取得极大值；

② 当 $f''(x_0) > 0$ 时，函数 $f(x)$ 在 x_0 处取得极小值.

函数取得极值的第二充分条件推广：设函数 $f(x)$ 在点 x_0 处具有 n 阶导数且 $f'(x_0) = f''(x_0) = \cdots = f^{(2m-1)}(x_0) = 0$，$f^{(2m)}(x_0) \neq 0$，则

① 当 $f^{(2m)}(x_0) < 0$ 时，函数 $f(x)$ 在 x_0 处取得极大值；

② 当 $f^{(2m)}(x_0) > 0$ 时，函数 $f(x)$ 在 x_0 处取得极小值.

2. 函数的最大值与最小值的求法

闭区间 $[a, b]$ 上的连续函数一定有最大值与最小值，求最值的步骤：

① 求 $f'(x)$，进而求出 $f(x)$ 在 (a, b) 内的驻点以及不可导点；

② 求函数 $f(x)$ 在驻点、端点、不可导点的函数值；

③ 比较这些值的大小，得出 $f(x)$ 的最大值与最小值.

注：函数在某区间 I 上唯一的极值点必然是最值点.

2.1.5　偏导数与全微分

1. 多元函数的极限与连续

设二元函数 $f(P)=f(x,y)$ 的定义域为 D，$P(x_0,y_0)$ 为 D 的聚点. 如果存在常数 A，对于任意给定的正数 ε，总存在正数 δ，使得当 $P(x,y) \in D \cap \mathring{U}(P_0,\delta)$ 时，都有

$$|f(P)-A|=|f(x,y)-A|<\varepsilon$$

成立，则称常数 A 为函数 $f(x,y)$ 当 $(x,y) \to (x_0,y_0)$ 时的极限，记为

$$\lim_{(x,y) \to (x_0,y_0)} f(x,y)=A \quad \text{或} \quad f(x,y) \to A \quad ((x,y) \to (x_0,y_0)),$$

也记作 $\lim\limits_{P \to P_0} f(P)=A$ 或 $f(P) \to A (P \to P_0)$.

注：该极限是指 P 以任何方式趋于 P_0 时，函数都无限接近于 A. 如果当 P 以两种不同方式趋于 P_0 时，函数趋于不同的值，则函数的极限不存在.

设二元函数 $f(P)=f(x,y)$ 的定义域为 D，$P(x_0,y_0)$ 为 D 的聚点，$P_0 \in D$. 如果

$$\lim_{(x,y) \to (x_0,y_0)} f(x,y)=f(x_0,y_0),$$

则称函数 $f(x,y)$ 在点 $P(x_0,y_0)$ 连续.

闭区域 D 上的连续函数有界，可以取得最大值与最小值，满足介值定理.

2. 偏导数、全微分

（1）偏导数

设函数 $z=f(x,y)$ 在点 (x_0,y_0) 的某一邻域内有定义，

$$f_x(x_0,y_0)=\lim_{\Delta x \to 0} \frac{f(x_0+\Delta x,y_0)-f(x_0,y_0)}{\Delta x},$$

$$f_y(x_0,y_0)=\lim_{\Delta y \to 0} \frac{f(x_0,y_0++\Delta y)-f(x_0,y_0)}{\Delta y}.$$

如果函数在区域 D 内各点处都可导，那么称该函数在 D 内可导.

（2）全微分

如果函数 $z=f(x,y)$ 在点 (x,y) 的全增量 $\Delta z=f(x+\Delta x,y+\Delta y)-f(x,y)$ 可表示为 $\Delta z=A\Delta x+B\Delta y+o(\rho)$（$\rho=\sqrt{(\Delta x)^2+(\Delta y)^2}$），其中 A、B 不依赖于 Δx、Δy 而仅与 x、y 有关，则称函数 $z=f(x,y)$ 在点 (x,y) 可微分，称 $A\Delta x+B\Delta y$ 为函数 $z=f(x,y)$ 在点 (x,y) 的全微分，记作 $\mathrm{d}z$，即

$$\mathrm{d}z=A\Delta x+B\Delta y=f_x(x,y)\mathrm{d}x+f_y(x,y)\mathrm{d}y.$$

如果函数在区域 D 内各点处都可微分，则称该函数在 D 内可微分.

关系：偏导数连续 $\Rightarrow$ 函数可微 $\Rightarrow \begin{cases} \text{偏导数存在} \\ \text{函数连续} \Rightarrow \text{极限存在} \end{cases}$.

（3）偏导数与全微分的计算

链式法则：如果函数 $u=\varphi(x,y)$，$v=\psi(x,y)$ 都在点 (x,y) 具有对 x 及 y 的偏导数，函数 $z=f(u,v)$ 在对应点 (u,v) 具有连续偏导数，则有

$$\frac{\partial z}{\partial x}=\frac{\partial z}{\partial u} \cdot \frac{\partial u}{\partial x}+\frac{\partial z}{\partial v} \cdot \frac{\partial v}{\partial x},$$

$$\frac{\partial z}{\partial y} = \frac{\partial z}{\partial u} \cdot \frac{\partial u}{\partial y} + \frac{\partial z}{\partial v} \cdot \frac{\partial v}{\partial y}.$$

特例,如果函数 $u = \varphi(t)$ 及 $v = \psi(t)$ 都在点 t 可导,函数 $z = f(u,v)$ 在对应点 (u,v) 具有连续偏导数,则有全导数公式

$$\frac{\mathrm{d}z}{\mathrm{d}t} = \frac{\partial z}{\partial u} \cdot \frac{\mathrm{d}u}{\mathrm{d}t} + \frac{\partial z}{\partial v} \cdot \frac{\mathrm{d}v}{\mathrm{d}t}.$$

隐函数求导:求由 $\begin{cases} F(x,y,z) = 0 \\ G(x,y,z) = 0 \end{cases}$ 确定的隐函数.

方程组两边对 x 求导,得到

$$\begin{cases} F_x + F_y \dfrac{\mathrm{d}y}{\mathrm{d}x} + F_z \dfrac{\mathrm{d}z}{\mathrm{d}x} = 0, \\ G_x + G_y \dfrac{\mathrm{d}y}{\mathrm{d}x} + G_z \dfrac{\mathrm{d}z}{\mathrm{d}x} = 0, \end{cases}$$

由克莱姆法则,当 $J = \dfrac{\partial(F,G)}{\partial(y,z)} \neq 0$ 时,可解得

$$\frac{\mathrm{d}y}{\mathrm{d}x} = \frac{1}{J} \begin{vmatrix} -F_x & F_z \\ -G_x & G_z \end{vmatrix},$$

$$\frac{\mathrm{d}z}{\mathrm{d}x} = \frac{1}{J} \begin{vmatrix} F_y & -F_x \\ G_y & -G_x \end{vmatrix},$$

$$J = \frac{\partial(F,G)}{\partial(y,z)} = \begin{vmatrix} F_y & F_z \\ G_y & G_z \end{vmatrix}.$$

(4) 多元函数的高阶导数

当函数 $z = f(x,y)$ 的偏导数 $f_x(x,y)$,$f_y(x,y)$ 有偏导数时,有 4 个二阶偏导数为

$$f_{xx}(x,y) = \frac{\partial}{\partial x}[f_x(x,y)],$$

$$f_{xy}(x,y) = \frac{\partial}{\partial y}[f_x(x,y)],$$

$$f_{yx}(x,y) = \frac{\partial}{\partial x}[f_y(x,y)],$$

$$f_{yy}(x,y) = \frac{\partial}{\partial y}[f_y(x,y)].$$

二阶偏导函数可以有三阶偏导数,一般地,二阶及二阶以上的偏导数统称为高阶偏导数. 当二阶混合偏导数连续时必然相等,偏导函数 $f_{xy}(x,y) = f_{yx}(x,y)$.

3. 方向导数、梯度、散度与旋度

(1) 方向导数与梯度

设 l 是 xOy 平面上以 $P_0(x_0,y_0)$ 为始点的一条射线,$e_l = (\cos \alpha, \cos \beta)$ 是与 l 同方向的单位向量. 射线 l 的参数方程为 $x = x_0 + t\cos \alpha$,$y = y_0 + t\cos \beta (t \geqslant 0)$. 设函数 $z = f(x,y)$ 在点 $P_0(x_0,y_0)$ 的某一邻域 $U(P_0)$ 内有定义,$P(x_0 + t\cos \alpha, \ y_0 + t\cos \beta)$ 为 l 上另一点,且 $P \in U(P_0)$. 如果函数增量 $f(x_0 + t\cos \alpha, \ y_0 + t\cos \beta) - f(x_0,y_0)$ 与 P 到 P_0 的距离 $|PP_0| = t$ 的比值为

$$\frac{f(x_0 + t\cos \alpha, \ y_0 + t\cos \beta) - f(x_0,y_0)}{t},$$

当 P 沿着 l 趋于 P_0(即 $t \to 0^+$)时的极限存在,则称此极限为函数 $f(x,y)$ 在点 P_0 沿方向 l 的方向导数,记作 $\dfrac{\partial f}{\partial l}\Big|_{(x_0,y_0)}$,即

$$\frac{\partial f}{\partial l}\Big|_{(x_0,y_0)} = \lim_{t \to 0^+} \frac{f(x_0+t\cos\alpha,\ y_0+t\cos\beta)-f(x_0,y_0)}{t}.$$

注:方向导数就是函数 $f(x,y)$ 在点 $P_0(x_0,y_0)$ 处沿方向 l 的变化率.

设函数 $z=f(x,y)$ 在平面区域 D 内具有一阶连续偏导数,则梯度为

$$\mathbf{grad}\, f(x_0,y_0) = (f_x(x_0,y_0), f_y(x_0,y_0)).$$

方向导数与梯度的关系:函数 $f(x,y)$ 在点 $P_0(x_0,y_0)$ 处可微,$\boldsymbol{e}_l = (\cos\alpha,\cos\beta)$ 为与方向 l 同向的单位向量,则

$$\frac{\partial f}{\partial l}\Big|_{(x_0,y_0)} = \mathbf{grad}\, f(x_0,y_0) \cdot \boldsymbol{e}_l = |\mathbf{grad}\, f(x_0,y_0)| \cdot \cos(\mathbf{grad}\, f(x_0,y_0)^{\wedge} \boldsymbol{e}_l).$$

函数在某点的梯度方向与取得最大方向导数的方向一致,梯度的模为方向导数的最大值.

(2) 散度与旋度

向量场 $\boldsymbol{A}(x,y,z) = (P(x,y,z), Q(x,y,z), R(x,y,z))$;

散度 $\operatorname{div} \boldsymbol{A} = \dfrac{\partial P}{\partial x} + \dfrac{\partial Q}{\partial y} + \dfrac{\partial R}{\partial z}$;

旋度 $\mathbf{rot}\, \boldsymbol{A} = \nabla \times \boldsymbol{A} = \begin{vmatrix} \boldsymbol{i} & \boldsymbol{j} & \boldsymbol{k} \\ \dfrac{\partial}{\partial x} & \dfrac{\partial}{\partial y} & \dfrac{\partial}{\partial z} \\ P & Q & R \end{vmatrix}.$

2.1.6　多元函数的极值与最值

1. 极　值

(1) 必要条件

设函数 $z=f(x,y)$ 在点 (x_0,y_0) 处具有偏导数,且在点 (x_0,y_0) 处有极值,则有 $f_x(x_0,y_0)=0$,$f_y(x_0,y_0)=0$,并称 (x_0,y_0) 为驻点.

(2) 无条件极值

设函数 $z=f(x,y)$ 在驻点 (x_0,y_0) 的某邻域内连续且有二阶连续偏导数,令

$$f_{xx}(x_0,y_0)=A, \quad f_{xy}(x_0,y_0)=B, \quad f_{yy}(x_0,y_0)=C,$$

则 $f(x,y)$ 在 (x_0,y_0) 处是否取得极值的条件如下:

① 当 $AC-B^2>0$ 时具有极值,且当 $A<0$ 时有极大值,当 $A>0$ 时有极小值;

② 当 $AC-B^2<0$ 时没有极值;

③ 当 $AC-B^2=0$ 时可能有极值,也可能没有极值.

(3) 条件极值

若求 $z=f(x,y)$ 在条件 $\varphi(x,y)=0$ 下可能的极值点,需要使用拉格朗日乘数法.

令 $F(x,y)=f(x,y)+\lambda\varphi(x,y)$,其中 λ 为某一常数,然后解方程组

$$\begin{cases} F_x(x,y)=f_x(x,y)+\lambda\varphi_x(x,y)=0, \\ F_y(x,y)=f_y(x,y)+\lambda\varphi_y(x,y)=0, \\ F_\lambda(x,y)=\varphi(x,y)=0, \end{cases}$$

由该方程组解出 x,y 及 λ，则其中 (x,y) 就是所要求的可能的极值点.

这种方法可以推广到自变量多于两个而条件多于一个的情形.

2. 多元函数的最值

最大值和最小值问题：如果 $f(x,y)$ 在有界闭区域 D 上连续，则 $f(x,y)$ 在 D 上必定能取得最大值和最小值.

求最值的一般方法：

① 求函数在 D 内的所有驻点和偏导数不存在点处的函数值；

② 求 D 的边界上的最大值和最小值；

③ 相互比较函数值的大小，其中最大者即最大值，最小者即最小值.

注：若函数在 D 内有唯一的极值点，则该极值点为最值点.

2.2 典型例题分析

例 1 设 $f(x),g(x)$ 在 $(-\infty,+\infty)$ 内有定义，$f(x+y)=f(x)g(y)+f(y)g(x)$，$f'(0)=1$，$g'(0)=0$，$f(0)=0$，$g(0)=1$，证明：$f'(x)=g(x)$.

证明 由于 $f(x),g(x)$ 在点 $x=0$ 处可导，所以

$$\lim_{x\to 0}\frac{f(x)-f(0)}{x}=f'(0)=1,$$

$$\lim_{x\to 0}\frac{g(x)-g(0)}{x}=g'(0)=0,$$

从而

$$\begin{aligned}
f'(x)&=\lim_{h\to 0}\frac{f(x+h)-f(x)}{h}\\
&=\lim_{h\to 0}\frac{f(x)g(h)+f(h)g(x)-f(x)}{h}\\
&=\lim_{h\to 0}\left[f(x)\frac{g(h)-1}{h}+g(x)\frac{f(h)-f(0)}{h}\right]\\
&=f(x)g'(0)+g(x)f'(0)=g(x).
\end{aligned}$$

例 2（2011 河北省竞赛） 设 $f(x)$ 在 $[0,1]$ 上有三阶连续导数，$f(0)=1$，$f(1)=2$，$f'\left(\dfrac{1}{2}\right)=0$. 证明至少存在一点 $\xi\in(0,1)$ 使得 $|f'''(\xi)|\geqslant 24$.

证明 由泰勒公式，存在 $\xi\in\left(0,\dfrac{1}{2}\right)$，$\eta\in\left(\dfrac{1}{2},1\right)$，使得

$$f(0)=f\left(\frac{1}{2}\right)+f'\left(\frac{1}{2}\right)\left(0-\frac{1}{2}\right)+\frac{1}{2}f''\left(\frac{1}{2}\right)\left(0-\frac{1}{2}\right)^2+\frac{1}{6}f'''(\xi)\left(0-\frac{1}{2}\right)^3,$$

$$f(1)=f\left(\frac{1}{2}\right)+f'\left(\frac{1}{2}\right)\left(1-\frac{1}{2}\right)+\frac{1}{2}f''\left(\frac{1}{2}\right)\left(1-\frac{1}{2}\right)^2+\frac{1}{6}f'''(\eta)\left(1-\frac{1}{2}\right)^3.$$

两式相减，并由已知条件，得

$$f'''(\xi)+f'''(\eta)=48,$$

故至少存在一点 $\xi\in(0,1)$，使得 $|f'''(\xi)|\geqslant 24$.

例 3 设函数 $f(x)$ 在 $[a,b]$ 上连续，在 (a,b) 内可导，且 $f(a)=0$，$f(b)=1$，求证：存在 $\xi\in$

$(a,b),\eta\in(a,b),\xi\neq\eta$ 使得

$$\frac{1}{f'(\xi)}+\frac{1}{f'(\eta)}=2(b-a).$$

证明　首先应用介值定理,存在 $c\in(a,b)$ 使得 $f(c)=\dfrac{1}{2}$. 然后在区间 $[a,c]$ 与 $[c,b]$ 上使用拉格朗日中值定理,有

$$f(c)-f(a)=f'(\xi)(c-a),$$
$$f(b)-f(c)=f'(\eta)(b-c),$$

于是

$$\frac{\dfrac{1}{2}}{f'(\xi)}+\frac{\dfrac{1}{2}}{f'(\eta)}=c-a+b-c=b-a.$$

故 $\dfrac{1}{f'(\xi)}+\dfrac{1}{f'(\eta)}=2(b-a).$

例 4(Jensen 不等式)　若函数 $f(x)$ 在区间 I 上是凹的,证明:对任意 $x_k\in I,k=1,2,\cdots,$ $n,x_1,x_2,\cdots,x_n$ 互不相等,$\lambda_k\in(0,1),k=1,2,\cdots,n,\sum\limits_{k=1}^{n}\lambda_k=1$,有

$$f\left(\sum_{k=1}^{n}\lambda_k x_k\right)<\sum_{k=1}^{n}\lambda_k f(x_k).$$

证明　用数学归纳法证明.

当 $n=2$ 时,有 $f(\lambda_1 x_1+\lambda_2 x_2)<\lambda_1 f(x_1)+\lambda_2 f(x_2)$.

设当 $n=k$ 时成立,即对于 $\lambda_i\in(0,1),i=1,2,\cdots,k,\sum\limits_{i=1}^{k}\lambda_i=1$,有

$$f(\lambda_1 x_1+\lambda_2 x_2+\cdots+\lambda_k x_k)<\lambda_1 f(x_1)+\lambda_2 f(x_2)+\cdots+\lambda_k f(x_k).$$

当 $n=k+1$ 时,有

$$f(\lambda_1 x_1+\lambda_2 x_2+\cdots+\lambda_k x_k+\lambda_{k+1}x_{k+1})$$

$$=f\left[\lambda_1 x_1+\lambda_2 x_2+\cdots+\lambda_{k-1}x_{k-1}+(\lambda_k+\lambda_{k+1})\left(\frac{\lambda_k}{\lambda_k+\lambda_{k+1}}x_k+\frac{\lambda_{k+1}}{\lambda_k+\lambda_{k+1}}x_{k+1}\right)\right]$$

$$\leqslant\lambda_1 f(x_1)+\lambda_2 f(x_2)+\cdots+\lambda_{k-1}f(x_{k-1})+(\lambda_k+\lambda_{k+1})f\left(\frac{\lambda_k}{\lambda_k+\lambda_{k+1}}x_k+\frac{\lambda_{k+1}}{\lambda_k+\lambda_{k+1}}x_{k+1}\right)$$

$$\leqslant\lambda_1 f(x_1)+\lambda_2 f(x_2)+\cdots+\lambda_{k-1}f(x_{k-1})+(\lambda_k+\lambda_{k+1})\left[\frac{\lambda_k}{\lambda_k+\lambda_{k+1}}f(x_k)+\frac{\lambda_{k+1}}{\lambda_k+\lambda_{k+1}}f(x_{k+1})\right]$$

$$=\lambda_1 f(x_1)+\lambda_2 f(x_2)+\cdots+\lambda_{k-1}f(x_{k-1})+\lambda_k f(x_k)+\lambda_{k+1}f(x_{k+1}),$$

即当 $n=k+1$ 时不等式也成立.由数学归纳法知 Jensen 不等式成立.

例 5(中国科学院试题)　设函数 $f(x)$ 在 $x=0$ 处连续,$\lim\limits_{x\to0}\dfrac{f(2x)-f(x)}{x}=A$.求证:$f'(0)$ 存在,并且 $f'(0)=A$.

证明　因 $\lim\limits_{x\to0}\dfrac{f(2x)-f(x)}{x}=A$,即对于任意 $\varepsilon>0$,存在 $\delta>0$,当 $|x|<\delta$ 时,有

$$A-\frac{\varepsilon}{2}<\frac{f(2x)-f(x)}{x}<A+\frac{\varepsilon}{2}.$$

特别取 $x_k=\dfrac{x}{2^k}(k\in\mathbf{N})$,上式也成立,故有

$$\frac{1}{2^k}\left(A-\frac{\varepsilon}{2}\right)<\frac{f\left(\frac{x}{2^{k-1}}\right)-f\left(\frac{x}{2^k}\right)}{x}<\frac{1}{2^k}\left(A+\frac{\varepsilon}{2}\right).$$

取 $k=1,2,\cdots,n$，将此 n 个式子相加，注意，

$$\sum_{k=1}^{n}\left[f\left(\frac{x}{2^{k-1}}\right)-f\left(\frac{x}{2^k}\right)\right]=f(x)-f\left(\frac{x}{2^n}\right)=f(x)-f(x_n),$$

$$\sum_{k=1}^{n}\frac{1}{2^k}=1-\frac{1}{2^n}.$$

有 $\left(1-\frac{1}{2^n}\right)\left(A-\frac{\varepsilon}{2}\right)<\frac{f(x)-f(x_n)}{x}<\left(1-\frac{1}{2^n}\right)\left(A+\frac{\varepsilon}{2}\right).$

再令 $n\to\infty$，有 $x_n=\frac{x}{2^n}\to 0$，而 $f(x)$ 在 0 处连续，$\lim\limits_{n\to\infty}f(x_n)=f(0)$，因此

$$A-\frac{\varepsilon}{2}<\frac{f(x)-f(0)}{x}<A+\frac{\varepsilon}{2}.$$

也即 $\left|\frac{f(x)-f(0)}{x}-A\right|\leqslant\frac{\varepsilon}{2}<\varepsilon.$ $f'(0)$ 存在，并且 $f'(0)=A.$

例 6 求 $f(x)=\arctan x$ 在 $x=0$ 处的各阶导数.

解 $f'(x)=\frac{1}{1+x^2}=\sum\limits_{n=0}^{\infty}(-1)^n x^{2n}(|x|<1)$，两端从 0 到 x 积分得

$$f(x)=\sum_{n=0}^{\infty}(-1)^n\frac{x^{2n+1}}{2n+1}\quad(|x|<1).$$

由此得

$$f^{(k)}(0)=\begin{cases}\dfrac{(-1)^n(2n+1)!}{(2n+1)}=(-1)^n(2n)!,&k=2n+1,\\0,&k=2n.\end{cases}$$

例 7 设 $f(x)$ 在 $[a,b]$ 上连续，在 (a,b) 内二阶可微且 $f'_+(a)$ 存在. 如果 $f(a)=f(b)=0$，$f'_+(a)>0$，求证：存在 $\xi\in(a,b)$ 使得 $f''(\xi)<0$.

证明 用反证法. 假设在 $[a,b]$ 上 $f''(x)\geqslant 0$，于是 $f'(x)$ 单调不减，则可证明 $f'(x)\geqslant 0$. 若不然，则存在 $c\in(a,b)$ 使得 $f'(c)<0$. 从而对于一切 $x\in(a,c)$ 有 $f'(x)\leqslant f'(c)<0$. 因此 $f(x)$ 在 (a,c) 内单调减少，对于一切 $x\in(a,c)$，$f(x)<f(a)=0$. 这样

$$f'_+(a)=\lim_{x\to a^+}\frac{f(x)-f(a)}{x-a}\leqslant 0.$$

这与 $f'_+(a)>0$ 矛盾. 所以 $f'(x)\geqslant 0$，即 $f(x)$ 在 (a,b) 内单调不减，于是对于一切 $x\in(a,b)$ 有 $0=f(a)\leqslant f(x)\leqslant f(b)=0$，即 $f(x)\equiv 0$，这又与 $f'_+(a)>0$ 矛盾. 这说明在 $[a,b]$ 上 $f''(x)\geqslant 0$ 的假设不正确. 故必存在 $\xi\in(a,b)$ 使得 $f''(\xi)<0$.

例 8 设 $f(x)$ 在 $[a,b]$ 上具有一阶连续导函数，$f(a)=f(b)=0$，证明：存在 $\xi\in[a,b]$ 使得

$$|f'(\xi)|\geqslant\frac{4}{(b-a)^2}\int_a^b f(x)\mathrm{d}x.$$

证明 做辅助函数

$$F(x)=\int_a^x f(t)\mathrm{d}t,$$

则 $F(a)=0$，$F'(a)=F'(b)=0$，$F'(x)=f(x)$，由泰勒公式可知

$$F\left(\frac{a+b}{2}\right)=F(a)+\frac{1}{2}F''(\xi_1)\frac{(b-a)^2}{4},\quad a<\xi_1<\frac{a+b}{2},$$

$$F\left(\frac{a+b}{2}\right)=F(b)+\frac{1}{2}F''(\xi_2)\frac{(b-a)^2}{4},\quad \frac{a+b}{2}<\xi_2<b.$$

于是

$$F(b)=\frac{(b-a)^2}{8}\left[F''(\xi_1)-F''(\xi_2)\right]$$

$$\leqslant\frac{(b-a)^2}{8}\left[\,|\,F''(\xi_1)\,|+|\,F''(\xi_2)\,|\,\right]$$

$$\leqslant\frac{(b-a)^2}{4}F''(\xi).$$

这里，$|F''(\xi)|=\max(|F''(\xi_1)|,|F''(\xi_2)|)$，从而

$$|\,f'(\xi)\,|\geqslant\frac{4}{(b-a)^2}\int_a^b f(x)\mathrm{d}x.$$

例 9　试比较 e^{π} 和 π^{e} 的大小.

解　令 $f(x)=\mathrm{e}^x-x^{\mathrm{e}}(x\geqslant\mathrm{e})$，则有

$$f'(x)=\mathrm{e}^x-\mathrm{e}x^{\mathrm{e}-1},$$

$$f''(x)=\mathrm{e}^x-\mathrm{e}(\mathrm{e}-1)x^{\mathrm{e}-2},$$

$$f'''(x)=\mathrm{e}^x-\mathrm{e}(\mathrm{e}-1)(\mathrm{e}-2)x^{\mathrm{e}-3},$$

由于 $\mathrm{e}-3<0$，因此 $x^{\mathrm{e}-3}(x\geqslant\mathrm{e})$ 单调减少，$-\mathrm{e}(\mathrm{e}-1)(\mathrm{e}-2)x^{\mathrm{e}-3}$ 单调增加，e^x 也单调增加，于是 $f'''(x)=\mathrm{e}^x-\mathrm{e}(\mathrm{e}-1)(\mathrm{e}-2)x^{\mathrm{e}-3}$ 在 $x\geqslant\mathrm{e}$ 时单调增加. 当 $x\geqslant\mathrm{e}$ 时，

$$f'''(x)\geqslant f'''(\mathrm{e})=\mathrm{e}^{\mathrm{e}}-\mathrm{e}(\mathrm{e}-1)(\mathrm{e}-2)\mathrm{e}^{\mathrm{e}-3}$$

$$=\mathrm{e}^{\mathrm{e}-2}(\mathrm{e}^2-\mathrm{e}^2+3\mathrm{e}-2)$$

$$=\mathrm{e}^{\mathrm{e}-2}(3\mathrm{e}-2)>0.$$

于是当 $x\geqslant\mathrm{e}$ 时，$f''(x)$ 单调增加，因此

$$f''(x)\geqslant f''(\mathrm{e})=\mathrm{e}^{\mathrm{e}}-\mathrm{e}(\mathrm{e}-1)\mathrm{e}^{\mathrm{e}-2}=\mathrm{e}^{\mathrm{e}-1}>0.$$

相应地，$f'(x)$ 单调增加，因此 $f'(x)\geqslant f'(\mathrm{e})=\mathrm{e}^{\mathrm{e}}-\mathrm{e}\mathrm{e}^{\mathrm{e}-1}=0$，故 $f(x)$ 单调增加. 当 $x>\mathrm{e}$ 时，$f(x)>f(\mathrm{e})=0$，取 $x=\pi$，即得 $f(\pi)>0$. 从而 $\mathrm{e}^{\pi}>\pi^{\mathrm{e}}$.

例 10　设 $y=f(x)$ 在点 x_0 处有 $n(n\geqslant3)$ 阶导数，且 $f^{(k)}(x_0)=0,k=1,2,\cdots,n-1$. 证明：若 $f^{(n)}(x_0)\neq0$，当 n 为奇数时，x_0 不是 $f(x)$ 的极值点，$(x_0,f(x_0))$ 是曲线 $y=f(x)$ 的拐点. 当 n 为偶数时，x_0 是 $f(x)$ 的极值点，$(x_0,f(x_0))$ 不是曲线 $y=f(x)$ 的拐点.

证明　主要观察 $f'(x)$ 与 $f''(x)$ 在 x_0 两侧附近是否异号.

将 $f'(x)$ 与 $f''(x)$ 在 x_0 处分别做 $n-1$ 阶与 $n-2$ 阶的泰勒展开，有

$$f'(x)=\frac{f^{(n)}(x_0)}{(n-1)!}(x-x_0)^{n-1}+o((x-x_0)^{n-1}),$$

$$f''(x)=\frac{f^{(n)}(x_0)}{(n-2)!}(x-x_0)^{n-2}+o((x-x_0)^{n-2}),$$

由于 $f^{(n)}(x_0)\neq0$，不妨设 $f^{(n)}(x_0)>0$.

(1) 当 n 为奇数时，由上面两式可以知，$f'(x)$ 在 x_0 的左右两侧同号为正，$f''(x)$ 在 x_0 的左右两侧异号. 所以 x_0 不是 $f(x)$ 的极值点，$(x_0,f(x_0))$ 是曲线 $y=f(x)$ 的拐点.

(2) 当 n 为偶数时，由上面两式可以知，$f'(x)$ 在 x_0 的左右两侧异号，$f''(x)$ 在 x_0 的左右两侧同号为正. 所以 x_0 是 $f(x)$ 的极值点，$(x_0,f(x_0))$ 不是曲线 $y=f(x)$ 的拐点.

例 11 求一函数 $f(x)$,使其在任一有限区间上有界,且满足方程 $f(x)-\frac{1}{2}f\left(\frac{x}{2}\right)=x-x^2$.

解 本题是求出一个函数即可,不妨假设 $f(x)$ 在 $x=0$ 点具有任意阶导数,且可展开成为泰勒级数. 在 $f(x)-\frac{1}{2}f\left(\frac{x}{2}\right)=x-x^2$ 中令 $x=0$ 得到 $f(0)=0$,两边求导得

$$f'(x)-\frac{1}{4}f'\left(\frac{x}{2}\right)=1-2x,$$

上式中令 $x=0$ 得到 $f'(0)=\frac{4}{3}$.

上式两边再求导得

$$f''(x)-\frac{1}{8}f''\left(\frac{x}{2}\right)=-2,$$

令 $x=0$ 得到 $f''(0)=-\frac{16}{7}$.

上式两边继续求导得

$$f'''(x)-\frac{1}{16}f'''\left(\frac{x}{2}\right)=0,$$

令 $x=0$ 得到 $f'''(0)=0$.

上式继续求导可得 $f^{(n)}(0)=0(n=4,5,\cdots)$. 因此函数的麦克劳林展开式为

$$f(x)=f(0)+f^{(1)}(0)x+\frac{f^{(2)}(0)}{2!}x^2+\frac{f^{(3)}(0)}{3!}x^3+\frac{f^{(4)}(0)}{4!}x^4+\cdots=\frac{4}{3}x-\frac{8}{7}x^2.$$

例 12 $f(x)=a_nx^n+a_{n-1}x^{n-1}+\cdots+a_1x+a_0$ 是实系数多项式,$n\geqslant 2$,且某个 $a_k=0(1\leqslant k\leqslant n-1)$ 及 $l\neq k,a_l\neq 0$,证明:若 $f(x)$ 有 n 个相异的实根,则 $a_{k-1}a_{k+1}<0$.

证明 方法一:
$$f^{(k-1)}(x)=C_0+C_2x^2+\cdots+C_{n-k+1}x^{n-k+1}$$
这里 $C_0=(k-1)!\,a_{k-1}$,$C_2=\frac{(k+1)!}{2}a_{k+1}$,$\cdots$,$C_i=\frac{(k+i-1)!}{i!}a_{k+i-1}$.

由罗尔定理可知,函数在两个零点之间必有其导数的零点,因此 $f^{(k-1)}(x)$ 有 $n-k+1$ 个相异的实根,而 $f^{(k)}(x)$ 有 $n-k$ 个根,且 $f^{(k)}(x)$ 的根位于 $f^{(k-1)}(x)$ 每两个相邻根之间.

假设 a_{k-1} 和 a_{k+1} 同号,不失一般性,可设 $a_{k-1}>0$,$a_{k+1}>0$,因为
$$f^{(k)}(x)=2C_2x+\cdots+(n-k+1)C_{n-k+1}x^{n-k},$$
易见 $f^{(k)}(0)=0$,而在 $x=0$ 的左侧附近 $f^{(k)}(x)<0$,右侧附近 $f^{(k)}(x)>0$,$f^{(k-1)}(0)=C_0>0$ 为极小值.

若 $f^{(k)}(x)$ 无其他根,则处处有 $f^{(k-1)}(x)>f^{(k-1)}(0)=C_0$,因而 $f^{(k-1)}(x)$ 也无实根,矛盾.

若 x_0 是 $f^{(k)}(x)$ 的与 $x=0$ 相邻的根,则在 0 与 x_0 区间上 $f^{(k-1)}(x)\geqslant C_0>0$,这与 $f^{(k-1)}(x)$ 也在此区间上存在根矛盾.

方法二:
$$f^{(k-1)}(x)=C_0+C_2x^2+\cdots+C_{n-k+1}x^{n-k+1},$$
这里 $C_0=(k-1)!a_{k-1}\neq 0$,$C_1=k!a_k=0$,$C_2=\frac{(k+1)!}{2}a_{k+1}\neq 0$. $f^{(k-1)}(x)$ 有 $n-k+1$ 个相异的实根,设为 $x_1,x_2,\cdots,x_{n-k+1}$,由于 $C_0\neq 0$,知 $x_1,x_2,\cdots,x_{n-k+1}\neq 0$,则多项式
$$\varphi(x)=C_{n-k+1}+C_{n-k}x+\cdots+C_2x^{n-k-1}+C_1x^{n-k}+C_0x^{n-k+1}$$

有互异实根 $\dfrac{1}{x_1},\dfrac{1}{x_2},\cdots,\dfrac{1}{x_{n-k+1}}$，由罗尔定理知

$$\varphi^{(n-k-1)}(x)=(n-k-1)!C_2+(n-k)!C_1x+\dfrac{(n-k+1)!}{2!}C_0x^2$$

有不相等的两实根. 但是 $C_1=0$，由根与系数的关系知

$$\dfrac{(n-k-1)!C_2}{\dfrac{(n-k+1)!}{2!}C_0}<0,$$

即有 $a_{k-1}a_{k+1}<0$.

例 13　设 $f(x)=1-x+\dfrac{x^2}{2}-\dfrac{x^3}{3}+\cdots+(-1)^n\dfrac{x^n}{n}$，证明：方程 $f(x)=0$ 当 n 为奇数时，恰有一个实根；当 n 为偶数时无实根.

证明　$f(x)=\displaystyle\sum_{k=1}^{n}(-1)^k\dfrac{x^k}{k}+1$,

$$f'(x)=\sum_{k=1}^{n}(-1)^kx^{k-1}=\begin{cases}\dfrac{-1+(-1)^nx^n}{1+x}, & x\neq-1,\\ -n, & x=-1.\end{cases}$$

$n=2m+1$ 为奇数，$f'(x)<0$，$f(x)$ 严格单调递减，又 $f(+\infty)=-\infty$，$f(-\infty)=+\infty$，故 $f(x)$ 恰有一个实根.

$n=2m$ 为偶数，当 $x>1$ 时，$f'(x)>0$；当 $x=1$ 时，$f'(x)=0$；当 $x<1$ 时，$f'(x)<0$，$\min f(x)=f(1)$.

$$f(x)\big|_{x=1}=1-1+\dfrac{1}{2}-\dfrac{1}{3}+\cdots+(-1)^{2m}\dfrac{1}{2m}$$
$$=(1-1)+\left(\dfrac{1}{2}-\dfrac{1}{3}\right)+\cdots+\left(\dfrac{1}{2m-2}-\dfrac{1}{2m-1}\right)+\dfrac{1}{2m}>0.$$

于是 $\forall x\in\mathbf{R},f(x)\geqslant f(1)>0$ 时，故 $f(x)$ 无实根.

例 14（2012 全国决赛）　设 $f(x)$ 在 $(-\infty,+\infty)$ 内无穷次可微，并且满足：存在 $M>0$ 使得 $|f^{(k)}(x)|\leqslant M(k=1,2,\cdots)$，$\forall x\in(-\infty,+\infty)$，且 $f\left(\dfrac{1}{2^n}\right)=0(n=1,2,\cdots)$，求证：在 $(-\infty,+\infty)$ 内 $f(x)\equiv0$.

证明　由 $f(x)$ 在 $(-\infty,+\infty)$ 内无穷次可微，且 $|f^{(k)}(x)|\leqslant M(k=1,2,\cdots)$，所以

$$f(x)=\sum_{n=0}^{\infty}\dfrac{f^{(n)}(0)}{n!}x^n.$$

由 $f\left(\dfrac{1}{2^n}\right)=0(n=1,2,\cdots)$，得

$$f(0)=\lim_{n\to\infty}f\left(\dfrac{1}{2^n}\right)=0,$$

$$f'(0)=\lim_{n\to\infty}\dfrac{f\left(\dfrac{1}{2^n}\right)-f(0)}{\dfrac{1}{2^n}}=0.$$

由罗尔定理，对于自然数 n，在 $\left[\dfrac{1}{2^{n+1}},\dfrac{1}{2^n}\right]$ 上，存在 $\xi_n^{(1)}\in\left(\dfrac{1}{2^{n+1}},\dfrac{1}{2^n}\right)$，使得

$$f'(\xi_n^{(1)})=0,$$

从而 $\xi_n^{(1)} \to 0 (n \to \infty)$. 这里 $\xi_1^{(1)} > \xi_2^{(1)} > \cdots > \xi_n^{(1)} > \xi_{n+1}^{(1)} > \cdots$. 于是

$$f''(0) = \lim_{n \to \infty} \frac{f'(\xi_n^{(1)}) - f'(0)}{\xi_n^{(1)}} = 0.$$

在 $[\xi_{n+1}^{(1)}, \xi_n^{(1)}]$ 上对 $f'(x)$ 使用罗尔定理,则存在 $\xi_n^{(2)} \in (\xi_{n+1}^{(1)}, \xi_n^{(1)})$ 使得

$$f''(\xi_n^{(2)}) = 0,$$

从而 $\xi_n^{(2)} \to 0 (n \to \infty)$. 于是 $f'''(0) = \lim_{n \to \infty} \frac{f''(\xi_n^{(2)}) - f''(0)}{\xi_n^{(2)}} = 0$.

类似地, $f^{(n)}(0) = 0$. 于是由 $f(x) = \sum_{n=0}^{\infty} \frac{f^{(n)}(0)}{n!} x^n$ 得 $f(x) \equiv 0$.

例 15 设 $f(x)$ 在 $(-\infty, +\infty)$ 内可微,且 $f(0) = 0, f'(x) \leqslant p|f(x)|, 0 < p < 1$, 求证:在 $(-\infty, +\infty)$ 内 $f(x) \equiv 0$.

证明 题设条件给出了函数及其导数关系,可用拉格朗日中值定理.

方法一:先考虑 $x \in [0,1]$, $f(x)$ 为连续函数且可导,所以 $|f(x)|$ 也为连续函数,可取到最大值 M, 设 $x_0 \in [0,1]$ 使得有 $|f(x_0)| = M \geqslant 0$. 由拉格朗日中值定理有

$$M = |f(x_0)| = |f(x_0) - f(0)| = |f'(\xi) x_0|, \quad \xi \in (0, x_0).$$

于是有 $M = |f'(\xi) x_0| \leqslant |f'(\xi)| \leqslant p|f(\xi)| \leqslant pM$, 从而 $(1-p)M \leqslant 0$, 而 $p < 1$, 所以 $M \leqslant 0$. 因此 $M = 0$, 由此可知 $f(x) \equiv 0, x \in [0,1]$.

类似可得 $f(x)$ 在区间 $[i, i+1]$ 上 $f(x) \equiv 0$, 于是在 $(-\infty, +\infty)$ 内 $f(x) \equiv 0$.

方法二:在以 0 与 x 为端点的区间上使用拉格朗日中值定理得

$$f(x) = |f(0) + f'(\xi_1) x| = |f'(\xi_1) x| \leqslant p|f'(\xi_1) x|, \quad \xi_1 \text{ 位于 } 0 \text{ 与 } x \text{ 之间}.$$

限制 $x \in [0, \frac{1}{2p}]$, 有 $|f(x)| \leqslant \frac{1}{2}|f(\xi_1)|$.

重复使用该方法,可得

$$|f(x)| \leqslant \frac{1}{2}|f(\xi_1)| \leqslant \frac{1}{4}|f(\xi_2)| \leqslant \cdots \leqslant \frac{1}{2^n}|f(\xi_n)| \to 0 \quad (n \to \infty),$$

这里 $0 < \xi_n < \xi_{n-1} < \cdots < \xi_1 < x \leqslant \frac{1}{2p}$. 从而 $f(x) \equiv 0, x \in [0, \frac{1}{2p}]$.

类似可得 $f(x)$ 在区间 $[\frac{i}{2p}, \frac{i+1}{2p}] (i = \pm 1, \pm 2, \cdots)$ 上 $f(x) \equiv 0$, 于是在 $(-\infty, +\infty)$ 内 $f(x) \equiv 0$.

方法三:反证法.

若存在 $x_0 \in (-\infty, +\infty)$ 使得 $f(x_0) \neq 0$, 不妨设 $f(x_0) > 0$. 记 $x_1 = \inf\{x | f(t) > 0, t \in (x, x_0)\}$, 由连续函数的局部保号性知

$$f(x_1) = 0, \quad f(x) > 0, \quad x \in (x_1, x_0).$$

令 $g(x) = \ln f(x), x \in (x_1, x_0)$, 则 $|g'(x)| = \frac{|f'(x)|}{|f(x)|} < p$, 由拉格朗日中值定理知 $g(x)$ 在 (x_1, x_0) 内有界. 但是 $\lim_{x \to x_1} f(x) = f(x_1) = 0$, 从而 $\lim_{x \to x_1} g(x) = -\infty$. 矛盾,于是在 $(-\infty, +\infty)$ 内 $f(x) \equiv 0$.

例 16(2016 河北省竞赛) 设 $f(x)$ 具有连续的二阶导函数,且 $\lim_{x \to 0} \frac{f(x)}{x} = 0, f''(0) = 3$. 令 $g(x) = \int_0^1 t f'(xt) dt$, 求 $g'(x)$, 并证明 $g'(x)$ 在 $x = 0$ 处连续.

第 2 章　导数与偏导数

解　由 $f(x)$ 的可导性及 $\lim\limits_{x\to 0}\dfrac{f(x)}{x}=0$ 可得 $f(0)=0$，$f'(0)=0$.

当 $x\neq 0$ 时，做变量替换 $u=xt$，则

$$g(x)=\int_0^1 tf'(xt)\,\mathrm{d}t=\frac{1}{x^2}\int_0^x uf'(u)\,\mathrm{d}u,$$

因此 $g'(x)=\dfrac{x^2f'(x)-2\displaystyle\int_0^x uf'(u)\,\mathrm{d}u}{x^3}.$

当 $x=0$ 时，$g(0)=0$，因此

$$g'(0)=\lim_{x\to 0}\frac{g(x)-g(0)}{x-0}=\lim_{x\to 0}\frac{1}{x^3}\int_0^x uf'(u)\,\mathrm{d}u$$

$$=\lim_{x\to 0}\frac{xf'(x)}{3x^2}=\lim_{x\to 0}\frac{f'(x)-f'(0)}{3x}=\frac{f''(0)}{3}=1.$$

由于 $\lim\limits_{x\to 0}g'(x)=\lim\limits_{x\to 0}\dfrac{x^2f'(x)-2\displaystyle\int_0^x uf'(u)\,\mathrm{d}u}{x^3}=\lim\limits_{x\to 0}\dfrac{x^2f''(x)}{3x^2}=\dfrac{f''(0)}{3}=1=g'(0)$，因此 $g'(x)$ 在点 $x=0$ 处连续.

例 17　设函数 $f(x)$ 在点 $x=0$ 处连续，若存在 $a>b>0$ 使得 $\lim\limits_{x\to 0}\dfrac{f(ax)-f(bx)}{x}=c$，证明函数 $f(x)$ 在点 $x=0$ 处可导并求 $f'(0)$.

证明　令 $t=ax$，则 $\lim\limits_{x\to 0}\dfrac{f(ax)-f(bx)}{x}=a\lim\limits_{t\to 0}\dfrac{f(t)-f\left(\dfrac{b}{a}t\right)}{t}=c$，因此

$$\lim_{x\to 0}\frac{f(x)-f\left(\dfrac{b}{a}x\right)}{x}=\frac{c}{a}.$$

可得 $f(x)-f\left(\dfrac{b}{a}x\right)=\dfrac{c}{a}x+o(x).$

用 $\dfrac{b}{a}x$ 取代 x 可得

$$f\left(\frac{b}{a}x\right)-f\left(\frac{b^2}{a^2}x\right)=\frac{c}{a}\cdot\frac{b}{a}x+o\left(\frac{b}{a}x\right),$$

依次类推，有

$$f\left(\frac{b^k}{a^k}x\right)-f\left(\frac{b^{k+1}}{a^{k+1}}x\right)=\frac{c}{a}\cdot\left(\frac{b^k}{a^k}x\right)+o\left(\frac{b^k}{a^k}x\right),\quad k=2,\cdots,n.$$

将上面各式相加得到

$$f(x)-f\left(\frac{b^{n+1}}{a^{n+1}}x\right)=\frac{c}{a-b}\left(1-\frac{b^{n+1}}{a^{n+1}}\right)x+o\left(\frac{a}{a-b}\left(1-\frac{b^{n+1}}{a^{n+1}}\right)x\right)=\frac{c}{a-b}\left(1-\frac{b^{n+1}}{a^{n+1}}\right)x+o(x).$$

由于函数 $f(x)$ 在点 $x=0$ 处连续，上式令 $n\to\infty$，有

$$f(x)-f(0)=\frac{c}{a-b}x+o(x),$$

因此 $f'(0)=\lim\limits_{x\to 0}\dfrac{f(x)-f(0)}{x}=\dfrac{c}{a-b}.$

例 18　设函数 $f(x)$ 在闭区间 $[a,b]$ 上连续，在开区间 (a,b) 内可导，又 $f(x)$ 不是线性函数，且 $f(b)>f(a)$，试证：存在 $\xi\in(a,b)$ 使得 $f'(\xi)>\dfrac{f(b)-f(a)}{b-a}$.

证明 过点 $(a,f(a))$ 与 $(b,f(b))$ 的线性函数为

$$y = f(a) + \frac{f(b)-f(a)}{b-a}(x-a).$$

因为 $f(x)$ 不是线性函数,所以

$$F(x) = f(x) - f(a) - \frac{f(b)-f(a)}{b-a}(x-a) \not\equiv 0. \tag{*}$$

我们只要证明存在 $\xi \in (a,b)$ 使得 $F'(\xi) = f'(\xi) - \frac{f(b)-f(a)}{b-a} > 0$.

由已知条件,函数 $F(x)$ 在闭区间 $[a,b]$ 上连续,在开区间 (a,b) 内可导,$F(a)=F(b)$,满足拉格朗日中值定理条件. 由 $F(x)$ 表达式知道:存在 $x_0 \in (a,b)$,使得 $F(x_0) \neq 0$,不妨设 $F(x_0) > 0$,在 $[a,x_0]$ 上使用拉格朗日中值定理,存在 $\xi \in (a,x_0) \subset (a,b)$ 使得 $F'(\xi) = \frac{F(x_0)-F(a)}{x_0-a} = \frac{F(x_0)}{x_0-a} > 0$. $F(x_0) < 0$ 的情形类似.

例 19 设有实数 $a_1 < a_2 < \cdots < a_n$,函数 $f(x)$ 在区间 $[a_1, a_n]$ 上有 n 阶导数,并且满足 $f(a_1) = f(a_2) = \cdots = f(a_n) = 0$,试证:对于每一个 $c \in (a_1, a_n)$,都相应存在 $\xi \in (a_1, a_n)$ 使得

$$f(c) = \frac{(c-a_1)(c-a_2)\cdots(c-a_n)}{n!} f^{(n)}(\xi).$$

证明 当 $c = a_i (i=1,2,\cdots,n)$ 时,由题设 $f(a_1) = f(a_2) = \cdots = f(a_n) = 0$ 可知 $f(c) = 0$,从而对于任意 $\xi \in (a_1, a_n)$ 都有 $f(c) = \frac{(c-a_1)(c-a_2)\cdots(c-a_n)}{n!} f^{(n)}(\xi)$ 成立.

当 $c \neq a_i (i=1,2,\cdots,n)$ 时,记

$$g(x) = (x-a_1)(x-a_2)\cdots(x-a_n),$$
$$F(x) = f(x)g(c) - f(c)g(x),$$

则 $F(x)$ 在区间 $[a_1, a_n]$ 上有 n 阶导数,且 $F(a_1) = F(a_2) = \cdots = F(a_n) = 0$. 所以存在 $\xi \in (a_1, a_n)$ 使得 $F^{(n)}(\xi) = 0$,即

$$f^{(n)}(\xi)g(c) - f(c)g^{(n)}(\xi) = 0,$$

又由于 $g^{(n)}(\xi) = n!$,因此有

$$f(c) = \frac{f^{(n)}(\xi)g(c)}{g^{(n)}(\xi)} = \frac{(c-a_1)(c-a_2)\cdots(c-a_n)}{n!} f^{(n)}(\xi).$$

例 20(2017 年哈尔滨工业大学竞赛模拟题) 设 $\varphi(x) = |x| \ (-1 \leqslant x \leqslant 1)$,且 $\varphi(x+2) = \varphi(x)$. 现在 $f(x) = \sum_{n=0}^{\infty} \left(\frac{3}{4}\right)^n \varphi(4^n x)$,证明:$f(x)$ 在 $(-\infty, +\infty)$ 内处处连续但处处不可微.

证明 由题意可知 $0 \leqslant \varphi(x) \leqslant 1$,对 $x \in (-\infty, +\infty)$,有

$$f(x) = \sum_{n=0}^{\infty} \left(\frac{3}{4}\right)^n \varphi(4^n x) \leqslant \sum_{n=0}^{\infty} \left(\frac{3}{4}\right)^n,$$

由 $\sum_{n=0}^{\infty} \left(\frac{3}{4}\right)^n$ 收敛可知 $\sum_{n=0}^{\infty} \left(\frac{3}{4}\right)^n \varphi(4^n x)$ 在 $(-\infty, +\infty)$ 内一致收敛,从而 $f(x)$ 在 $(-\infty, +\infty)$ 内处处连续.

现在取实数 x 和 $m > 0$,令 $\delta_m = \pm \frac{1}{2} \cdot 4^{-m}$,其中符号的选取要使得 $4^m x$ 和 $4^m(x+\delta_m)$ 之间没有整数,再令

$$\gamma_n = \frac{\varphi(4^n(x+\delta_m)) - \varphi(4^n x)}{\delta_m},$$

则当 $n>m$ 时,由于 $4^n\delta_m=\pm\dfrac{1}{2}4^{n-m}$ 必为偶数,有 $\gamma_n=0$,而当 $0\leqslant n\leqslant m$ 时有

$$|\gamma_n|=\frac{|4^n(x+\delta_m)-4^nx|}{\delta_m}=4^n.$$

其中,当 $n=m$ 时,$\gamma_m=\dfrac{\varphi(4^m(x+\delta_m))-\varphi(4^mx)}{\delta_m}=\dfrac{4^m\delta_m}{\delta_m}=4^m.$

由于当 $m\to\infty$ 时,$\delta_m\to0$,而

$$\begin{aligned}
\left|\frac{f(x+\delta_m)-f(x)}{\delta_m}\right|&=\left|\sum_{n=0}^{m}\left(\frac{3}{4}\right)^n\gamma_n\right|=\left|\sum_{n=0}^{m-1}\left(\frac{3}{4}\right)^n\gamma_n+\left(\frac{3}{4}\right)^m\gamma_m\right|\\
&\geqslant 3^m-\left|\sum_{n=0}^{m-1}\left(\frac{3}{4}\right)^n\gamma_n\right|\geqslant 3^m-\sum_{n=0}^{m-1}\left(\frac{3}{4}\right)^n|\gamma_n|\\
&=3^m-\sum_{n=0}^{m-1}3^n=\frac{1}{2}(3^m+1)\to\infty.
\end{aligned}$$

所以 $f(x)$ 在任意一点处的导数不存在.

例 21(2013 年河北省竞赛)　在第一象限从曲线 $\dfrac{x^2}{4}+y^2=1$ 上找一点,使得通过该点的切线与该曲线以及 x 轴和 y 轴所围成的图形面积最小,并求此面积.

解　设 (u,v) 为所求点. 由 $y=\dfrac{1}{2}\sqrt{4-x^2}$,$y'=-\dfrac{x}{2\sqrt{4-x^2}}$ 得曲线在 (u,v) 的切线方程为

$$y-v=-\frac{u}{2\sqrt{4-u^2}}(x-u).$$

令 $x=0$ 求得切线的纵截距为

$$b=\frac{u^2}{2\sqrt{4-u^2}}+v,$$

令 $y=0$ 求得切线的横截距为

$$a=\frac{2v\sqrt{4-u^2}+u^2}{u},$$

于是所围面积为

$$S=\frac{1}{2}ab-\frac{\pi}{2}=\frac{4}{u\sqrt{4-u^2}}-\frac{\pi}{2}.$$

令 $S'=0$ 得 $u=\pm\sqrt{2}$,由已知可知 $u=\sqrt{2}$ 时面积最小,且 $S(\sqrt{2})=2-\dfrac{\pi}{2}$.

这样,所求的点为 $\left(\sqrt{2},\dfrac{\sqrt{2}}{2}\right)$,最小面积为 $2-\dfrac{\pi}{2}$.

例 22　设 $f(x,y)$ 可微,$\dfrac{\partial f}{\partial x}=-f$,$\lim\limits_{n\to\infty}\left[\dfrac{f\left(0,y+\dfrac{1}{n}\right)}{f(0,y)}\right]^n=\mathrm{e}^{\cot y}$,$f\left(0,\dfrac{\pi}{2}\right)=1$,求 $f(x,y)$.

解

$$\lim_{n\to\infty}\left[\frac{f\left(0,y+\dfrac{1}{n}\right)}{f(0,y)}\right]^n=\lim_{n\to\infty}\left\{\left[1+\frac{f\left(0,y+\dfrac{1}{n}\right)-f(0,y)}{f(0,y)}\right]^{\frac{f(0,y)}{f\left(0,y+\frac{1}{n}\right)-f(0,y)}}\right\}^{\frac{f\left(0,y+\frac{1}{n}\right)-f(0,y)}{f(0,y)}n}$$

故

$$\lim_{n\to\infty}\frac{f\left(0,y+\dfrac{1}{n}\right)-f(0,y)}{\dfrac{1}{n}}\frac{1}{f(0,y)}=\cot y,$$

即

$$f_y(0,y)=\cot y\cdot f(0,y),$$

从而 $f(0,y)=Ce^{\int\cot y\,dy}=C\sin y$，由 $f\left(0,\dfrac{\pi}{2}\right)=1$，得 $C=1$. 于是 $f(0,y)=\sin y$，注意，$\dfrac{\partial f}{\partial x}=-f$，得到 $f(x,y)=C(y)e^{-x}$，代入 $f(0,y)=\sin y$ 得 $C(y)=\sin y$，故 $f(x,y)=e^{-x}\sin y$.

例 23（2002 年江苏省竞赛） 设

$$f(x,y)=\begin{cases} y\arctan\dfrac{1}{\sqrt{x^2+y^2}}, & (x,y)\neq(0,0),\\[3mm] 0, & (x,y)=(0,0). \end{cases}$$

试讨论 $f(x,y)$ 在点 (x,y) 处的连续性、偏导性与可微性.

证明 因为 $\arctan\dfrac{1}{\sqrt{x^2+y^2}}$ 有界，所以

$$\lim_{\substack{x\to0\\y\to0}}f(x,y)=\lim_{\substack{x\to0\\y\to0}}y\arctan\frac{1}{\sqrt{x^2+y^2}}=0=f(0,0),$$

因此 $f(x,y)$ 在 $(0,0)$ 处连续.

因为

$$f_x(0,0)=\lim_{x\to0}\frac{f(x,0)-f(0,0)}{x}=\lim_{x\to0}\frac{0}{x}=0,$$

$$f_y(0,0)=\lim_{y\to0}\frac{f(0,y)-f(0,0)}{y}=\lim_{y\to0}\arctan\frac{1}{|y|}=\frac{\pi}{2},$$

因此 $f(x,y)$ 在 $(0,0)$ 处偏导数存在.

下面考虑 $f(x,y)$ 在 $(0,0)$ 处的可微性. 令

$$\Delta f(0,0)=f(x,y)-f(0,0)=f_x(0,0)x+f_y(0,0)y+\omega,$$

记 $\rho=\sqrt{x^2+y^2}$，则

$$\lim_{\rho\to0}\frac{\omega}{\rho}=\lim_{\rho\to0}\frac{y\arctan\dfrac{1}{\rho}-\dfrac{\pi}{2}y}{\rho}=\lim_{\rho\to0}\frac{y}{\sqrt{x^2+y^2}}\left(\arctan\frac{1}{\rho}-\frac{\pi}{2}\right)=0,$$

因此 $\omega=o(\rho)$，$f(x,y)$ 在 $(0,0)$ 处可微.

例 24（2015 年全国决赛） 设 $l_j>0,j=1,2,\cdots,n$ 是平面上点 P_0 处的 n 个方向向量，其中相邻两个向量之间的夹角为 $\dfrac{2\pi}{n}$，若函数 $f(x,y)$ 在点 P_0 处有连续偏导数，证明：$\displaystyle\sum_{j=1}^{n}\frac{\partial f(P_0)}{\partial l_j}=0$.

证明 不妨设 l_j 为单位向量，可令

$$l_j=\left\{\cos\left(\theta+\frac{2\pi j}{n}\right),\sin\left(\theta+\frac{2\pi j}{n}\right)\right\},\quad j=1,2,\cdots,n,$$

则有 $\dfrac{\partial f(P_0)}{\partial l_j}=\nabla f(P_0)\cdot l_j$.

因此 $\displaystyle\sum_{j=1}^{n}\frac{\partial f(P_0)}{\partial l_j}=\sum_{j=1}^{n}\nabla f(P_0)\cdot l_j=\nabla f(P_0)\cdot\sum_{j=1}^{n}l_j=\nabla f(P_0)\cdot\mathbf{0}=0.$

例 25　设 u 有连续的二阶偏导数,且满足方程 $\mathrm{div}(\mathbf{grad}\,u)-2\dfrac{\partial^2 u}{\partial y^2}=0$.

(1) 用变量替换 $\xi=x-y,\eta=x+y$ 将上述方程化为以 ξ,η 为自变量的方程;

(2) 已知 $u(x,2x)=x,u_x(x,2x)=x^2$,求 $u(x,y)$.

解　(1) $\mathrm{div}(\mathbf{grad}\,u)=\mathrm{div}(u_x,u_y)=u_{xx}+u_{yy}$,于是原方程化为

$$u_{xx}+u_{yy}-2\frac{\partial^2 u}{\partial y^2}=\frac{\partial^2 u}{\partial x^2}-\frac{\partial^2 u}{\partial y^2}=0,$$

由于

$$\frac{\partial u}{\partial x}=\frac{\partial u}{\partial \xi}\frac{\partial \xi}{\partial x}+\frac{\partial u}{\partial \eta}\frac{\partial \eta}{\partial x}=\frac{\partial u}{\partial \xi}+\frac{\partial u}{\partial \eta},$$

$$\frac{\partial u}{\partial y}=\frac{\partial u}{\partial \xi}\frac{\partial \xi}{\partial y}+\frac{\partial u}{\partial \eta}\frac{\partial \eta}{\partial y}=-\frac{\partial u}{\partial \xi}+\frac{\partial u}{\partial \eta},$$

$$\frac{\partial^2 u}{\partial x^2}=\frac{\partial^2 u}{\partial \xi^2}\frac{\partial \xi}{\partial x}+\frac{\partial^2 u}{\partial \xi\partial \eta}\frac{\partial \eta}{\partial x}+\frac{\partial^2 u}{\partial \eta\partial \xi}\frac{\partial \xi}{\partial x}+\frac{\partial^2 u}{\partial \eta^2}\frac{\partial \eta}{\partial x}=\frac{\partial^2 u}{\partial \xi^2}+2\frac{\partial^2 u}{\partial \eta\partial \xi}+\frac{\partial^2 u}{\partial \eta^2},$$

$$\frac{\partial^2 u}{\partial y^2}=-\frac{\partial^2 u}{\partial \xi^2}\frac{\partial \xi}{\partial y}-\frac{\partial^2 u}{\partial \xi\partial \eta}\frac{\partial \eta}{\partial y}+\frac{\partial^2 u}{\partial \eta\partial \xi}\frac{\partial \xi}{\partial y}+\frac{\partial^2 u}{\partial \eta^2}\frac{\partial \eta}{\partial y}=\frac{\partial^2 u}{\partial \xi^2}-2\frac{\partial^2 u}{\partial \eta\partial \xi}+\frac{\partial^2 u}{\partial \eta^2},$$

将上面的二阶偏导数代入 $\dfrac{\partial^2 u}{\partial x^2}-\dfrac{\partial^2 u}{\partial y^2}=0$ 得 $\dfrac{\partial^2 u}{\partial \eta\partial \xi}=0$.

(2) 将方程 $\dfrac{\partial^2 u}{\partial \eta\partial \xi}=0$ 两边对 η 积分得到

$$\frac{\partial u}{\partial \xi}=\varphi(\xi),$$

将此式两边再对 ξ 积分得

$$u=\int\varphi(\xi)\mathrm{d}\xi+g(\eta)=f(\xi)+g(\eta),$$

这里 f,g 为可微函数.于是

$$u(x,y)=f(x-y)+g(x+y),$$

由条件 $u(x,2x)=x$ 得

$$f(-x)+g(3x)=x,$$

对 $u(x,y)$ 求偏导得

$$u_x(x,y)=f'(x-y)+g'(x+y),$$

由条件 $u_x(x,2x)=x^2$ 得

$$u_x(x,2x)=f'(-x)+g'(3x)=x^2,$$

该式两边再对 x 积分得

$$-3f(-x)+g(3x)=x^3+C,$$

结合 $f(-x)+g(3x)=x$ 得

$$f(-x)=\frac{1}{4}(x-x^3)-\frac{C}{4},$$

$$g(3x)=\frac{1}{4}(3x+x^3)+\frac{C}{4},$$

于是

$$f(x)=\frac{1}{4}(x^3-x)-\frac{C}{4},$$

$$g(x) = \frac{x}{4} + \frac{x^3}{108} + \frac{C}{4}.$$

例 26(2010 年全国预赛) 已知 $f(x)$ 有二阶连续导数,设 $r = \sqrt{x^2+y^2}$,$g(x,y) = f\left(\frac{1}{r}\right)$. 求 $\frac{\partial^2 g}{\partial x^2} + \frac{\partial^2 g}{\partial y^2}$.

证明 应用复合函数求导法则得

$$\frac{\partial g}{\partial x} = \frac{\partial}{\partial x} f\left(\frac{1}{r}\right) = f'\left(\frac{1}{r}\right)\left(-\frac{1}{r^2}\right)\frac{\partial r}{\partial x}$$

$$= f'\left(\frac{1}{r}\right)\left(-\frac{1}{r^2}\right)\frac{x}{r} = -\frac{x}{r^3}f'\left(\frac{1}{r}\right),$$

$$\frac{\partial^2 g}{\partial x^2} = -\frac{1}{r^3}f'\left(\frac{1}{r}\right) + \frac{3x}{r^4}\frac{x}{r}f'\left(\frac{1}{r}\right) - \frac{x}{r^3}f''\left(\frac{1}{r}\right)\left(-\frac{1}{r^2}\right)\frac{x}{r}$$

$$= \frac{3x^2-r^2}{r^5}f'\left(\frac{1}{r}\right) + \frac{x^2}{r^6}f''\left(\frac{1}{r}\right),$$

由对称性得

$$\frac{\partial^2 g}{\partial y^2} = \frac{3y^2-r^2}{r^5}f'\left(\frac{1}{r}\right) + \frac{y^2}{r^6}f''\left(\frac{1}{r}\right),$$

于是

$$\frac{\partial^2 g}{\partial x^2} + \frac{\partial^2 g}{\partial y^2} = \frac{3x^2-r^2}{r^5}f'\left(\frac{1}{r}\right) + \frac{x^2}{r^6}f''\left(\frac{1}{r}\right) + \frac{3y^2-r^2}{r^5}f'\left(\frac{1}{r}\right) + \frac{y^2}{r^6}f''\left(\frac{1}{r}\right)$$

$$= \frac{1}{r^3}f'\left(\frac{1}{r}\right) + \frac{1}{r^4}f''\left(\frac{1}{r}\right).$$

例 27(1993 年北京市竞赛) 求使得函数

$$f(x,y) = \frac{1}{y^2}\exp\left[-\frac{1}{2y^2}((x-a)^2 + (y-b)^2)\right] \quad (y \neq 0, a, b > 0)$$

达到最大值的 (x_0, y_0),并求相应的 $f(x_0, y_0)$.

解 令 $g(x,y) = \ln f(x,y)$,则有

$$g(x,y) = -2\ln|y| - \frac{1}{2y^2}\left[(x-a)^2 + (y-b)^2\right],$$

且 $g(x,y)$ 与 $f(x,y)$ 有相同的极大值点.

令

$$\frac{\partial g(x,y)}{\partial x} = -\frac{1}{y^2}(x-a) = 0,$$

$$\frac{\partial g(x,y)}{\partial y} = -\frac{2}{y} + \frac{1}{y^3}\left[(x-a)^2 + (y-b)^2\right] - \frac{1}{y^2}(y-b) = 0,$$

解得驻点 $\left(a, \frac{b}{2}\right)$,$(a, -b)$.

当 $y > 0$ 时,由于

$$A = \frac{\partial^2 g}{\partial x^2}\bigg|_{(a, \frac{b}{2})} = -\frac{4}{b^2} < 0,$$

$$B = \frac{\partial^2 g}{\partial x \partial y}\bigg|_{(a, \frac{b}{2})} = 0,$$

$$C=\frac{\partial^2 g}{\partial y^2}\bigg|_{\left(a,\frac{b}{2}\right)}=-\frac{24}{b^2},$$

$$B^2-AC=-\frac{96}{b^4}<0.$$

因此 $f(x,y)$ 在 $\left(a,\dfrac{b}{2}\right)$ 处达到极大值,有 $f\left(a,\dfrac{b}{2}\right)=\dfrac{4}{b^2\sqrt{e}}$.

当 $y<0$ 时,由于

$$A=\frac{\partial^2 g}{\partial x^2}\bigg|_{(a,-b)}=-\frac{1}{b^2}<0,$$

$$B=\frac{\partial^2 g}{\partial x\partial y}\bigg|_{(a,-b)}=0,$$

$$C=\frac{\partial^2 g}{\partial y^2}\bigg|_{(a,-b)}=-\frac{3}{b^3},$$

$$B^2-AC=-\frac{3}{b^4}<0.$$

因此 $f(x,y)$ 在 $(a,-b)$ 处也达到极大值,有 $f(a,-b)=\dfrac{1}{b^2e^2}$.

由于 $f\left(a,\dfrac{b}{2}\right)=\dfrac{4}{b^2\sqrt{e}}>f(a,-b)=\dfrac{1}{b^2e^2}$,故 $f\left(a,\dfrac{b}{2}\right)=\dfrac{4}{b^2\sqrt{e}}$ 是函数 $f(x,y)$ 的最大值.

例 28　求函数 $z=x^2+y^2-2x+4y-10$ 在闭区域 $D:x^2+y^2\leqslant5$ 上的最大值和最小值.

解　由 $\begin{cases}z_x=2x-2=0\\z_y=2y+4=0\end{cases}$ 得驻点 $(1,-2)$,但 $(1,-2)$ 不在区域内部.

在边界 $x^2+y^2=5$ 上,构造拉格朗日函数
$$F(x,y,\lambda)=x^2+y^2-2x+4y-10+\lambda(x^2+y^2-5),$$

由 $\begin{cases}F_x=2x-2+2\lambda x=0,\\F_y=2y+4+2\lambda y=0,\\F_\lambda=x^2+y^2-5=0\end{cases}$,得 $y=-2x$,从而 $x=\pm1,y=\mp2$,因此,函数可能在 $(1,-2)$ 和

$(-1,2)$ 处取得最大值和最小值:
$$z(1,-2)=-15,\quad z(-1,2)=5.$$

故函数的最大值为 5,最小值为 -15.

本题提示:要注意驻点是否在区域的内部,只有在区域内部的点才有可能是最值的可疑点.

例 29　已知曲线 $C:\begin{cases}x^2+y^2-2z^2=0\\x+y+3z=5,\end{cases}$ 求曲线 C 上距离 xOy 面最远的点和最近的点.

解　点 (x,y,z) 到 xOy 面的距离为 $|z|$,考虑目标函数 z^2,构造拉格朗日函数
$$F(x,y,\lambda)=z^2+\lambda_1(x^2+y^2-2z^2)+\lambda_2(x+y+3z-5),$$

由 $\begin{cases}F_x=2\lambda_1 x+\lambda_2=0,\\F_y=2\lambda_1 y+\lambda_2=0,\\F_z=2z+3\lambda_2-4\lambda_1 z=0,\\F_{\lambda_1}=x^2+y^2-2z^2=0,\\F_{\lambda_2}=x+y+3z-5=0\end{cases}$ 得驻点 $(1,1,1)$ 和 $(-5,-5,5)$.

从而曲线 C 上距离 xOy 面最远的点为 $(-5,-5,5)$,最近的点为 $(1,1,1)$.

例 30 设二元函数 $f(x,y)$ 具有一阶连续的偏导数,且 $f(0,1)=f(1,0)$,证明:单位圆周上至少存在两点满足方程

$$y\frac{\partial}{\partial x}f(x,y)-x\frac{\partial}{\partial y}f(x,y)=0.$$

证明 令 $x=r\cos\theta,y=r\sin\theta$,则

$$\frac{\partial f}{\partial r}=\cos\theta\frac{\partial f}{\partial x}+\sin\theta\frac{\partial f}{\partial y},$$

$$\frac{\partial f}{\partial\theta}=-r\sin\theta\frac{\partial f}{\partial r}+r\cos\theta\frac{\partial f}{\partial y},$$

由此解得

$$\frac{\partial}{\partial x}f(x,y)=\frac{\partial f}{\partial r}\cos\theta-\frac{\partial f}{\partial\theta}\frac{\sin\theta}{r},$$

$$\frac{\partial}{\partial y}f(x,y)=\frac{\partial f}{\partial r}\sin\theta+\frac{\partial f}{\partial\theta}\frac{\cos\theta}{r},$$

从而

$$y\frac{\partial}{\partial x}f(x,y)-x\frac{\partial}{\partial y}f(x,y)=-\frac{\partial}{\partial\theta}f(r\cos\theta,r\sin\theta).$$

令 $r=1$,并定义 $g(\theta)=f(\cos\theta,\sin\theta)$,则由条件 $f(0,1)=f(1,0)$ 可知

$$g(0)=g\left(\frac{\pi}{2}\right)=g(2\pi).$$

由罗尔定理知,存在 $\xi\in\left(0,\frac{\pi}{2}\right),\eta\in\left(\frac{\pi}{2},2\pi\right)$ 使得 $g'(\xi)=g'(\eta)=0$,即在单位圆上存在两点使得 $\frac{\partial}{\partial\theta}f(\cos\theta,\sin\theta)=0$.因此单位圆周上至少存在两点满足方程

$$y\frac{\partial}{\partial x}f(x,y)-x\frac{\partial}{\partial y}f(x,y)=0.$$

例 31 设函数 $z=f(x,y)$ 具有二阶连续偏导数,且 $\frac{\partial f}{\partial y}\neq0$,证明:对任意常数 $C,f(x,y)=C$ 为一直线的充分必要条件是 $f_{xx}(f_y)^2-2f_xf_yf_{xy}+f_{yy}(f_x)^2=0$.

证明 必要性.若 $f(x,y)=C$ 为一直线,显然 $f_{xx}=f_{yy}=f_{xy}=0$.

充分性.因为 $\frac{\partial f}{\partial y}\neq0$,方程 $f(x,y)=C$ 两边对 x 求导得 $f_x+f_y\frac{\mathrm{d}y}{\mathrm{d}x}=0$,两边再对 x 求导,得

$$f_{xx}+f_{xy}\frac{\mathrm{d}y}{\mathrm{d}x}+\left(f_{yx}+f_{yy}\frac{\mathrm{d}y}{\mathrm{d}x}\right)\frac{\mathrm{d}y}{\mathrm{d}x}+f_y\frac{\mathrm{d}^2y}{\mathrm{d}x^2}=0,$$

代入 $\frac{\mathrm{d}y}{\mathrm{d}x}=-\frac{f_x}{f_y}$,得

$$\frac{\mathrm{d}^2y}{\mathrm{d}x^2}=-\frac{f_{xx}(f_y)^2-2f_xf_yf_{xy}+f_{yy}(f_x)^2}{(f_y)^3}.$$

代入题设知 $\frac{\mathrm{d}^2y}{\mathrm{d}x^2}=0$,所以 $f(x,y)=C$ 为一直线.

例 32 设函数 $z=f(x,y)$ 满足 $f(tx,ty)=t^kf(x,y)(t>0)$,称 $f(x,y)$ 为 k 齐次函数,证明:设 $f(x,y)$ 可微,则 $f(x,y)$ 为 k 齐次函数的充分必要条件是 $xf_x(x,y)+yf_y(x,y)=kf(x,y)$.

证明 必要性.$f(tx,ty)=t^kf(x,y)$ 两边分别对 t 求导数,得

$$xf_{tx}(tx,ty)+yf_{ty}(tx,ty)=kt^{k-1}f(x,y),$$

令 $t=1$ 得 $xf_x(x,y)+yf_y(x,y)=kf(x,y)$.

充分性. 只需证明 $\varphi(t)=\dfrac{f(tx,ty)}{t^k}=f(x,y)(t>0)$. 注意到 $\varphi(1)=f(x,y)$, 只需证明 $\varphi'(t)\equiv0$. 而

$$\varphi'(t)=\frac{[xf_{tx}(tx,ty)+yf_{ty}(tx,ty)]t^k-kt^{k-1}f(tx,ty)}{t^{2k}}$$

$$=\frac{t^{k-1}\{[txf_{tx}(tx,ty)+tyf_{ty}(tx,ty)]-kf(tx,ty)\}}{t^{2k}}=0.$$

例 33　设方程 $\dfrac{x^2}{a^2+u}+\dfrac{y^2}{b^2+u}+\dfrac{z^2}{c^2+u}=1$, 证明：$(\mathbf{grad}\,u)^2=2A\cdot\mathbf{grad}\,u$, 其中 $A=(x,y,z)$.

证明　$(\mathbf{grad}\,u)^2=2A\cdot\mathbf{grad}\,u$ 必等价于 $u_x^2+u_y^2+u_z^2=2(xu_x+yu_y+zu_z)$.

在 $\dfrac{x^2}{a^2+u}+\dfrac{y^2}{b^2+u}+\dfrac{z^2}{c^2+u}=1$ 中视 u 为 x,y,z 的函数, 两边对 x 求导, 得

$$\frac{(a^2+u)2x-u_xx^2}{(a^2+u)^2}-\frac{y^2u_x}{(b^2+u)^2}-\frac{z^2u_x}{(c^2+u)^2}=0,$$

即

$$\frac{2x}{a^2+u}=\left[\frac{x^2}{(a^2+u)^2}+\frac{y^2}{(b^2+u)^2}+\frac{z^2}{(c^2+u)^2}\right]u_x.$$

依据轮换对称性, 由此有

$$\frac{2y}{b^2+u}=\left[\frac{x^2}{(a^2+u)^2}+\frac{y^2}{(b^2+u)^2}+\frac{z^2}{(c^2+u)^2}\right]u_y,$$

$$\frac{2z}{c^2+u}=\left[\frac{x^2}{(a^2+u)^2}+\frac{y^2}{(b^2+u)^2}+\frac{z^2}{(c^2+u)^2}\right]u_z.$$

将上面 3 个式子平方相加, 和分别乘以 x,y,z 后相加, 得以下两个算式：

$$4=\left[\frac{x^2}{(a^2+u)^2}+\frac{y^2}{(b^2+u)^2}+\frac{z^2}{(c^2+u)^2}\right](u_x^2+u_y^2+u_z^2),$$

$$2=\left[\frac{x^2}{(a^2+u)^2}+\frac{y^2}{(b^2+u)^2}+\frac{z^2}{(c^2+u)^2}\right](xu_x+yu_y+zu_z),$$

对比上面两式得 $u_x^2+u_y^2+u_z^2=2(xu_x+yu_y+zu_z)$.

2.3　模拟题目自测

1. 若函数 $f(x)$ 在 $[a,b]$ 上存在二阶导数, 且 $f'(a)=f'(b)=0$, 则在 (a,b) 内至少存在一点 c 使得 $|f''(c)|\geqslant\dfrac{2}{(b-a)^2}|f(b)-f(a)|$.

2. 设函数 $f(x)$ 在 $[0,3]$ 上连续, 在 $(0,3)$ 内可导, 且 $f(0)+f(1)+f(2)=3$, $f(3)=1$, 试证明存在 $\xi\in(0,3)$ 使得 $|f'(\xi)|=0$.

3. 设 n 为大于 1 的奇数, 求证：n 次实系数多项式至少有一个拐点.

4. 设函数 $f(x)$ 在 $[a,b]$ 上连续, 在 (a,b) 内可导, $f(x)$ 在 (a,b) 内至少有一零点, 且 $|f'(x)|\leqslant M$, 求证：$|f(a)|+|f(b)|\leqslant M(b-a)$.

5. 设函数 $f(x)$ 在 $[0,1]$ 上二阶可导, $f(0)=f(1)$, $|f''(x)|\leqslant1$, 求证：当 $0\leqslant x\leqslant1$

时，$|f'(x)| \leqslant \dfrac{1}{2}$.

6. 设 $a_i > 0, i = 1, 2, \cdots, n$，证明：

$$\dfrac{n}{\dfrac{1}{a_1} + \dfrac{1}{a_2} + \cdots + \dfrac{1}{a_n}} \leqslant \sqrt[n]{a_1 a_2 \cdots a_n} \leqslant \dfrac{a_1 + a_2 + \cdots + a_n}{n}.$$

7. 设在 $(-\infty, +\infty)$ 内函数 $f(x)$ 连续，$g(x) = f(x) \displaystyle\int_0^x f(t)\,\mathrm{d}t$ 单调减少，证明：$f(x) \equiv 0$.

8. 设函数 $f(x)$ 与 $g(x)$ 在 $[a, +\infty)$ 上具有 n 阶导数，并且 $f^{(k)}(a) = g^{(k)}(a)$，$k = 1, 2, \cdots$，$n-1$，$f^{(n)}(x) > g^{(n)}(x)(x > a)$，求证：当 $x > a$ 时，有 $f(x) > g(x)$.

9. 设函数 $f(x)$ 在 $[0,1]$ 上连续，在 $(0,1)$ 内可导，$f(0) = 0$，$f(1) = 1$，试证：对任意正数 a，b，存在 $\xi \in (a,b)$，$\eta \in (a,b)$，$\xi \neq \eta$ 使得

$$\dfrac{a}{f'(\xi)} + \dfrac{b}{f'(\eta)} = a + b.$$

10. （2011 年全国预赛）设函数 $f(x)$ 在闭区间 $[-1,1]$ 上具有连续三阶导数，且 $f(-1) = 0$，$f(1) = 1$，$f'(0) = 0$，求证：在开区间 $(-1,1)$ 内至少存在一点 x_0，使得 $f'''(x_0) = 3$.

11. 已知 $x_1 x_2 \cdots x_n = 1$，$x_i > 0$，$i = 1, 2, \cdots, n$，求证：$x_1 + x_2 + \cdots x_n \geqslant n$，当且仅当 $x_1 = x_2 = \cdots = x_n = 1$ 时等号成立.

12. 设 $u = f(x,y,z)$ 可微，若 $\dfrac{f_x}{x} = \dfrac{f_y}{y} = \dfrac{f_z}{z}$，证明：$u$ 仅为 $r = \sqrt{x^2 + y^2 + z^2}$ 的函数.

13. （2015 年河北省竞赛）设函数 $f(x,y)$ 具有连续的一阶偏导数且满足方程 $x \dfrac{\partial f}{\partial x} + y \dfrac{\partial f}{\partial y} = 0$，证明：$f(x,y)$ 在极坐标下与矢径 r 无关.

14. 设函数 $u = f(\ln \sqrt{x^2 + y^2})$ 满足 $\dfrac{\partial^2 u}{\partial x^2} + \dfrac{\partial^2 u}{\partial y^2} = (x^2 + y^2)^{\frac{3}{2}}$，试求 f 的表达式.

15. 设 $z = f(x,y)$ 可微，证明：$z = f(x,y)$ 是 $ax + by$ 函数的充分必要条件为 $b \dfrac{\partial z}{\partial x} = a \dfrac{\partial z}{\partial y}$.

16. 设 $l_1, l_2, \cdots, l_n$ 为 $\mathbf{R}^n$ 中 n 个线性无关的单位向量，函数 $f(x)$ 在 $\mathbf{R}^n$ 中可微，且方向导数 $\dfrac{\partial f}{\partial l_i} \equiv 0(i = 1, 2, \cdots, n)$，试证：$f(x)$ 恒为常数.

17. 已知三角形的周长为 $2p$，问怎样的三角形绕自己的一边旋转所得的体积最大？

18. 设函数 $z = f(x-y, x+y) + g(x+ky)$，$f, g$ 具有二阶连续偏导数，且 $g'' \neq 0$. 如果 $\dfrac{\partial^2 z}{\partial x^2} + 2 \dfrac{\partial^2 z}{\partial x \partial y} + \dfrac{\partial^2 z}{\partial y^2} = 4 f''_{22}$，求常数 k 的值.

19. （1999 年北京市竞赛）设抛物线 $y = ax^2 + 2bx + c$ 通过原点，且当 $0 \leqslant x \leqslant 1$ 时 $y \geqslant 0$. 如果它与 x 轴、直线 $x = 1$ 所围成图形的面积为 $\dfrac{1}{3}$，试确定 a, b, c 使得这个图形绕 x 轴所形成的立体体积最小.

20. 设 $f(x,y)$ 在 $x^2 + y^2 \leqslant 1$ 上具有连续偏导数，$|f(x,y)| \leqslant 1$. 求证在单位圆内存在一点 (x_0, y_0) 使得 $[f_x(x_0, y_0)]^2 + [f_y(x_0, y_0)]^2 \leqslant 16$.

21. 求 $x > 0, y > 0, z > 0$ 时函数 $f(x,y,z) = \ln x + 2\ln y + 3\ln z$ 在球面 $x^2 + y^2 + z^2 = 6r^2$ 上的最大值，并证明 a、b、c 为正实数时有 $ab^2 c^3 \leqslant 108 \left(\dfrac{a+b+c}{6} \right)^6$.

22. 设可微函数 f 对任意 $x,y\in\mathbf{R}$ 满足 $f(x+y)=\dfrac{f(x)+f(y)}{1+f(x)f(y)}$,且 $f'(0)=1$,求 $f(x)$.

答案与提示

1. 泰勒公式

本题利用泰勒公式证明.

2. 考虑 $\dfrac{f(0)+f(1)+f(2)}{3}=1$,由罗尔定理证明.

由于函数 $f(x)$ 在 $[0,3]$ 上连续,所以 $f(x)$ 在 $[0,2]$ 上连续,从而在 $[0,2]$ 有最大值 M 与最小值 m,于是

$$m\leqslant\frac{f(0)+f(1)+f(2)}{3}\leqslant M,$$

故由介值定理知,至少存在一点 $c\in[0,2]$,使得

$$f(c)=\frac{f(0)+f(1)+f(2)}{3}=1.$$

因为 $f(c)=1=f(3)$,在 $[c,3]$ 上使用罗尔定理即可得证.

3. 设 n 次实系数多项式为

$$f(x)=a_0+a_1x+a_2x^2+\cdots+a_nx^n,$$

这里 $n\geqslant3$ 且 n 为奇数,$a_n\neq0$,则有

$$f'(x)=a_1+2a_2x+\cdots+na_nx^{n-1},$$

$$f''(x)=2a_2+6a_3x+\cdots+n(n-1)a_nx^{n-2},$$

这里 $n\geqslant3$ 且 n 为奇数,因此 $n-2\geqslant1$ 且 $n-2$ 为奇数. 不妨设 $a_n>0$,则 $f''(+\infty)=+\infty$,$F''(-\infty)=-\infty$,又因 $f''(x)$ 为 $(-\infty,+\infty)$ 上的连续函数,故至少有一个实根,记为 $x=c$,实数 c 为奇数重根,记为 $k(1\leqslant k\leqslant n-2)$. 于是

$$f''(x)=n(n-1)a_n(x-c)^kg(x),$$

其中,$g(x)$ 为 x 的 $(n-2-k)$ 次多项式,且 $g(c)\neq0$. 不妨设 $g(c)>0$,则在 $x=c$ 的左邻域内 $f''(x)<0$,在 $x=c$ 的右邻域内 $f''(x)>0$,于是 $x=c$ 是 $f(x)$ 的一个拐点.

4. 设 $f(c)=0,c\in(a,b)$,在 $[a,c]$ 与 $[c,b]$ 上分别使用拉格朗日中值定理,有

$$|f(a)|=|f(a)-f(c)|=|f'(\xi_1)(a-c)|\leqslant M(c-a),$$

$$|f(b)|=|f(b)-f(c)|=|f'(\xi_2)|(b-c)\leqslant M(b-c).$$

两式相加可得结果.

5. 设 $x_0\in(0,1)$,在点 $x=x_0$ 处一阶泰勒展开,有

$$f(0)=f(x_0)+f'(x_0)(0-x_0)+\frac{1}{2}f''(\xi_1)(0-x_0)^2,$$

$$f(1)=f(x_0)+f'(x_0)(1-x_0)+\frac{1}{2}f''(\xi_2)(1-x_0)^2.$$

两式相减可得

$$f'(x_0)=\frac{1}{2}f''(\xi_1)x_0^2-\frac{1}{2}f''(\xi_1)(1-x_0)^2,$$

于是

$$|f'(x_0)|\leqslant\frac{1}{2}|f''(\xi_1)|x_0^2+\frac{1}{2}|f''(\xi_2)|(1-x_0)^2\leqslant\left(x_0-\frac{1}{2}\right)^2+\frac{1}{4}\leqslant\frac{1}{4}+\frac{1}{4}=\frac{1}{2}.$$

6. $f(x)=-\ln x,x\in(0,+\infty)$，有 $f''(x)=\dfrac{1}{x^2}>0$，从而 $f(x)=-\ln x$ 在 $(0,+\infty)$ 内是凹

的. 取 $x_i=a_i\in(0,+\infty),\lambda_i=\dfrac{1}{n},i=1,2,\cdots,n$，由 Jensen 不等式得

$$f\left(\frac{1}{n}x_1+\frac{1}{n}x_2+\cdots+\frac{1}{n}x_n\right)\leqslant\frac{1}{n}f(x_1)+\frac{1}{n}f(x_2)+\cdots+\frac{1}{n}f(x_n),$$

即

$$-\ln\left(\frac{1}{n}a_1+\frac{1}{n}a_2+\cdots+\frac{1}{n}a_n\right)\leqslant-\frac{1}{n}\ln a_1-\frac{1}{n}\ln a_2+\cdots-\frac{1}{n}\ln a_n,$$

可得

$$\ln\left(\frac{a_1+a_2+\cdots+a_n}{n}\right)\geqslant\ln\sqrt[n]{a_1a_2\cdots a_n}.$$

$g(x)=\ln x$ 在 $(0,+\infty)$ 内单调递增，有

$$\sqrt[n]{a_1a_2\cdots a_n}\leqslant\frac{a_1+a_2+\cdots+a_n}{n}.$$

再用 $\dfrac{1}{a_i}$ 在 $(0,+\infty)$ 内代替上式中的 $a_i,i=1,2,\cdots,n$，可得到

$$\frac{n}{\dfrac{1}{a_1}+\dfrac{1}{a_2}+\cdots+\dfrac{1}{a_n}}\leqslant\sqrt[n]{a_1a_2\cdots a_n}.$$

7. 做辅助函数

$$F(x)=\left[\int_0^x f(t)\mathrm{d}t\right]^2,$$

则

$$F'(x)=2f(x)\int_0^x f(t)\mathrm{d}t=2g(x),$$

$g(x)$ 在 $(-\infty,+\infty)$ 内单调减少. 因为 $F'(0)=0$，则当 $x\leqslant0$ 时 $F'(x)\geqslant F'(0)=0$，当 $x>0$ 时，$F'(x)\leqslant F'(0)=0$. 所以在 $(-\infty,0)$ 内 $F(x)$ 单调增加，在 $(0,+\infty)$ 内单调减少. 从而，对于任意 $x\in(-\infty,+\infty)$ 内，恒有 $F(x)\leqslant F(0)=0$，但是 $F(x)\geqslant0$，于是 $F(x)\equiv0$，即 $\int_0^x f(t)\mathrm{d}t\equiv0$，所以 $f(x)\equiv0$.

8. 令 $F(x)=f(x)-g(x)$，只需证明当 $x>a$ 时 $F(x)>0$. 由题设条件，考虑 $F(x)$ 在 $x=a$ 点的 $n-1$ 阶的泰勒公式. 由于

$$F^{(k)}(a)=f^{(k)}(a)-g^{(k)}(a)=0,\quad k=1,2,\cdots,n-1,$$

则

$$F(x)=\frac{F^{(n)}(\xi)}{n!}(x-a)^n,\quad a<\xi<x.$$

由于 $F^{(n)}(\xi)=f^{(n)}(\xi)-g^{(n)}(\xi)>0$，因此当 $x>a$ 时，$F(x)=\dfrac{F^{(n)}(\xi)}{n!}(x-a)^n>0$，即有 $f(x)>g(x)$.

9. 首先 $f(0)=0<\dfrac{a}{a+b}<1=f(1)$，应用介值定理，存在 $c\in(0,1)$ 得 $f(c)=\dfrac{a}{a+b}$. 然后在区间 $[0,c]$ 与 $[c,1]$ 上分别使用拉格朗日中值定理，有

$$f(c)-f(0)=f'(\xi)(c-0),$$

$$f(1)-f(c)=f'(\eta)(1-c),$$

于是

$$\frac{\frac{a}{a+b}}{f'(\xi)}+\frac{\frac{b}{a+b}}{f'(\eta)}=c-0+1-c=1.$$

所以 $\dfrac{a}{f'(\xi)}+\dfrac{b}{f'(\eta)}=a+b.$

10. 由题意,函数 $f(x)$ 在闭区间 $[-1,1]$ 上具有连续三阶导数,由麦克劳林公式有

$$f(x)=f(0)+\frac{f''(0)}{2}x^2+\frac{f'''(\eta)}{3!}x^3,\quad x\in[-1,1],$$

分别取 $x=-1$ 与 $x=1$,得

$$0=f(0)+\frac{f''(0)}{2}-\frac{f'''(\eta_1)}{3!},\quad \eta_1\in(-1,0),$$

$$1=f(0)+\frac{f''(0)}{2}+\frac{f'''(\eta_2)}{3!},\quad \eta_2\in(0,1),$$

两式相减得

$$f'''(\eta_1)+f'''(\eta_2)=6.$$

由函数 $f'''(x)$ 在闭区间 $[-1,1]$ 上连续,故有最大值 M 与最小值 m,这样

$$m\leqslant\frac{f'''(\eta_1)+f'''(\eta_2)}{2}\leqslant M,$$

由介值定理知道,至少存在一点 $x_0\in(\eta_1,\eta_2)\subset(-1,1)$ 使

$$f'''(x_0)=\frac{f'''(\eta_1)+f'''(\eta_2)}{2}=3.$$

11. 考虑函数 $f(x_1,x_2,\cdots,x_n,\lambda)=x_1+x_2+\cdots+x_n+\dfrac{\lambda}{x_1x_2\cdots x_n}$ 无条件极值问题.

12. 利用球面坐标变换 $\begin{cases}x=r\cos\theta\sin\varphi\\y=r\sin\theta\sin\varphi\\z=r\cos\varphi\end{cases}$,则 $u=f(r\cos\theta\sin\varphi,r\sin\theta\sin\varphi,r\cos\varphi)$,若结合

$\dfrac{f_x}{r\cos\theta\sin\varphi}=\dfrac{f_y}{r\sin\theta\sin\varphi}=\dfrac{f_z}{r\cos\varphi}$,可以证明 $\dfrac{\partial f}{\partial\theta}=\dfrac{\partial f}{\partial\varphi}=0$,于是 u 内仅为 r 的函数.

13. 在极坐标变换 $\begin{cases}x=r\cos\theta\\y=r\sin\theta\end{cases}$ 下,$f(x,y)=f(r\cos\theta,r\sin\theta)$,注意,

$$\frac{\partial f}{\partial r}=\frac{\partial f}{\partial x}\cos\theta+\frac{\partial f}{\partial y}\sin\theta=\frac{1}{r}\left(x\frac{\partial f}{\partial x}+y\frac{\partial f}{\partial y}\right)=0,$$

可知 $f(x,y)$ 在极坐标下与 r 无关.

14. 令 $u=f(\ln\sqrt{x^2+y^2})$,由 $\dfrac{\partial^2 u}{\partial x^2}+\dfrac{\partial^2 u}{\partial y^2}=(x^2+y^2)^{\frac{3}{2}}$ 可得 $f''(t)=e^{5t}$. 于是

$$f(t)=\frac{1}{25}e^{5t}+C_1t+C_2.$$

15. 必要性. 设 $f(x,y)=\varphi(ax+by)$,其中 $\varphi(u)$ 具有连续导数,从而

$$\frac{\partial z}{\partial x}=a\varphi'(ax+by),\quad \frac{\partial z}{\partial y}=b\varphi'(ax+by),$$

因此 $b\dfrac{\partial z}{\partial x}=a\dfrac{\partial z}{\partial y}.$

充分性. 若 $b\dfrac{\partial z}{\partial x}=a\dfrac{\partial z}{\partial y}$, 设 $u=ax+by$, 则 $y=\dfrac{1}{b}(u-ax)$, $z=f\left(x,\dfrac{1}{b}(u-ax)\right)$. 注意, $\dfrac{\partial z}{\partial x}=f_x+f_y\left(-\dfrac{a}{b}\right)=\dfrac{1}{b}(bf_x-af_y)=0$, 因此 $z=f\left(x,\dfrac{1}{b}(u-ax)\right)$ 只与 u 有关, 即可微函数 $z=f(x,y)$ 是 $ax+by$ 的函数.

16. 记 $\boldsymbol{l}_i=(a_{i1},a_{i2},\cdots,a_{in})$, 对于任意 $x=(x_1,x_2,\cdots,x_n)\in\mathbf{R}^n$, 由 $\dfrac{\partial f}{\partial l_i}\equiv 0(i=1,2,\cdots,n)$ 得

$$0\equiv\frac{\partial f}{\partial l_i}\equiv f_{x_1}a_{i1}+f_{x_2}a_{i2}+\cdots+f_{x_n}a_{in}\quad(i=1,2,\cdots,n).$$

$\boldsymbol{l}_1,\boldsymbol{l}_2,\cdots,\boldsymbol{l}_n$ 线性无关, 因此 $|(a_{ij})_{n\times n}|\neq 0$. 因此上面以 $(a_{ij})_{n\times n}$ 为系数矩阵的线性方程组只有零解, 于是 $f_{x_i}\equiv 0(i=1,2,\cdots,n)$.

记 $P_0=(x_1^0,x_2^0,\cdots,x_n^0)$, 为 $\mathbf{R}^n$ 中某个定点, 由于函数 $f(x)$ 在 $\mathbf{R}^n$ 中可微, 则 $\forall P=(x_1,x_2,\cdots,x_n)\in\mathbf{R}^n$, $\exists P^*\in\mathbf{R}^n$ 使得

$$f(P)=f(P_0)+\sum_{i=1}^{n}f_{x_i}(P^*)(x_i-x_i^0)=f(P_0).$$

或者说 $f_{x_i}\equiv 0(i=1,2,\cdots,n)$ 说明 $f(x)=f(x_1,x_2,\cdots,x_n)$ 与 x_i 无关, 从而 $f(x)$ 是常数.

17. 设三角形底边上的高为 x, 垂足分底边的长度为 y,z. 设三角形绕底边旋转, 旋转体的体积为

$$V=\frac{\pi}{3}x^2(y+z),$$

其中, $y+z+\sqrt{x^2+y^2}+\sqrt{x^2+z^2}=2p,x\geqslant 0,y\geqslant 0,z\geqslant 0$.

构造拉格朗日函数

$$L(x,y,z,\lambda)=x^2(y+z)+\lambda\left(y+z+\sqrt{x^2+y^2}+\sqrt{x^2+z^2}-2p\right),$$

可得 $y=z=\dfrac{p}{4}$, 即底边长为 $\dfrac{p}{2}$, 腰长为 $\dfrac{1}{2}\left(2p-\dfrac{p}{2}\right)=\dfrac{3}{4}p$ 的等腰三角形绕其底边旋转所得的体积最大.

18. 可计算得

$$\frac{\partial^2 z}{\partial x^2}=f''_{11}+2f''_{12}+f''_{22}+g'',$$

$$\frac{\partial^2 z}{\partial x\partial y}=-f''_{11}+f''_{22}+kg'',$$

$$\frac{\partial^2 z}{\partial y^2}=f''_{11}-2f''_{12}+f''_{22}+k^2g'',$$

由此得 $\dfrac{\partial^2 z}{\partial x^2}+2\dfrac{\partial^2 z}{\partial x\partial y}+\dfrac{\partial^2 z}{\partial y^2}=4f''_{22}+(1+2k+k^2)g''$, 于是 $(1+2k+k^2)g''=0$, 然而 $g''\neq 0$, 于是 $1+2k+k^2\neq 0$, 解得 $k=-1$.

19. 因为抛物线过原点, 所以 $c=0$.

因为抛物线与 x 轴、直线 $x=1$ 所围成图形的面积 $\displaystyle\int_0^1(ax^2+2bx)\mathrm{d}x=\dfrac{1}{3}$, 解得 $a=1-3b$. 该图形绕 x 轴所成的立体体积为

$$V=\pi\int_0^1(ax^2+2bx)^2\mathrm{d}x=\pi\int_0^1[(1-3b)x^2+2bx]^2\mathrm{d}x=\frac{\pi}{5}\left(1-b+\frac{2b^2}{3}\right).$$

令 $\dfrac{\mathrm{d}V}{\mathrm{d}b}=\dfrac{\pi}{5}\left(-1+\dfrac{4b}{3}\right)=0$，得 $b=\dfrac{3}{4}$，相应的 $a=-\dfrac{5}{4}$.

20. 考察函数
$$g(x,y)=f(x,y)+2(x^2+y^2),$$
在单位圆周上有 $g(x,y)\geqslant 1$，在圆心 $g(0,0)\leqslant 1$. 这样在单位圆内取到最小值，设这点为 (x_0,y_0)，从而在这点 $g_x(x_0,y_0)=g_y(x_0,y_0)=0$，即
$$|f_x(x_0,y_0)|=|4x_0|,\quad |f_y(x_0,y_0)|=|4y_0|,$$
从而 $[f_x(x_0,y_0)]^2+[f_y(x_0,y_0)]^2=16(x_0^2+y_0^2)\leqslant 16$.

21. 构造拉格朗日函数
$$F(x,y,z,\lambda)=\ln x+2\ln y+3\ln z+\lambda(x^2+y^2+z^2-6r^2),$$
得唯一驻点 $(r,\sqrt{2}r,\sqrt{3}r)$. 在球面第一卦限部分的边界上 x、y、z 为 0，$f(x,y,z)$ 为负无穷大. $(r,\sqrt{2}r,\sqrt{3}r)$ 是函数 $f(x,y,z)$ 的最大值点. 于是
$$\max f(x,y,z)=f(r,\sqrt{2}r,\sqrt{3}r)=\ln(6\sqrt{3}r^6).$$
由于 $f(x,y,z)=\ln xy^2z^3\leqslant\ln(6\sqrt{3}r^6)=\ln\left[6\sqrt{3}\left(\dfrac{x^2+y^2+z^2}{6}\right)^3\right]$，该式中 $x^2=a$，$y^2=b$，$z^2=c$ 可推得 $ab^2c^3\leqslant 108\left(\dfrac{a+b+c}{6}\right)^6$.

22. 利用导数定义，结合 f 的定义，求出 $f'(x)=1-f^2(x)$，解得 $f(x)=\dfrac{\mathrm{e}^{2x}-1}{\mathrm{e}^{2x}+1}$.

第 3 章 定积分与重积分

3.1 知识概要介绍

3.1.1 不定积分

1. 原函数与不定积分的概念及性质

① **定义**：若函数 $F(x)$ 与 $f(x)$ 都定义在区间 I 上，如果恒有 $F'(x) = f(x)$，则称 $F(x)$ 是 $f(x)$ 在 I 上的一个原函数，$f(x)$ 所有原函数的全体称为 $f(x)$ 的不定积分，记为 $\int f(x)\mathrm{d}x$.

② **原函数存在定理**：若 $f(x)$ 在定义区间 I 上连续，则在 I 上 $f(x)$ 存在原函数.

③ $f(x)$ 的两个不同的原函数相差一个常数.

④ 若 $F(x)$ 是 $f(x)$ 在 I 上的一个原函数，则 $\int f(x)\mathrm{d}x = F(x) + C$，其中 C 是任意常数.

⑤ **几何意义**：函数 $f(x)$ 的一个原函数 $F(x)$ 是这样一条曲线，曲线上任一点 $(x, F(x))$ 的切线斜率等于 $f(x)$. 原函数 $F(x)$ 的图形称为 $f(x)$ 的积分曲线. 不定积分表示全体积分曲线组成的平行曲线族.

⑥ 不定积分与微分（求导）互为逆运算，也即

$$\left(\int f(x)\mathrm{d}x\right)' = f(x) \quad \text{或} \quad \frac{\mathrm{d}}{\mathrm{d}x}\int f(x)\mathrm{d}x = f(x),$$

$$\int f'(x)\mathrm{d}x = f(x) + C \quad \text{或} \quad \int \mathrm{d}f(x) = f(x) + C.$$

⑦ **线性性质**：

$$\int [\alpha f(x) + \beta g(x)]\mathrm{d}x = \alpha \int f(x)\mathrm{d}x + \beta \int g(x)\mathrm{d}x,$$

其中，α, β 为常数.

2. 基本积分公式

由于积分是微分的逆运算，因此由基本求导公式可以很自然地得到基本积分公式：

① $\int k\mathrm{d}x = kx + C$（$k$ 是常数）；

② $\int x^{\mu}\mathrm{d}x = \dfrac{1}{\mu+1}x^{\mu+1} + C$；

③ $\int \dfrac{1}{x}\mathrm{d}x = \ln \mid x \mid + C;$

④ $\int \mathrm{e}^x \mathrm{d}x = \mathrm{e}^x + C;$

⑤ $\int a^x \mathrm{d}x = \dfrac{a^x}{\ln a} + C;$

⑥ $\int \cos x\mathrm{d}x = \sin x + C;$

⑦ $\int \sin x\mathrm{d}x = -\cos x + C;$

⑧ $\int \dfrac{1}{\cos^2 x}\mathrm{d}x = \int \sec^2 x\mathrm{d}x = \tan x + C;$

⑨ $\int \dfrac{1}{\sin^2 x}\mathrm{d}x = \int \csc^2 x\mathrm{d}x = -\cot x + C;$

⑩ $\int \dfrac{1}{1+x^2}\mathrm{d}x = \arctan x + C;$

⑪ $\int \dfrac{1}{\sqrt{1-x^2}}\mathrm{d}x = \arcsin x + C;$

⑫ $\int \sec x\tan x\mathrm{d}x = \sec x + C;$

⑬ $\int \csc x\cot x\mathrm{d}x = -\csc x + C;$

⑭ $\int \mathrm{sh}\, x\mathrm{d}x = \mathrm{ch}\, x + C;$

⑮ $\int \mathrm{ch}\, x\mathrm{d}x = \mathrm{sh}\, x + C.$

3. 求不定积分的基本方法

（1）直接积分法

通过简单变形，利用基本积分公式和运算法则求不定积分的方法.

（2）第一类换元法（凑微分法）

$$\int f[\varphi(x)]\varphi'(x)\mathrm{d}x = \int f[\varphi(x)]\mathrm{d}\varphi(x) = F[\varphi(x)] + C,$$

其中，$F(u)$ 是 $f(u)$ 的一个原函数.

（3）第二类换元法（变量代换法）

$$\int f(x)\mathrm{d}x \xlongequal{x=\varphi(t)} \int f[\varphi(t)]\varphi'(t)\mathrm{d}t = F[\varphi^{-1}(x)] + C,$$

其中，$F(t)$ 是 $f[\varphi(t)]\varphi'(t)$ 的一个原函数，$\varphi^{-1}(x)$ 是 $x=\varphi(t)$ 的反函数.

（4）分部积分法

$$\int uv'\mathrm{d}x = \int u\mathrm{d}v = uv - \int v\mathrm{d}u = uv - \int vu'\mathrm{d}x,$$

其中，$u=u(x), v=v(x)$ 都有连续的导函数.

使用原则：由 v' 容易求出 v；$\int v\mathrm{d}u$ 要比 $\int u\mathrm{d}v$ 容易积出.

一般经验："反、对、幂、指、三"，排前者取 u，排后者取 v'.

4. 几种特殊类型的函数的不定积分

(1) 有理函数的积分 $\int \dfrac{P(x)}{Q(x)}\mathrm{d}x$

有理函数是指由两个多项式的商所表示的函数

$$\frac{P(x)}{Q(x)} = \frac{a_0 x^n + a_1 x^{n-1} + \cdots + a_{n-1}x + a_n}{b_0 x^m + b_1 x^{m-1} + \cdots + b_{m-1}x + b_m},$$

其中,m 和 n 都是非负整数,当 $n<m$ 时,称其为真分式,否则称其为假分式.

假分式总可以化成一个多项式与一个真分式之和,而真分式的积分最后化为以下可以求出原函数的两类分式:

① $\dfrac{A}{(x-a)^k}$;

② $\dfrac{Mx+N}{(x^2+px+q)^k}$.

于是有理函数的积分可以完全求出.

(2) 三角函数有理式的积分 $\int R(\cdot)\mathrm{d}x$

(a) 万能代换

$$\int R(\sin x, \cos x)\mathrm{d}x = \int R\left(\frac{2t}{1+t^2}, \frac{1-t^2}{1+t^2}\right)\frac{2}{1+t^2}\mathrm{d}t.$$

(b) 三角代换

形如 $\int R(x, \sqrt{a^2-x^2})\mathrm{d}x(a>0)$ 的积分,令 $x = a\sin t$ 或 $x = a\cos t$;

形如 $\int R(x, \sqrt{a^2+x^2})\mathrm{d}x(a>0)$ 的积分,令 $x = a\tan t$;

形如 $\int R(x, \sqrt{x^2-a^2})\mathrm{d}x(a>0)$ 的积分,令 $x = a\sec t$.

(3) 简单无理函数的积分

形如 $\int R(x, \sqrt[n]{ax+b})\mathrm{d}x$ 的积分,令 $t = \sqrt[n]{ax+b}$;

形如 $\int R(\sqrt[m]{ax+b}, \sqrt[n]{ax+b})\mathrm{d}x$ 的积分,令 $t = \sqrt[p]{ax+b}$(p 为 m,n 的最小公倍数);

形如 $\int R\left(x, \sqrt[n]{\dfrac{ax+b}{cx+d}}\right)\mathrm{d}x$ 的积分,令 $t = \sqrt[n]{\dfrac{ax+b}{cx+d}}$;

形如 $\int R\left(x, \sqrt[m]{\dfrac{ax+b}{cx+d}}, \sqrt[n]{\dfrac{ax+b}{cx+d}}\right)\mathrm{d}x$ 的积分,令 $t = \sqrt[p]{\dfrac{ax+b}{cx+d}}$($p$ 为 m,n 的最小公倍数).

3.1.2 定积分

1. 定积分的概念

设函数 $f(x)$ 在$[a,b]$上有界,在$[a,b]$中任意插入若干个分点

$$a = x_0 < x_1 < x_2 < \cdots < x_{n-1} < x_n = b,$$

把区间 $[a,b]$ 分成 n 个小区间 $[x_i,x_{i+1}]$，记 $\Delta x_i = x_{i+1} - x_i$，$\lambda = \max\{\Delta x_i\}$. 任取 $\xi_i \in [x_i, x_{i+1}]$，$i=0,1,\cdots,n-1$，如果乘积的和式(称为积分和) $\sum_{i=1}^{n} f(\xi_i)\Delta x_i$ 的极限 $\lim\limits_{\lambda \to 0} \sum_{i=1}^{n} f(\xi_i)\Delta x_i$ 存在，且这个极限值与分割方式和 ξ_i 的取法无关，则这时我们称这个极限为函数 $f(x)$ 在区间 $[a,b]$ 上的定积分，记作 $\int_a^b f(x)\mathrm{d}x$，即

$$\int_a^b f(x)\mathrm{d}x = \lim_{\lambda \to 0} \sum_{i=1}^{n} f(\xi_i)\Delta x_i.$$

注：定积分是一个数，是一个特殊和式的极限. 积分 $\int_a^b f(x)\mathrm{d}x$ 只与被积函数 $f(x)$ 和积分区间 $[a,b]$ 有关，与区间 $[a,b]$ 的划分，ξ_i 的选取均无关，且与积分变量的记号无关，即

$$\int_a^b f(x)\mathrm{d}x = \int_a^b f(u)\mathrm{d}u = \int_a^b f(s)\mathrm{d}s.$$

并且 $\lambda \to 0$ 与 $n \to \infty$，一般情况下二者并不等价，但当将区间 n 等分时，两者等价.

规定：$\int_a^a f(x)\mathrm{d}x = 0$，$\int_a^b f(x)\mathrm{d}x = -\int_b^a f(x)\mathrm{d}x$.

函数可积的条件：

① 若 $f(x)$ 在 $[a,b]$ 上连续，则 $f(x)$ 在 $[a,b]$ 上可积.

② 若 $f(x)$ 在 $[a,b]$ 上有界且有有限个间断点，则 $f(x)$ 在 $[a,b]$ 上可积.

定积分的几何意义：它是介于 x 轴、函数 $f(x)$ 的图形以及两条直线 $x=a$，$x=b$ 之间各部分面积的代数和.

2. 定积分的性质

以下假设 $f(x)$ 可积.

(1) 线性性质

$$\int_a^b [\alpha f(x) + \beta g(x)]\mathrm{d}x = \alpha \int_a^b f(x)\mathrm{d}x + \beta \int_a^b g(x)\mathrm{d}x.$$

其中，α，β 为常数.

(2) 区间可加性

$$\int_a^b f(x)\mathrm{d}x = \int_a^c f(x)\mathrm{d}x + \int_c^b f(x)\mathrm{d}x.$$

(3) 不等式

若在 $[a,b]$ 上 $f(x) \geqslant 0$，且 $f(x)$ 不恒为零，则 $\int_a^b f(x)\mathrm{d}x > 0$.

若在 $[a,b]$ 上 $f(x) \leqslant g(x)$，则 $\int_a^b f(x)\mathrm{d}x \leqslant \int_a^b g(x)\mathrm{d}x (a < b)$.

$$\left| \int_a^b f(x)\mathrm{d}x \right| \leqslant \int_a^b |f(x)|\,\mathrm{d}x \quad (a < b).$$

柯西-施瓦兹不等式：$\left[\int_a^b f(x)g(x)\mathrm{d}x \right]^2 \leqslant \int_a^b f^2(x) \int_a^b g^2(x)\mathrm{d}x.$

闵可夫斯基不等式：$\left\{ \int_a^b [f(x) + g(x)]^2 \mathrm{d}x \right\}^{\frac{1}{2}} \leqslant \left[\int_a^b f^2(x)\mathrm{d}x \right]^{\frac{1}{2}} + \left[\int_a^b g^2(x)\mathrm{d}x \right]^{\frac{1}{2}}.$

(4) 积分估值定理

若 $m \leqslant f(x) \leqslant M, x \in [a,b]$，其中，$m, M$ 为常数，则

$$m(b-a) \leqslant \int_a^b f(x) \mathrm{d}x \leqslant M(b-a) \quad (a < b).$$

(5) 积分中值定理

① **积分第一中值定理**：设函数 $f(x)$ 在区间 $[a,b]$ 上连续，$g(x)$ 在 $[a,b]$ 上可积且不变号，则至少存在一点 $\xi \in [a,b]$，使得 $\int_a^b f(x)g(x)\mathrm{d}x = f(\xi)\int_a^b g(x)\mathrm{d}x$. 由此可推出，若函数 $f(x)$ 在区间 $[a,b]$ 上连续，则至少存在一点 $\xi \in [a,b]$，使

$$\int_a^b f(x)\mathrm{d}x = f(\xi)(b-a).$$

② **积分第二中值定理**：设函数 $f(x)$ 在区间 $[a,b]$ 上可积，$g(x)$ 在 $[a,b]$ 上单调，则至少存在一点 $\xi \in [a,b]$，使得

$$\int_a^b f(x)g(x)\mathrm{d}x = g(a)\int_a^\xi f(x)\mathrm{d}x + g(b)\int_\xi^b f(x)\mathrm{d}x.$$

3. 定积分的计算

(1) 定　义

利用定义式计算定积分.

(2) 几何意义

利用定积分的几何意义计算定积分.

(3) 牛顿-莱布尼茨公式

如果 $F(x)$ 是 $[a,b]$ 上连续函数 $f(x)$ 的一个原函数，则

$$\int_a^b f(x)\mathrm{d}x = F(x)\Big|_a^b = F(b) - F(a).$$

(4) 换元积分法

若 $f(x)$ 在区间 $[a,b]$ 上连续，$\varphi(t)$ 在区间 $[\alpha, \beta]$ 上具有连续导数，且满足 $\varphi(\alpha) = a, \varphi(\beta) = b, a \leqslant \varphi(t) \leqslant b$，则有定积分换元公式

$$\int_a^b f(x)\mathrm{d}x = \int_\alpha^\beta f(\varphi(t))\varphi'(t)\mathrm{d}t.$$

(5) 分部积分法

若 $u(x), v(x)$ 在区间 $[a,b]$ 上具有连续导数，则有定积分分部积分公式

$$\int_a^b u(x)v'(x)\mathrm{d}x = u(x)v(x)\Big|_a^b - \int_a^b u'(x)v(x)\mathrm{d}x$$

或记为

$$\int_a^b u\mathrm{d}v = uv\Big|_a^b - \int_a^b v\mathrm{d}u.$$

(6) 利用常用公式

下列公式常用来简化定积分的计算：

(a) 对称区间上奇偶函数的定积分——偶倍奇零

设 $f(x)$ 在关于原点的对称区间 $[-a,a]$ 上连续，则当 $f(x)$ 为偶函数时，$\int_{-a}^a f(x)\mathrm{d}x =$

$2\displaystyle\int_0^a f(x)\mathrm{d}x$；当 $f(x)$ 为奇函数时，$\displaystyle\int_{-a}^a f(x)\mathrm{d}x = 0$.

（b）周期函数的定积分

设 $f(x)$ 是连续的周期函数，周期为 T，则对于任意常数 a，恒有
$$\int_a^{a+T} f(x)\mathrm{d}x = \int_0^T f(x)\mathrm{d}x.$$

（c）几个三角函数的定积分

➤ $\displaystyle\int_0^{\frac{\pi}{2}} f(\sin x)\mathrm{d}x = \int_0^{\frac{\pi}{2}} f(\cos x)\mathrm{d}x$；

➤ $\displaystyle\int_0^{\pi} f(\sin x)\mathrm{d}x = 2\int_0^{\frac{\pi}{2}} f(\sin x)\mathrm{d}x$；

➤ $\displaystyle\int_0^{\pi} x f(\sin x)\mathrm{d}x = \frac{\pi}{2}\int_0^{\pi} f(\sin x)\mathrm{d}x = \pi\int_0^{\frac{\pi}{2}} f(\sin x)\mathrm{d}x$；

➤ $I_n = \displaystyle\int_0^{\frac{\pi}{2}} \sin^n x\,\mathrm{d}x = \int_0^{\frac{\pi}{2}} \cos^n x\,\mathrm{d}x = \begin{cases} \dfrac{(2m-1)!!}{(2m)!!}\cdot\dfrac{\pi}{2}, & n = 2m, \\[2mm] \dfrac{(2m)!!}{(2m+1)!!}, & n = 2m+1. \end{cases}$

4. 变限函数的积分

设函数 $f(x)$ 在区间 I 上可积，固定 $a\in I$，称 $\varPhi(x) = \displaystyle\int_a^x f(t)\mathrm{d}t$，$x\in I$ 为积分上限函数. 则

① 函数 $\varPhi(x)$ 在区间 I 上连续；

② 若 $f(x)$ 在区间 I 上连续，则函数 $\varPhi(x)$ 在区间 I 上可导，且 $\varPhi'(x) = f(x)$；

③ 若 $f(x)$ 在区间 I 上连续，$a(x)$，$b(x)$ 可导，则
$$\frac{\mathrm{d}}{\mathrm{d}x}\left(\int_{a(x)}^{b(x)} f(t)\mathrm{d}t\right) = f(b(x))b'(x) - f(a(x))a'(x).$$

5. 广义积分（反常积分）

（1）无穷限的反常积分

设函数 $f(x)$ 在 $[a,+\infty)$ 上连续，取 $t>a$，如果极限
$$\lim_{t\to+\infty}\int_a^t f(x)\mathrm{d}x$$

存在，则称此极限为函数 $f(x)$ 在无穷区间 $[a,+\infty)$ 上的反常积分，记作 $\displaystyle\int_a^{+\infty} f(x)\mathrm{d}x$，即
$$\int_a^{+\infty} f(x)\mathrm{d}x = \lim_{t\to+\infty}\int_a^t f(x)\mathrm{d}x.$$

这时也称反常积分 $\displaystyle\int_a^{+\infty} f(x)\mathrm{d}x$ 收敛；如果上述极限不存在，则称反常积分 $\displaystyle\int_a^{+\infty} f(x)\mathrm{d}x$ 发散.

类似地，定义反常积分 $\displaystyle\int_{-\infty}^b f(x)\mathrm{d}x$ 的收敛与发散.

设函数 $f(x)$ 在区间 $(-\infty,+\infty)$ 内连续，如果反常积分
$$\int_{-\infty}^0 f(x)\mathrm{d}x \quad 和 \quad \int_0^{+\infty} f(x)\mathrm{d}x$$

都收敛，则

$$\int_{-\infty}^{+\infty} f(x)\mathrm{d}x = \int_{-\infty}^{0} f(x)\mathrm{d}x + \int_{0}^{+\infty} f(x)\mathrm{d}x$$

$$= \lim_{t \to -\infty} \int_{t}^{0} f(x)\mathrm{d}x + \lim_{t \to +\infty} \int_{0}^{t} f(x)\mathrm{d}x.$$

这时也称反常积分 $\int_{-\infty}^{+\infty} f(x)\mathrm{d}x$ 收敛；否则就称反常积分 $\int_{-\infty}^{+\infty} f(x)\mathrm{d}x$ 发散.

(2) 无界函数的反常积分(瑕积分)

瑕点： 如果函数 $f(x)$ 在点 a 的任一邻域内都无界，那么点 a 称为函数 $f(x)$ 的瑕点(也称无界间断点).

设 $f(x)$ 在 $(a,b]$ 上连续，点 a 为 $f(x)$ 的瑕点. 取 $t>a$，如果极限

$$\lim_{t \to a^+} \int_{t}^{b} f(x)\mathrm{d}x$$

存在，则称此极限为函数 $f(x)$ 在 $(a,b]$ 上的反常积分，仍然记作 $\int_{a}^{b} f(x)\mathrm{d}x$，即

$$\int_{a}^{b} f(x)\mathrm{d}x = \lim_{t \to a^+} \int_{t}^{b} f(x)\mathrm{d}x.$$

这时也称反常积分 $\int_{a}^{b} f(x)\mathrm{d}x$ 收敛；如果上述极限不存在，称反常积分 $\int_{a}^{b} f(x)\mathrm{d}x$ 发散.

类似地，当点 b 为 $f(x)$ 的瑕点，定义瑕积分 $\int_{a}^{b} f(x)\mathrm{d}x = \lim_{t \to b^-} \int_{a}^{t} f(x)\mathrm{d}x$.

设 $f(x)$ 在 $[a,b]$ 上除点 $c(a<c<b)$ 外连续，点 c 为瑕点. 如果两个反常积分

$$\int_{a}^{c} f(x)\mathrm{d}x \quad 与 \quad \int_{c}^{b} f(x)\mathrm{d}x$$

都收敛，则定义 $\int_{a}^{b} f(x)\mathrm{d}x = \int_{a}^{c} f(x)\mathrm{d}x + \int_{c}^{b} f(x)\mathrm{d}x = \lim_{t \to c^-} \int_{a}^{t} f(x)\mathrm{d}x + \lim_{t \to c^+} \int_{t}^{b} f(x)\mathrm{d}x$，并称反常积分 $\int_{a}^{b} f(x)\mathrm{d}x$ 收敛，否则称反常积分 $\int_{a}^{b} f(x)\mathrm{d}x$ 发散.

注： ① 无界函数反常积分和无穷限反常积分的计算是使用牛顿-莱布尼茨公式，代入积分限是取极限过程. 求定积分常用的方法凑微分法、换元法、分部积分法均可使用.

② 无界函数反常积分和无穷限反常积分可以相互转换，例如，对于点 b 为瑕点的瑕积分 $\int_{a}^{b} f(x)\mathrm{d}x$，令 $t = \dfrac{1}{b-x}$，则

$$\int_{a}^{b} f(x)\mathrm{d}x = \int_{\frac{1}{b-a}}^{+\infty} f\left(b - \frac{1}{t}\right) \frac{1}{t^2}\mathrm{d}t,$$

因此，通常讨论无穷限反常积分即可.

(3) 两个基本结论

设 a 为正常数，对于积分 $\int_{a}^{+\infty} \dfrac{1}{x^p}\mathrm{d}x$，当 $p>1$ 时收敛，而当 $p \leqslant 1$ 时发散；

设 a,b 为常数，$a<b$，对于瑕积分 $\int_{a}^{b} \dfrac{1}{(x-a)^q}\mathrm{d}x$，当 $q<1$ 时收敛，而当 $q \geqslant 1$ 时发散.

(4) 一些特殊的广义积分

① 伽马函数 $\Gamma(s) = \int_{0}^{+\infty} x^{s-1}\mathrm{e}^{-x}\mathrm{d}x\ (s > 0)$.

递推公式 $\Gamma(s+1)=s\Gamma(s)(s>0)$；对于正整数 n 有 $\Gamma(n+1)=n!$，特别地，$\Gamma(1)=0!=1$.

② 高斯积分 $\Gamma(s)=\displaystyle\int_{-\infty}^{+\infty}e^{-x^2}dx=\sqrt{\pi}$.

(5) 广义积分收敛性的判别法

① 设函数 $f(x)$ 在区间 $[a,+\infty)$ 上连续，且 $f(x)\geqslant0$，若函数 $F(x)=\displaystyle\int_a^x f(t)dt$ 在 $[a,+\infty)$ 上有界，则广义积分 $\displaystyle\int_a^{+\infty}f(t)dt$ 收敛.

② (比较判别法) 设函数 $f(x),g(x)$ 在 $[a,+\infty)$ 上连续，且 $0\leqslant f(x)\leqslant g(x)$，那么当广义积分 $\displaystyle\int_a^{+\infty}g(x)dx$ 收敛时，$\displaystyle\int_a^{+\infty}f(x)dx$ 也收敛；当 $\displaystyle\int_a^{+\infty}f(x)dx$ 发散时，$\displaystyle\int_a^{+\infty}g(x)dx$ 发散.

③ (绝对收敛准则) 如果 $\displaystyle\int_a^{+\infty}|f(x)|dx$ 收敛，则 $\displaystyle\int_a^{+\infty}f(x)dx$ 收敛，此时称广义积分 $\displaystyle\int_a^{+\infty}f(x)dx$ 绝对收敛；如果 $\displaystyle\int_a^{+\infty}f(x)dx$ 收敛，而 $\displaystyle\int_a^{+\infty}|f(x)|dx$ 发散，则称 $\displaystyle\int_a^{+\infty}f(x)dx$ 条件收敛.

6. 定积分的应用

(1) 微元法(元素法)

如果某一实际问题中的所求量 U 符合下列条件：

① U 是与一个变量 x 的变化区间 $[a,b]$ 有关的量；

② U 对于区间 $[a,b]$ 具有可加性；

③ 对于任何 $[x,x+\Delta x]$ 上的部分分量 ΔU_i，总存在与 x 有关的数 $f(x)$，使得 ΔU_i 的近似值可表示为 $f(\xi_i)\Delta x_i,\xi_i\in[x,x+\Delta x]$，那么就可以考虑应用定积分来表达这个量 U. 通常写出这个量 U 的积分表达式的步骤如下：

① 根据问题的具体情况，选取一个变量例如 x 为积分变量，并确定它的变化区间 $[a,b]$.

② 设想把区间 $[a,b]$ 分成 n 个小区间，取其中任意小区间并记作 $[x,x+dx]$. 求出相应于这个小区间的部分分量 ΔU 的近似值. 如果 ΔU 能近似地表示为区间 $[a,b]$ 上的一个连续函数在 x 的值 $f(x)$ 与 dx 的乘积(这里 ΔU 与 $f(x)dx$ 相差一个比 dx 高阶的无穷小，即 $\Delta U=f(x)dx+o(dx)$)，就把 $f(x)dx$ 称为量 U 的微元，且记作 dU，即 $dU=f(x)dx$.

③ 以所求量 U 的元素 $f(x)dx$ 为被积表达式，在 $[a,b]$ 上作定积分，得

$$U=\int_a^b f(x)dx.$$

(2) 平面图形的面积

(a) 直角坐标系情形

由曲线 $y=f(x),y=g(x)(a\leqslant x\leqslant b)$ 所围图形面积为

$$A=\int_a^b|f(x)-g(x)|dx.$$

(b) 极坐标情形

由曲线 $r=r(\theta)(\theta\in[\alpha,\beta])$ 与两条射线 $\theta=\alpha,\theta=\beta$ 所围成的曲边扇形的面积为

$$A=\frac{1}{2}\int_\alpha^\beta r^2(\theta)d\theta.$$

（3）立体体积

（a）平行截面面积已知的空间立体的体积

设立体在 x 轴的投影区间为 $[a,b]$，过点 x 作垂直于 x 轴的平面，截面积为 $A(x)(x\in[a,b])$，若 $A(x)$ 在 $[a,b]$ 上连续，则立体的体积 $V=\int_a^b A(x)\mathrm{d}x$.

（b）旋转体的体积

由连续曲线 $y=f(x)$，直线 $x=a,x=b(a<b)$ 及 x 轴所围成的曲边梯形绕 x 轴旋转一周所得旋转体的体积为 $V_x=\pi\int_a^b[f(x)]^2\mathrm{d}x$.

由连续曲线 $y=f(x)$，直线 $x=a,x=b(0\leqslant a<b)$ 及 x 轴所围成的曲边梯形绕 y 轴旋转一周所得旋转体的体积为 $V_x=2\pi\int_a^b|xf(x)|\mathrm{d}x$.

（4）平面曲线的弧长

弧微元 $\mathrm{d}s=\sqrt{(\mathrm{d}x)^2+(\mathrm{d}y)^2}$.

① 当曲线 C 由参数方程 $\begin{cases}x=\varphi(t),\\y=\psi(t),\end{cases}t\in[\alpha,\beta]$ 给出时，$\varphi(t)$ 与 $\psi(t)$ 在区间 $[\alpha,\beta]$ 上具有连续的导数，且 $\varphi'(t)$ 与 $\psi'(t)$ 在区间 $[\alpha,\beta]$ 上不同时为零，曲线 C 的弧长为

$$s=\int_\alpha^\beta\sqrt{(\varphi'(t))^2+(\psi'(t))^2}\mathrm{d}t.$$

② 当曲线 C 由 $y=f(x),x\in[a,b]$ 给出时，其中 $f'(x)$ 连续，曲线 C 的弧长为

$$s=\int_a^b\sqrt{1+(f'(x))^2}\mathrm{d}x.$$

③ 当曲线 C 由极坐标 $r=r(\theta),\theta\in[\alpha,\beta]$ 给出时，其中 $r(\theta)$ 有连续的导数，曲线 C 的弧长为

$$s=\int_\alpha^\beta\sqrt{(r')^2+r^2}\mathrm{d}\theta.$$

（5）定积分在物理学中的应用

（a）质点的变速直线运动

质点以速度 $v(t)$ 沿直线从时刻 T_1 运动到时刻 T_2，经过的路程 $s=\int_{T_1}^{T_2}v(t)\mathrm{d}t$.

（b）变力沿直线做功

物体在力 $F=F(x)$ 的作用下由 a 运动到 b，F 所做的功 $W=\int_a^b F(x)\mathrm{d}x$.

对于其他的物理量，如液体压力、引力等，凡是具有"可加性"的物理量，都可以使用微元法列出积分表达式.

3.1.3 二重积分

1. 定 义

设 $f(x,y)$ 是有界闭区域 D 上的有界函数. 将闭区域 D 任意分成 n 个小闭区域 $\Delta\sigma_1$，$\Delta\sigma_2,\cdots,\Delta\sigma_n$，其中 $\Delta\sigma_i$ 表示第 i 个小区域，也表示它的面积. 在每个 $\Delta\sigma_i$ 上任取一点 (ξ_i,η_i)，作

和 $\sum\limits_{i=1}^{n} f(\xi_i, \eta_i) \Delta \sigma_i$. 如果当各小闭区域的直径中的最大值 λ 趋于零时,和的极限总存在,则称

此极限为函数 $f(x, y)$ 在闭区域 D 上的二重积分,记作 $\iint\limits_{D} f(x, y) \mathrm{d}\sigma$, 即

$$\iint\limits_{D} f(x, y) \mathrm{d}\sigma = \lim_{\lambda \to 0} \sum\limits_{i=1}^{n} f(\xi_i, \eta_i) \Delta \sigma_i.$$

注 1:如果 $f(x, y)$ 在平面有界区域 D 上连续,则二重积分 $\iint\limits_{D} f(x, y) \mathrm{d}\sigma$ 存在. 二重积分 $\iint\limits_{D} f(x, y) \mathrm{d}x\mathrm{d}y$ 等于以被积函数 $f(x, y)$ 为顶,积分区域 D 为底的曲顶柱体的体积的代数和.

注 2:二重积分仅与被积函数 $f(x, y)$ 和积分区域 D 有关,与区域的分法、(ξ_i, η_i) 的取法和积分变量的记法无关. 在二重积分的定义中对闭区域 D 的划分是任意的,如果在直角坐标系中用平行于坐标轴的直线网来划分 D,那么除了包含边界点的一些小闭区域外,其余的小闭区域都是矩形闭区域. 设矩形闭区域 $\Delta \sigma_i$ 的边长为 Δx_i 和 Δy_i,则 $\Delta \sigma_i = \Delta x_i \Delta y_i$,因此在直角坐标系中,有时也把面积元素记作 $\mathrm{d}\sigma = \mathrm{d}x\mathrm{d}y$,而把二重积分记作 $\iint\limits_{D} f(x, y) \mathrm{d}x\mathrm{d}y$,其中 $\mathrm{d}x\mathrm{d}y$ 叫做直角坐标系中的面积元素.

2. 性　质

对于二重积分,假定以下所给的函数都是可积的,则有

① **线性性质**:对任意的常数 α, β 有

$$\iint\limits_{D} [\alpha f(x, y) + \beta g(x, y)] \mathrm{d}\sigma = \alpha \iint\limits_{D} f(x, y) \mathrm{d}\sigma + \beta \iint\limits_{D} g(x, y) \mathrm{d}\sigma.$$

② **区域可加性**:若将 D 分割成两个不相交的区域 D_1 与 D_2,则有

$$\iint\limits_{D} f(x, y) \mathrm{d}\sigma = \iint\limits_{D_1} f(x, y) \mathrm{d}\sigma + \iint\limits_{D_2} f(x, y) \mathrm{d}\sigma.$$

③ **比较定理**:若在 D 上恒有 $f(x, y) \leqslant g(x, y)$,则

$$\iint\limits_{D} f(x, y) \mathrm{d}\sigma \leqslant \iint\limits_{D} g(x, y) \mathrm{d}\sigma,$$

由此可推导出不等式 $\left| \iint\limits_{D} f(x, y) \mathrm{d}\sigma \right| \leqslant \iint\limits_{D} | f(x, y) | \mathrm{d}\sigma$.

④ **估值定理**:若在 D 内恒有 $m \leqslant f(x, y) \leqslant M$,其中 m, M 是常数,$|D|$ 为 D 的面积,则有 $m | D | \leqslant \iint\limits_{D} f(x, y) \mathrm{d}\sigma \leqslant M | D |$.

⑤ **中值定理**:如果 $f(x, y)$ 在有界闭区域 D 上连续,$|D|$ 为 D 的面积,则存在点 $(\xi, \eta) \in D$,使得 $\iint\limits_{D} f(x, y) \mathrm{d}\sigma = f(\xi, \eta) | D |$.

3. 基本计算方法

① 直角坐标系下二重积分的计算.

积分区域为 X 型平面区域 $D = \{(x, y) \mid \varphi_1(x) \leqslant y \leqslant \varphi_2(x), a \leqslant x \leqslant b\}$,则

$$\iint\limits_{D} f(x,y)\mathrm{d}x\mathrm{d}y = \int_a^b \mathrm{d}x \int_{\varphi_1(x)}^{\varphi_2(x)} f(x,y)\mathrm{d}y,$$

称为先 y 后 x 的二重积分.

积分区域为 Y 型平面区域 $D = \{(x,y) \mid \psi_1(y) \leqslant x \leqslant \psi_2(y), c \leqslant y \leqslant d\}$,则

$$\iint\limits_{D} f(x,y)\mathrm{d}x\mathrm{d}y = \int_c^d \mathrm{d}y \int_{\psi_1(y)}^{\psi_2(y)} f(x,y)\mathrm{d}x,$$

称为先 x 后 y 的二重积分.

注:如果区域 D 既不是 X 型区域又不是 Y 型区域,我们可以把 D 分成几部分,使得每一部分为 X 型区域或 Y 型区域. 如果区域 D 既是 X 型区域又是 Y 型区域,那么两种方法都可以.

② 极坐标系下二重积分的计算.

积分区域以极坐标形式给出 $D = \{(\rho,\theta) \mid \varphi_1(\theta) \leqslant \rho \leqslant \varphi_2(\theta), \alpha \leqslant \theta \leqslant \beta\}$,则

$$\iint\limits_{D} f(x,y)\mathrm{d}x\mathrm{d}y = \iint\limits_{D} f(\rho\cos\theta, \rho\sin\theta)\rho\mathrm{d}\rho\mathrm{d}\theta$$
$$= \int_\alpha^\beta \mathrm{d}\theta \int_{\varphi_1(\theta)}^{\varphi_2(\theta)} f(\rho\cos\theta, \rho\sin\theta)\rho\mathrm{d}\rho,$$

两个面积元素的关系为 $\mathrm{d}x\mathrm{d}y = \rho\mathrm{d}\rho\mathrm{d}\theta$.

③ 利用几何意义计算二重积分.

④ 利用对称性计算二重积分.

设区域 D 关于 y 轴对称,它被 y 轴分为左右两个部分 $D = D_左 + D_右$.

若被积函数 $f(x,y)$ 关于 x 是奇函数,即 $f(-x,y) = -f(x,y)$,则

$$\iint\limits_{D} f(x,y)\mathrm{d}x\mathrm{d}y = 0.$$

若 $f(x,y)$ 关于 x 是偶函数,即 $f(-x,y) = f(x,y)$,则

$$\iint\limits_{D} f(x,y)\mathrm{d}x\mathrm{d}y = 2\iint\limits_{D/2} f(x,y)\mathrm{d}x\mathrm{d}y, \quad 其中 D/2 = D_左 \text{ 或 } D_右.$$

若积分区域 D 关于 x 轴对称,类似的结论也成立.

⑤ 二重积分换元法.

若变换 $T: x = x(u,v), y = y(u,v)$ 将 uOv 平面上的区域 D_{uv} 一一对应地映射成 xOy 平面上的区域 D_{xy},函数 $x(u,v), y(u,v)$ 在 D_{uv} 上有连续的偏导数. 变换 T 的雅克比行列式定义为 $J(u,v) = \begin{vmatrix} x_u & x_v \\ y_u & y_v \end{vmatrix}$,也记为 $\dfrac{\partial(x,y)}{\partial(u,v)}$ 在 D_{uv} 上恒不为零,则逆变换 $T^{-1}: u = u(x,y), v = v(x,y)$ 的雅克比行列式满足

$$\frac{\partial(u,v)}{\partial(x,y)} = \begin{vmatrix} u_x & u_y \\ v_x & v_y \end{vmatrix} = \frac{1}{\dfrac{\partial(x,y)}{\partial(u,v)}}.$$

如果被积函数 $f(x,y)$ 在区域 D_{xy} 上连续,且 $J(u,v) \neq 0$,则有积分换元公式为

$$\iint\limits_{D_{xy}} f(x,y)\mathrm{d}x\mathrm{d}y = \iint\limits_{D_{uv}} f[x(u,v), y(u,v)] \mid J(u,v) \mid \mathrm{d}u\mathrm{d}v,$$

其中,$\mid J(u,v) \mid$ 表示了变换在点 (u,v) 处面积元素之间的变化比率,即 $\mathrm{d}x\mathrm{d}y = \mid J(u,v) \mid \mathrm{d}u\mathrm{d}v$.

4. 含有参数的积分

设 $f(x,y)$ 在矩形域 $[a,b] \times [c,d]$ 上可积,则积分 $I(x) = \int_c^d f(x,y) \mathrm{d}y$ 称为含有参数 x 的积分. 它确定了一个定义在区间 $[a,b]$ 上的函数. 关于含有参数的积分有如下结论:

① 如果 $f(x,y)$ 在 $[a,b] \times [c,d]$ 上连续,则 $I(x)$ 在 $[a,b]$ 上连续.

② 如果 $f(x,y)$ 及 $f_x(x,y)$ 在 $[a,b] \times [c,d]$ 上连续,则 $I(x)$ 在 $[a,b]$ 上可导,且 $\dfrac{\mathrm{d}}{\mathrm{d}x} I(x) = \int_c^d f_x(x,y) \mathrm{d}y$.

③ 设函数 $f(t,x)$ 在 $[\alpha,\beta] \times [a,b]$ 上连续可微,函数 $\varphi(t), \psi(t)$ 在 $[\alpha,\beta]$ 上连续可微,并且 $a \leqslant \varphi(t), \psi(t) \leqslant b, \forall t \in [\alpha,\beta]$,则函数 $I(t) = \int_{\varphi(t)}^{\psi(t)} f(t,x) \mathrm{d}x$ 在区间 $[\alpha,\beta]$ 上连续可微,并且

$$I'(t) = \int_{\varphi(t)}^{\psi(t)} \frac{\partial f(t,x)}{\partial t} \mathrm{d}x + \psi'(t) f(t,\psi(t)) - \varphi'(t) f(t,\varphi(t)).$$

5. 平面区域的面积

如果在积分区域 D 上,$f(x,y) = 1$,则 $|D| = \iint\limits_D \mathrm{d}\sigma$,其中 $|D|$ 表示 D 的面积.

6. 物理应用

(1) 平面薄片的质量

设平面薄片的面密度函数为 $\rho(x,y)$,假定 $\rho(x,y)$ 在 D 上连续,则

$$M = \iint\limits_D \rho(x,y) \mathrm{d}\sigma.$$

(2) 平面薄片的质心

设平面薄片的面密度函数为 $\rho(x,y)$,假定 $\rho(x,y)$ 在 D 上连续,则平面薄片对 x 轴和 y 轴的力矩分别为

$$M_x = \iint\limits_D y\rho(x,y) \mathrm{d}\sigma,$$

$$M_y = \iint\limits_D x\rho(x,y) \mathrm{d}\sigma,$$

平面薄片的质心坐标是 $(\bar{x}, \bar{y})$,则有

$$\bar{x} = \frac{M_y}{M} = \frac{1}{M} \iint\limits_D x\rho(x,y) \mathrm{d}\sigma,$$

$$\bar{y} = \frac{M_x}{M} = \frac{1}{M} \iint\limits_D y\rho(x,y) \mathrm{d}\sigma.$$

(3) 平面薄片的转动惯量

设平面薄片的面密度函数为 $\rho(x,y)$,假定 $\rho(x,y)$ 在 D 上连续,则平面薄片对 x 轴和 y 轴的转动惯量分别为

$$I_x = \iint\limits_D y^2 \rho(x,y)\mathrm{d}\sigma,$$

$$I_y = \iint\limits_D x^2 \rho(x,y)\mathrm{d}\sigma.$$

3.1.4 三重积分

1. 定 义

设 $f(x,y,z)$ 是空间有界闭区域 Ω 上的有界函数. 将 Ω 任意分成 n 个小闭区域 Δv_1, $\Delta v_2, \cdots, \Delta v_n$, 其中, Δv_i 表示第 i 个小区域, 也表示它的体积. 在每个 Δv_i 上任取一点 (ξ_i, η_i, ζ_i), 作和 $\sum\limits_{i=1}^{n} f(\xi_i, \eta_i, \zeta_i)\Delta v_i$. 如果当各小闭区域的直径中的最大值 λ 趋于零时, 和的极限总存在, 则称此极限为函数 $f(x,y,z)$ 在闭区域 Ω 上的三重积分, 记作 $\iiint\limits_\Omega f(x,y,z)\mathrm{d}v$, 即

$$\iiint\limits_\Omega f(x,y,z)\mathrm{d}v = \lim_{\lambda\to0}\sum_{i=1}^{n} f(\xi_i, \eta_i, \zeta_i)\Delta v_i.$$

注: 如果 $f(x,y,z)$ 在有界区域 Ω 上连续, 则三重积分 $\iiint\limits_\Omega f(x,y,z)\mathrm{d}v$ 存在. 在直角坐标系中, 用平行于坐标面的平面划分 Ω, 则 $\Delta v_i = \Delta x_i \Delta y_i \Delta z_i$, 因此也把体积元素记为 $\mathrm{d}v = \mathrm{d}x\mathrm{d}y\mathrm{d}z$, 三重积分记作

$$\iiint\limits_\Omega f(x,y,z)\mathrm{d}v = \iiint\limits_\Omega f(x,y,z)\mathrm{d}x\mathrm{d}y\mathrm{d}z.$$

2. 性 质

三重积分的性质与二重积分类似, 有线性性质、区域可加性、不等式性质、中值定理等.

3. 基本计算方法

计算三重积分的基本方法是将三重积分化为三次积分.

(1) 直角坐标系下三重积分的计算

(a) 投影法(以向 xOy 平面投影为例, 向其他坐标平面投影类似)

假设平行于 z 轴且穿过闭区域 Ω 内部的直线与闭区域 Ω 的边界曲面 S 相交不多于两点. 把闭区域 Ω 投影到 xOy 面上, 得一平面闭区域 D_{xy}. 以 D_{xy} 的边界为准线做母线平行于 z 轴的柱面. 这柱面与曲面 S 的交线从 S 中分出上下两部分, 它们的方程分别为 $S_1: z = z_1(x,y)$, $S_2: z = z_2(x,y)$, 其中, $z_1(x,y)$, $z_2(x,y)$ 都是 D_{xy} 上的连续函数, 且 $z_1(x,y) \leqslant z_2(x,y)$. 此时, 积分区域 Ω 表示为

$$\Omega = \{(x,y,z)\,|\,z_1(x,y) \leqslant z \leqslant z_2(x,y), (x,y)\in D_{xy}\},$$

若 D_{xy} 还可以表示为 $a \leqslant x \leqslant b$, $y_1(x) \leqslant y \leqslant y_2(x)$, 则

$$\iiint\limits_\Omega f(x,y,z)\mathrm{d}v = \iint\limits_{D_{xy}} \mathrm{d}x\mathrm{d}y \int_{z_1(x,y)}^{z_2(x,y)} f(x,y,z)\mathrm{d}z$$

$$= \int_a^b \mathrm{d}x \int_{y_1(x)}^{y_2(x)} \mathrm{d}y \int_{z_1(x,y)}^{z_2(x,y)} f(x,y,z)\mathrm{d}z,$$

称为先对 z 再对 y 后对 x 的三次积分. 类似可考虑其他积分次序.

如果平行于坐标轴且穿过闭区域 Ω 内部的直线与 Ω 的边界曲面 S 的交点多于两个, 也可像处理二重积分那样, 把 Ω 分成若干部分, 使 Ω 上的三重积分化为各部分闭区域上的三重积分的和.

(b) 截面法

积分区域 Ω 表示为 $\Omega=\{(x,y,z)\,|\,(x,y)\in D_z, c_1\leqslant z\leqslant c_2\}$, 其中 D_z 是竖坐标为 z 的平面截空间闭区域 Ω 所得到的一个平面闭区域, 则

$$\iiint\limits_{\Omega}f(x,y,z)\mathrm{d}v=\int_{c_1}^{c_2}\mathrm{d}z\iint\limits_{D_z}f(x,y,z)\mathrm{d}x\mathrm{d}y.$$

注: 该方法适用于被积函数 $f(x,y,z)$ 是 z 的一元函数, 且 D_z 的面积容易求出的情形, 即

$$\iiint\limits_{\Omega}f(z)\mathrm{d}v=\int_{c_1}^{c_2}f(z)\mathrm{d}z\iint\limits_{D_z}\mathrm{d}x\mathrm{d}y.$$

类似的,

$$\iiint\limits_{\Omega}f(x)\mathrm{d}v=\int_{a_1}^{a_2}f(x)\mathrm{d}x\iint\limits_{D_x}\mathrm{d}y\mathrm{d}z,$$

$$\iiint\limits_{\Omega}f(y)\mathrm{d}v=\int_{b_1}^{b_2}f(y)\mathrm{d}y\iint\limits_{D_y}\mathrm{d}x\mathrm{d}z.$$

(2) 柱面坐标系下三重积分的计算

设 $M(x,y,z)$ 为空间内一点, 并设点 M 在 xOy 面上的投影 P 的极坐标为 $P(r,\theta)$, 则 (r,θ,z) 就叫做点 M 的柱面坐标, 这里规定 (r,θ,z) 的变化范围为

$$0\leqslant r<+\infty,\quad 0\leqslant\theta\leqslant 2\pi,\quad -\infty<z<+\infty.$$

在柱面坐标变换 $x=r\cos\theta, y=r\sin\theta, z=z$ 下, 三重积分变换为

$$\iiint\limits_{\Omega}f(x,y,z)\mathrm{d}x\mathrm{d}y\mathrm{d}z=\iiint\limits_{\Omega}f(r\cos\theta,r\sin\theta,z)r\mathrm{d}z\mathrm{d}r\mathrm{d}\theta,$$

$r\mathrm{d}z\mathrm{d}r\mathrm{d}\theta$ 为柱面坐标系中的体积元素.

(3) 球面坐标系下三重积分的计算

设 $M(x,y,z)$ 为空间内一点, 则点 M 也可用这样 3 个有次序的数 r,φ,θ 来确定, 其中 r 为原点 O 与点 M 间的距离, φ 为 $\overrightarrow{OM}$ 与 z 轴正向所夹的角, θ 为从正 z 轴来看自 x 轴按逆时针方向转到有向线段 $\overrightarrow{OP}$ 的角, 这里 P 为点 M 在 xOy 面上的投影, 这样的 3 个数 (r,φ,θ) 叫做点 M 的球面坐标, 这里 (r,φ,θ) 的变化范围为

$$0\leqslant r<+\infty,\quad 0\leqslant\varphi<\pi,\quad 0\leqslant\theta\leqslant 2\pi.$$

在球面坐标变换 $x=r\sin\varphi\cos\theta, y=r\sin\varphi\sin\theta, z=r\cos\varphi$ 下, 三重积分为

$$\iiint\limits_{\Omega}f(x,y,z)\mathrm{d}x\mathrm{d}y\mathrm{d}z=\iiint\limits_{\Omega}f(r\sin\varphi\cos\theta,r\sin\varphi\sin\theta,r\cos\varphi)r^2\sin\varphi\mathrm{d}r\mathrm{d}\varphi\mathrm{d}\theta,$$

$r^2\sin\varphi\mathrm{d}r\mathrm{d}\varphi\mathrm{d}\theta$ 为球面坐标系下的体积元素.

(4) 利用对称性计算三重积分

设区域 Ω 关于 xOy 坐标面对称, 该坐标面将 Ω 分为上下两个部分 $\Omega=\Omega_上+\Omega_下$.

若被积函数 $f(x,y,z)$ 关于 z 是奇函数, 即 $f(x,y,-z)=-f(x,y,z)$, 则

$$\iiint\limits_{\Omega}f(x,y,z)\mathrm{d}v=0.$$

若 $f(x,y,z)$ 关于 z 是偶函数,即 $f(x,y,-z)=f(x,y,z)$,则

$$\iiint\limits_{\Omega} f(x,y,z)\mathrm{d}v = 2\iiint\limits_{\Omega/2} f(x,y,z)\mathrm{d}v, \quad 其中 \Omega/2 = \Omega_{上} 或 \Omega_{下}.$$

若积分区域 Ω 关于其他坐标面对称,类似的结论也成立.

(5) 三重积分的换元法

设变换 T:$x=x(u,v,w),y=y(u,v,w),z=z(u,v,w)$ 将 O_{uvw} 空间中的区域 Ω' 一一对应地变换到 O_{xyz} 空间中的区域 Ω,函数 $x(u,v,w),y(u,v,w),z(u,v,w)$ 在 Ω' 上有连续的偏导数.变换 T 的雅克比行列式定义为 $J(u,v,w)=\begin{vmatrix} x_u & x_v & x_w \\ y_u & y_v & y_w \\ z_u & z_v & z_w \end{vmatrix}$,也记为 $\dfrac{\partial(x,y,z)}{\partial(u,v,w)}$ 在 Ω' 上恒不为零,则逆变换

$$T^{-1}: u=u(x,y,z), \quad v=v(x,y,z), \quad w=w(x,y,z)$$

的雅克比行列式满足

$$\frac{\partial(u,v,w)}{\partial(x,y,z)}=\begin{vmatrix} u_x & u_y & u_z \\ v_x & v_y & v_z \\ w_x & w_y & w_z \end{vmatrix}=\frac{1}{\dfrac{\partial(x,y,z)}{\partial(u,v,w)}}.$$

如果被积函数 $f(x,y,z)$ 在区域 Ω 上连续,且 $J(u,v,w)\neq 0$,则有积分换元公式

$$\iiint\limits_{\Omega} f(x,y,z)\mathrm{d}x\mathrm{d}y\mathrm{d}z = \iiint\limits_{\Omega'} f[x(u,v,w),y(u,v,w),z(u,v,w)]\,|\,J(u,v,w)\,|\,\mathrm{d}u\mathrm{d}v\mathrm{d}w,$$

其中,$|\,J(u,v,w)\,|$ 表示了变换在点 (u,v,w) 处体积元素之间的变化比率,即

$$\mathrm{d}x\mathrm{d}y\mathrm{d}z=|\,J(u,v,w)\,|\,\mathrm{d}u\mathrm{d}v\mathrm{d}w.$$

4. 空间立体的体积

当被积函数 $f(x,y,z)=1$ 时,可得

$$V=\iiint\limits_{\Omega}\mathrm{d}v,$$

其中,V 为区域 Ω 的体积.

5. 物理应用

(1) 空间立体的质量

若空间区域 Ω 的体密度函数为 $\rho(x,y,z)$,假定 $\rho(x,y,z)$ 在 Ω 上连续,则

$$M=\iiint\limits_{\Omega}\rho(x,y,z)\mathrm{d}v.$$

(2) 空间立体的质心

若空间区域 Ω 的体密度函数为 $\rho(x,y,z)$,假定 $\rho(x,y,z)$ 在 Ω 上连续,质心是 $(\overline{x},\overline{y},\overline{z})$,则有

$$\overline{x}=\frac{1}{M}\iiint\limits_{\Omega} x\rho(x,y,z)\mathrm{d}v,$$

$$\overline{y}=\frac{1}{M}\iiint\limits_{\Omega} y\rho(x,y,z)\mathrm{d}v,$$

$$\overline{z} = \frac{1}{M}\iiint\limits_{\Omega} z\rho(x,y,z)\mathrm{d}v.$$

（3）空间立体的转动惯量

若物体占有空间区域 Ω，体密度函数为 $\rho(x,y,z)$，假定 $\rho(x,y,z)$ 在 Ω 上连续，物体对 x，y,z 轴的转动惯量分别为

$$I_x = \iiint\limits_{\Omega}(y^2+z^2)\rho(x,y,z)\mathrm{d}v,$$

$$I_y = \iiint\limits_{\Omega}(x^2+z^2)\rho(x,y,z)\mathrm{d}v,$$

$$I_z = \iiint\limits_{\Omega}(x^2+y^2)\rho(x,y,z)\mathrm{d}v.$$

二重积分和三重积分可以推广到 n 重积分，统称为重积分.

3.2　典型例题分析

例 1　计算下列有理函数的积分（5 种基本类型）：

（1）$\displaystyle\int \frac{\mathrm{d}x}{(x^2+a^2)^2}$；

（2）$\displaystyle\int \frac{x+1}{(x^2+x+1)^2}\mathrm{d}x$；

（3）$\displaystyle\int \frac{\mathrm{d}x}{x^3+1}$；

（4）$\displaystyle\int \frac{x^2+1}{(x^2-2x+2)^2}\mathrm{d}x$；

（5）$\displaystyle\int \frac{x^5+x^4-2x^3-x+3}{x^2-x+2}\mathrm{d}x$.

解　（1）令 $x=a\tan t$，于是有

$$\text{原积分} = \int \frac{a\sec^2 t}{a^4\sec^4 t}\mathrm{d}t = \frac{1}{a^3}\int \cos^2 t\mathrm{d}t$$

$$= \frac{1}{2a^3}\int(1+\cos 2t)\mathrm{d}t$$

$$= \frac{1}{2a^3}(t+\sin t\cos t)+C$$

$$= \frac{1}{2a^3}\left(\arctan \frac{x}{a}+\frac{ax}{x^2+a^2}\right)+C.$$

（2）原积分 $=\dfrac{1}{2}\displaystyle\int \frac{2x+1}{(x^2+x+1)^2}\mathrm{d}x+\frac{1}{2}\int \frac{1}{(x^2+x+1)^2}\mathrm{d}x$

$$= \frac{1}{2}\int \frac{\mathrm{d}(x^2+x+1)}{(x^2+x+1)^2}+\frac{1}{2}\int \frac{1}{\left[\left(x+\frac{1}{2}\right)^2+\left(\frac{\sqrt{3}}{2}\right)^2\right]^2}\mathrm{d}\left(x+\frac{1}{2}\right)$$

$$= \frac{2}{3\sqrt{3}}\arctan \frac{2x+1}{\sqrt{3}}+\frac{x-1}{3(x^2+x+1)}+C,$$

其中，后一个积分用到了本例（1）中的公式.

(3) 将分母作因式分解 $1+x^3=(x+1)(x^2-x+1)$. 设

$$\frac{1}{1+x^3}=\frac{a}{x+1}+\frac{bx+c}{x^2-x+1},$$

两端同时乘以 $1+x^3$ 可得

$$1=a(x^2-x+1)+(bx+c)(x+1)=(a+b)x^2+(-a+b+c)x+(a+c).$$

比较系数,得 $a+b=0, -a+b+c=0, a+c=1$. 解方程组可得 $a=\dfrac{1}{3}, b=-\dfrac{1}{3}, c=\dfrac{2}{3}$,于是

$$\begin{aligned}
原积分 &= \int\left[\frac{1}{3(x+1)}-\frac{x-2}{3(x^2-x+1)}\right]\mathrm{d}x \\
&= \frac{1}{3}\int\frac{\mathrm{d}x}{x+1}-\frac{1}{6}\int\frac{2x-1}{x^2-x+1}\mathrm{d}x+\frac{1}{2}\int\frac{1}{x^2-x+1}\mathrm{d}x \\
&= \frac{1}{3}\ln|x+1|-\frac{1}{6}\int\frac{\mathrm{d}(x^2-x+1)}{x^2-x+1}+\frac{1}{2}\int\frac{1}{\left(x-\frac{1}{2}\right)^2+\left(\frac{\sqrt{3}}{2}\right)^2}\mathrm{d}\left(x-\frac{1}{2}\right) \\
&= \frac{1}{3}\ln|x+1|-\frac{1}{6}\ln(x^2-x+1)+\frac{1}{\sqrt{3}}\arctan\frac{2x-1}{\sqrt{3}}+C.
\end{aligned}$$

(4) 原积分 $=\displaystyle\int\frac{(x^2-2x+2)+(2x-1)}{(x^2-2x+2)^2}\mathrm{d}x=\int\left[\frac{1}{x^2-2x+2}+\frac{2x-1}{(x^2-2x+2)^2}\right]\mathrm{d}x$,分

别计算两个最简式的积分,即

$$\begin{aligned}
I_1 &= \int\frac{1}{x^2-2x+2}\mathrm{d}x \\
&= \int\frac{\mathrm{d}(x-1)}{(x-1)^2+1} \\
&= \arctan(x-1)+C_1, \\
I_2 &= \int\frac{2x-1}{(x^2-2x+2)^2}\mathrm{d}x \\
&= \int\frac{(2x-2)+1}{(x^2-2x+2)^2}\mathrm{d}x \\
&= \int\frac{\mathrm{d}(x^2-2x+2)}{(x^2-2x+2)^2}+\int\frac{1}{\left[(x-1)^2+1\right]^2}\mathrm{d}(x-1) \\
&= -\frac{1}{x^2-2x+2}+\frac{1}{2}\left[\arctan(x-1)+\frac{x-1}{(x-1)^2+1}\right]+C_2 \\
&= \frac{x-3}{2(x^2-2x+2)}+\frac{1}{2}\arctan(x-1)+C_2,
\end{aligned}$$

$$原积分 = I_1+I_2=\frac{x-3}{2(x^2-2x+2)}+\frac{3}{2}\arctan(x-1)+C.$$

(5) 被积函数是假分式,用长除法化为多项式与最简分式的和.

$$被积函数=商式+\frac{余式}{除式}=x^3+2x^2-2x-6+\frac{-3x+15}{x^2-x+2}.$$

$$\begin{array}{r} x^3+2x^2-2x-6 \\ x^2-x+2\overline{)\ x^5+\ x^4-2x^3+0x^2-x+3} \\ \underline{x^5-\ x^4+2x^3} \\ 2x^4-4x^3+0x^2 \\ \underline{2x^4-2x^3+4x^2} \\ -2x^3-4x^2-\ x \\ \underline{-2x^3+2x^2-4x} \\ -6x^2+3x+3 \\ \underline{-6x^2+6x-12} \\ -3x+15 \end{array}$$

$$原积分 = \int(x^3+2x^2-2x-6)dx + \int\left(\frac{-3x+15}{x^2-x+2}\right)dx.$$

又因为

$$\int\frac{-3x+15}{x^2-x+2}dx = -\frac{3}{2}\int\frac{2x-1}{x^2-x+2}dx + \int\frac{\frac{27}{2}}{x^2-x+2}dx$$

$$= -\frac{3}{2}\int\frac{d(x^2-x+2)}{x^2-x+2} + \frac{27}{2}\int\frac{d\left(x-\frac{1}{2}\right)}{\left(x-\frac{1}{2}\right)^2+\left(\frac{\sqrt{7}}{2}\right)^2}$$

$$= -\frac{3}{2}\ln(x^2-x+2) + \frac{27}{2}\cdot\frac{2}{\sqrt{7}}\arctan\frac{2\left(x-\frac{1}{2}\right)}{\sqrt{7}} + C,$$

$$原积分 = \frac{x^4}{4} + \frac{2x^3}{3} - x^2 - 6x - \frac{3}{2}\ln(x^2-x+2) + \frac{27}{\sqrt{7}}\arctan\frac{2x-1}{\sqrt{7}} + C.$$

例 2　三角函数有理式的积分：

(1) $\int\dfrac{1}{1+\sin x+\cos x}dx$;

(2) $\int\dfrac{\sin^2 x}{\cos x}dx$;

(3) $\int\dfrac{dx}{a^2\sin^2 x+b^2\cos^2 x}(ab\neq 0)$.

解　(1) 万能代换：令 $u=\tan\dfrac{x}{2}$,则

$$\cos x=\frac{1-u^2}{1+u^2}, \quad \sin x=\frac{2u}{1+u^2}, \quad dx=\frac{2}{1+u^2}du.$$

$$原积分 = \int\frac{1}{1+\frac{2u}{1+u^2}+\frac{1-u^2}{1+u^2}}\cdot\frac{2}{1+u^2}du = \int\frac{1}{1+u}du$$

$$= \ln|1+u|+C = \ln\left|1+\tan\frac{x}{2}\right|+C.$$

(2) 原积分 $= \displaystyle\int \frac{\sin^2 x}{\cos^2 x} \mathrm{d}(\sin x) \xlongequal{u=\sin x} \int \frac{u^2}{1-u^2} \mathrm{d}u = \int \left(-1+\frac{1}{1-u^2}\right)\mathrm{d}u$

$\qquad = \dfrac{1}{2}\ln\left|\dfrac{1+u}{u-1}\right| - u + C = \dfrac{1}{2}\ln\left|\dfrac{\sin x+1}{\sin x-1}\right| - \sin x + C.$

(3) 因为 $\displaystyle\int \frac{\mathrm{d}x}{a^2\sin^2 x + b^2\cos^2 x} = \int \frac{\sec^2 x\,\mathrm{d}x}{a^2\tan^2 x + b^2} = \int \frac{\mathrm{d}(\tan x)}{a^2\tan^2 x + b^2}.$ 令 $t = \tan x$，于是有

$$\text{原积分} = \int \frac{\mathrm{d}t}{a^2 t^2 + b^2} = \frac{1}{a}\int \frac{\mathrm{d}(at)}{(at)^2 + b^2}$$

$$= \frac{1}{ab}\arctan\frac{at}{b} + C = \frac{1}{ab}\arctan\left(\frac{a}{b}\tan x\right) + C.$$

例 3 用分部积分法求下列积分：

(1) $I = \displaystyle\int \sqrt{a^2 + x^2}\,\mathrm{d}x$；

(2) $I = \displaystyle\int \frac{\mathrm{e}^{\arctan x}}{(\sqrt{1+x^2})^3}\,\mathrm{d}x$；

(3) 设 $I_n = \displaystyle\int x^n \mathrm{e}^{kx}\,\mathrm{d}x$，求 I_n 的递推公式，n 是非负整数，$k \neq 0$，由此计算 $\displaystyle\int x^3 \mathrm{e}^{2x}\,\mathrm{d}x$.

解 (1) $I = x\sqrt{a^2 + x^2} - \displaystyle\int \frac{x^2}{\sqrt{a^2 + x^2}}\,\mathrm{d}x$

$\qquad = x\sqrt{a^2 + x^2} - \displaystyle\int \frac{a^2 + x^2 - a^2}{\sqrt{a^2 + x^2}}\,\mathrm{d}x$

$\qquad = x\sqrt{a^2 + x^2} - \displaystyle\int \sqrt{a^2 + x^2}\,\mathrm{d}x + a^2\int \frac{\mathrm{d}x}{\sqrt{a^2 + x^2}}$

$\qquad = x\sqrt{a^2 + x^2} - I + a^2\ln(x + \sqrt{a^2 + x^2}).$

解方程可得 $I = \dfrac{x}{2}\sqrt{a^2 + x^2} + \dfrac{a^2}{2}\ln(x + \sqrt{a^2 + x^2}) + C.$

(2) $I = \displaystyle\int \frac{\mathrm{e}^{\arctan x}}{\sqrt{1+x^2}}\,\mathrm{d}(\arctan x)$

$\qquad = \displaystyle\int \frac{1}{\sqrt{1+x^2}}\,\mathrm{d}(\mathrm{e}^{\arctan x})$

$\qquad = \dfrac{\mathrm{e}^{\arctan x}}{\sqrt{1+x^2}} + \displaystyle\int \frac{x\mathrm{e}^{\arctan x}}{(\sqrt{1+x^2})^3}\,\mathrm{d}x$

$\qquad = \dfrac{\mathrm{e}^{\arctan x}}{\sqrt{1+x^2}} + \displaystyle\int \frac{x}{\sqrt{1+x^2}}\,\mathrm{d}(\mathrm{e}^{\arctan x})$

$\qquad = \dfrac{\mathrm{e}^{\arctan x}}{\sqrt{1+x^2}} + \dfrac{x\mathrm{e}^{\arctan x}}{\sqrt{1+x^2}} - \displaystyle\int \frac{\mathrm{e}^{\arctan x}}{(\sqrt{1+x^2})^3}\,\mathrm{d}x,$

即 $I = \dfrac{(x+1)\mathrm{e}^{\arctan x}}{\sqrt{1+x^2}} - I$，解方程可得 $I = \dfrac{(x+1)\mathrm{e}^{\arctan x}}{2\sqrt{1+x^2}} + C.$

(3) $I_n = \dfrac{1}{k}\displaystyle\int x^n \mathrm{d}(\mathrm{e}^{kx}) = \dfrac{x^n}{k}\mathrm{e}^{kx} - \dfrac{n}{k}\int x^{n-1}\mathrm{e}^{kx}\,\mathrm{d}x = \dfrac{x^n}{k}\mathrm{e}^{kx} - \dfrac{n}{k}I_{n-1}.$

由此可得

$$\int x^3 \mathrm{e}^{2x}\mathrm{d}x = I_3 = \frac{x^3}{2}\mathrm{e}^{2x} - \frac{3}{2}I_2 = \frac{x^3}{2}\mathrm{e}^{2x} - \frac{3}{2}\left(\frac{x^2}{2}\mathrm{e}^{2x} - \frac{2}{2}I_1\right)$$

$$= \frac{x^3}{2}\mathrm{e}^{2x} - \frac{3x^2}{4}\mathrm{e}^{2x} + \frac{3}{2}\left(\frac{x}{2}\mathrm{e}^{2x} - \frac{1}{2}I_0\right)$$

$$= \frac{x^3}{2}\mathrm{e}^{2x} - \frac{3x^2}{4}\mathrm{e}^{2x} + \frac{3x}{4}\mathrm{e}^{2x} - \frac{3}{4}\int \mathrm{e}^{2x}\mathrm{d}x$$

$$= \frac{x^3}{2}\mathrm{e}^{2x} - \frac{3x^2}{4}\mathrm{e}^{2x} + \frac{3x}{4}\mathrm{e}^{2x} - \frac{3}{8}\mathrm{e}^{2x} + C$$

$$= \mathrm{e}^{2x}\left(\frac{x^3}{2} - \frac{3x^2}{4} + \frac{3x}{4} - \frac{3}{8}\right) + C.$$

注：很多不定积分都需要用到分部积分法，本例题中讲述了它的两个特殊用法．其一是通过分部积分建立不定积分的方程，然后解方程，如(1)，(2)；其二是构造递推公式，如(3)．

例 4　求不定积分 $I = \int\left(1 + x - \frac{1}{x}\right)\mathrm{e}^{x+\frac{1}{x}}\mathrm{d}x$.

解　$I = \int \mathrm{e}^{x+\frac{1}{x}}\mathrm{d}x + \int x\left(1 - \frac{1}{x^2}\right)\mathrm{e}^{x+\frac{1}{x}}\mathrm{d}x = \int \mathrm{e}^{x+\frac{1}{x}}\mathrm{d}x + \int x\mathrm{d}\mathrm{e}^{x+\frac{1}{x}}$

$= \int \mathrm{e}^{x+\frac{1}{x}}\mathrm{d}x + x\mathrm{e}^{x+\frac{1}{x}} - \int \mathrm{e}^{x+\frac{1}{x}}\mathrm{d}x = x\mathrm{e}^{x+\frac{1}{x}} + C.$

例 5　求 $\int \frac{\mathrm{d}x}{\sqrt{(x-\alpha)(\beta-x)}}$ $(\beta > \alpha)$.

解　令 $x = \alpha\cos^2\varphi + \beta\sin^2\varphi \left(0 < \varphi < \frac{\pi}{2}\right)$，于是

$$x - \alpha = (\beta - \alpha)\sin^2\varphi,$$
$$\beta - x = (\beta - \alpha)\cos^2\varphi,$$
$$\mathrm{d}x = 2(\beta - \alpha)\sin\varphi\cos\varphi\mathrm{d}\varphi,$$

则

$$原式 = 2\int \mathrm{d}\varphi = 2\varphi + C = 2\arctan\sqrt{\frac{x-\alpha}{\beta-x}} + C.$$

例 6　求 $\int \frac{3\sin x + 4\cos x}{2\sin x + \cos x}\mathrm{d}x$.

解　令

$$3\sin x + 4\cos x = a(2\sin x + \cos x) + b(2\sin x + \cos x)'$$
$$= a(2\sin x + \cos x) + b(2\cos x - \sin x)$$
$$= (2a - b)\sin x + (a + 2b)\cos x,$$

通过求解上面恒等式，可以得到 $2a - b = 3, a + 2b = 4$，求解此线性方程组得到 $a = 2, b = 1$，故有

$$原积分 = \int \frac{2(2\sin x + \cos x) + (2\cos x - \sin x)}{2\sin x + \cos x}\mathrm{d}x$$

$$= 2\int \mathrm{d}x + \int \frac{\mathrm{d}(2\sin x + \cos x)}{2\sin x + \cos x}$$

$$= 2x + \ln|2\sin x + \cos x| + C.$$

注：本例提供的方法是处理形如 $\int \frac{A\sin x + B\cos x}{C\sin x + D\cos x}\mathrm{d}x$ 的不定积分的一般方法，其中 A，B，C，D 均为常数．

例 7 设 $f(x)$ 可导,且 $\int x^3 f'(x)\mathrm{d}x = x^2\cos x - 4x\sin x - 6\cos x + C$,求 $f(x)$.

解 等式两端对 x 求导可得 $x^3 f'(x) = 2\sin x - 2x\cos x - x^2\sin x$,故

$$f'(x) = \frac{2\sin x}{x^3} - \frac{2\cos x}{x^2} - \frac{\sin x}{x},$$

由分部积分可得

$$\begin{aligned}
f(x) &= \int \frac{2\sin x}{x^3}\mathrm{d}x - \int \frac{2\cos x}{x^2}\mathrm{d}x - \int \frac{\sin x}{x}\mathrm{d}x \\
&= -\frac{\sin x}{x^2} - \int \frac{\cos x}{x^2}\mathrm{d}x - \int \frac{\sin x}{x}\mathrm{d}x \\
&= -\frac{\sin x}{x^2} - \left(-\frac{\cos x}{x} - \int \frac{\sin x}{x}\mathrm{d}x\right) - \int \frac{\sin x}{x}\mathrm{d}x \\
&= -\frac{\sin x}{x^2} + \frac{\cos x}{x} + C.
\end{aligned}$$

注:$\int \dfrac{\sin x}{x}\mathrm{d}x$ 是积不出来的,但在使用分部积分的过程中它被抵消了.

例 8 (1) 形如 $P_n(x)\mathrm{e}^{\lambda x}$ 的函数全体记为 U_n,其中,$\lambda \neq 0$,$P_n(x)$ 是 n 次多项式.证明:如果 $f(x) \in U_n$,则 $f'(x) \in U_n$,存在 $f(x)$ 的原函数 $F(x) \in U_n$(这个性质称为 U_n 对导函数及原函数的封闭性).

(2) 利用(1)的结论,求不定积分 $\int (4x^3 - 2x^2 - 2x + 1)\mathrm{e}^{2x}\mathrm{d}x$.

(1) **证明** 设 $f(x) = P_n(x)\mathrm{e}^{\lambda x} \in U_n$,则

$$f'(x) = \left[P_n'(x) + \lambda P_n(x)\right]\mathrm{e}^{\lambda x}.$$

其中,$P_n'(x) + \lambda P_n(x)$ 是 n 次多项式,则 $f'(x) \in U_n$.因此 U_n 对于导函数是封闭的.

用数学归纳法证明 U_n 对原函数的封闭性.当 $n = 0$ 时,$P_0(x) = P_0$ 是常数,$f(x) = P_0\mathrm{e}^{\lambda x}$.显然 $f(x)$ 有原函数 $F(x) = \dfrac{P_0}{\lambda}\mathrm{e}^{\lambda x} \in U_0$.假定结论对 $n-1$ 成立,考虑 $f(x) = P_n(x)\mathrm{e}^{\lambda x} \in U_n$.因 $P_n'(x)$ 是 $n-1$ 次多项式,可知 $P_n'(x)\mathrm{e}^{\lambda x} \in U_{n-1}$.由归纳假定,存在 $P_n'(x)\mathrm{e}^{\lambda x}$ 的原函数 $Q_{n-1}(x)\mathrm{e}^{\lambda x} \in U_{n-1}$,其中 $Q_{n-1}(x)$ 是 $n-1$ 次多项式.令 $F(x) = \dfrac{1}{\lambda}P_n(x)\mathrm{e}^{\lambda x} - \dfrac{1}{\lambda}Q_{n-1}(x)\mathrm{e}^{\lambda x}$,则 $F(x) \in U_n$,且

$$F'(x) = P_n(x)\mathrm{e}^{\lambda x} + \frac{1}{\lambda}P_n'(x)\mathrm{e}^{\lambda x} - \frac{1}{\lambda}\left[Q_{n-1}(x)\mathrm{e}^{\lambda x}\right]' = P_n(x)\mathrm{e}^{\lambda x},$$

即 $F(x)$ 是 $f(x)$ 的一个原函数.由数学归纳法原理可知结论成立.

(2) **解** 由原函数的封闭性,可设被积函数有原函数

$$F(x) = (a_3 x^3 + a_2 x^2 + a_1 x + a_0)\mathrm{e}^{2x},$$

其中,a_3, a_2, a_1, a_0 是待定的常数,则

$$\begin{aligned}
F'(x) &= (3a_3 x^2 + 2a_2 x + a_1)\mathrm{e}^{2x} + 2(a_3 x^3 + a_2 x^2 + a_1 x + a_0)\mathrm{e}^{2x} \\
&= \left[2a_3 x^3 + (3a_3 + 2a_2)x^2 + (2a_2 + 2a_1)x + (a_1 + 2a_0)\right]\mathrm{e}^{2x} \\
&= (4x^3 - 2x^2 - 2x + 1)\mathrm{e}^{2x}.
\end{aligned}$$

比较系数得 $a_3 = 2, a_2 = -4, a_1 = 3, a_0 = -1$.由此知原积分 $= (2x^3 - 4x^2 + 3x - 1)\mathrm{e}^{2x} + C$.

注:由 U_n 对原函数的封闭性,可用待定系数法求形如 $\int P_n(x)\mathrm{e}^{\lambda x}\mathrm{d}x$ 的不定积分,这比用

分部积分法要简单得多. 在常系数线性微分方程 $a_n y^{(n)} + \cdots + a_1 y' + a_0 y = P_n(x) e^{\lambda x}$ 求特解时，通常也用待定系数法. 它的理论依据之一就是 U_n 对导函数及原函数的封闭性.

例 9　已知 $f''(x)$ 连续，$f'(x) \neq 0$，求 $\int \left\{ \dfrac{f(x)}{f'(x)} - \dfrac{f^2(x) f''(x)}{[f'(x)]^3} \right\} \mathrm{d}x$.

解　对被积函数的第二项分部积分，得

$$
\begin{aligned}
\int \frac{f^2(x) f''(x)}{[f'(x)]^3} \mathrm{d}x &= \int \frac{f^2(x)}{[f'(x)]^3} \mathrm{d}f'(x) \\
&= -\frac{1}{2} \int f^2(x) \mathrm{d} \frac{1}{[f'(x)]^2} \\
&= -\frac{f^2(x)}{2[f'(x)]^2} + \int \frac{1}{2[f'(x)]^2} \mathrm{d}f^2(x) \\
&= -\frac{f^2(x)}{2[f'(x)]^2} + \int \frac{f(x)}{f'(x)} \mathrm{d}x,
\end{aligned}
$$

于是

$$
\text{原式} = \int \frac{f(x)}{f'(x)} \mathrm{d}x + \frac{f^2(x)}{2[f'(x)]^2} - \int \frac{f(x)}{f'(x)} \mathrm{d}x = \frac{f^2(x)}{2(f'(x))^2} + C.
$$

例 10　计算积分 $\displaystyle\int_0^{+\infty} \frac{\mathrm{d}x}{(1+x^2)(1+x^\alpha)}$，$\alpha$ 是实数.

解　由于

$$
\begin{aligned}
\int_0^{+\infty} \frac{\mathrm{d}x}{(1+x^2)(1+x^\alpha)} &= \int_0^1 \frac{\mathrm{d}x}{(1+x^2)(1+x^\alpha)} + \int_1^{+\infty} \frac{\mathrm{d}x}{(1+x^2)(1+x^\alpha)} \\
&= I_1 + I_2.
\end{aligned}
$$

对第一个积分式作代换 $x = \dfrac{1}{t}$，则

$$
I_1 = \int_1^{+\infty} \frac{\mathrm{d}t}{(1+t^2)(1+t^{-\alpha})} = \int_1^{+\infty} \frac{t^\alpha \mathrm{d}t}{(1+t^2)(1+t^\alpha)},
$$

$$
I_1 + I_2 = \int_1^{+\infty} \left(\frac{1}{1+x^\alpha} + \frac{x^\alpha}{1+x^\alpha} \right) \frac{\mathrm{d}x}{1+x^2} = \int_1^{+\infty} \frac{\mathrm{d}x}{1+x^2} = \frac{\pi}{4}.
$$

例 11　求 $\displaystyle\int_0^{n\pi} x |\sin x| \mathrm{d}x$，其中 n 为正整数.

解　$\displaystyle\int_0^{n\pi} x |\sin x| \mathrm{d}x = \sum_{i=1}^n \int_{(i-1)\pi}^{i\pi} x |\sin x| \mathrm{d}x$，令 $t = x - (i-1)\pi$，

$$
\begin{aligned}
\text{原式} &= \sum_{i=1}^n \int_0^\pi [t + (i-1)\pi] \sin t \, \mathrm{d}t \\
&= \sum_{i=1}^n \left[\int_0^\pi t \sin t \, \mathrm{d}t + (i-1)\pi \int_0^\pi \sin t \, \mathrm{d}t \right], \\
&\int_0^\pi t \sin t \, \mathrm{d}t = \pi, \quad \int_0^\pi \sin t \, \mathrm{d}t = 2, \\
\text{原式} &= \sum_{i=1}^n [\pi + 2(i-1)\pi] = n^2 \pi.
\end{aligned}
$$

例 12　设函数 $f(x)$ 在 $[0,a]$ $(a>0)$ 上有连续的导数，$f(0)=0$，证明：至少存在一点 $\xi \in (0,a)$，使得 $f'(\xi) = \dfrac{2}{a^2} \displaystyle\int_0^a f(x) \mathrm{d}x$.

证明　令 $F(x) = \displaystyle\int_0^x f(t) \mathrm{d}t$，则 $F(0)=0$，$F'(0)=f(0)=0$，$F(x)$ 在 $[0,a]$ 上二阶连续可

导，所以当 $x \in [0,a]$ 时，

$$F(x) = F(0) + F'(0)x + \frac{1}{2}F''(\eta)x^2, \quad \eta \in (0,x).$$

特别地，$F(a) = F(0) + F'(0)a + \frac{1}{2}F''(\xi)a^2 = f'(\xi)\frac{a^2}{2}, \xi \in (0,a)$. 于是至少存在一点 $\xi \in (0,a)$，使得 $f'(\xi) = \frac{2}{a^2}\int_0^a f(x)\mathrm{d}x$.

例 13 设函数 $f(x)$ 连续，$g(x) = \int_0^1 f(xt)\mathrm{d}t$，且 $\lim\limits_{x\to 0}\dfrac{f(x)}{x} = A$，$A$ 为常数，求 $g'(x)$，并讨论 $g'(x)$ 在 $x=0$ 处的连续性.

解 由 $\lim\limits_{x\to\infty}\dfrac{f(x)}{x} = A$ 和函数 $f(x)$ 连续知，$f(0) = \lim\limits_{x\to 0}x \cdot \lim\limits_{x\to 0}\dfrac{f(x)}{x} = 0$，因 $g(x) = \int_0^1 f(xt)\mathrm{d}t$，故 $g(0) = \int_0^1 f(0)\mathrm{d}t = f(0) = 0$，因此，当 $x \neq 0$ 时，$g(x) = \frac{1}{x}\int_0^x f(u)\mathrm{d}u$，故

$$\lim_{x\to 0}g(x) = \lim_{x\to 0}\frac{\int_0^x f(u)\mathrm{d}u}{x} = \lim_{x\to 0}\frac{f(x)}{1} = f(0) = 0,$$

当 $x \neq 0$ 时，$g'(x) = -\frac{1}{x^2}\int_0^x f(u)\mathrm{d}u + \frac{f(x)}{x}$，

$$g'(0) = \lim_{x\to 0}\frac{g(x) - g(0)}{x} = \lim_{x\to 0}\frac{\frac{1}{x}\int_0^x f(t)\mathrm{d}t}{x} = \lim_{x\to 0}\frac{\int_0^x f(t)\mathrm{d}t}{x^2} = \lim_{x\to 0}\frac{f(x)}{2x} = \frac{A}{2},$$

$$\lim_{x\to 0}g'(x) = \lim_{x\to 0}\left[-\frac{1}{x^2}\int_0^x f(u)\mathrm{d}u + \frac{f(x)}{x}\right] = \lim_{x\to 0}\frac{f(x)}{x} - \lim_{x\to 0}\frac{\int_0^x f(u)\mathrm{d}u}{x^2} = \frac{A}{2},$$

这表明 $g'(x)$ 在 $x=0$ 处连续.

例 14 设函数 $f(x)$ 在 $[a,b]$ 上不恒为零，其导数连续且 $f(a)=0$，证明：存在 $\xi \in (a,b)$，使得 $|f'(\xi)| > \frac{1}{(b-a)^2}\int_a^b f(x)\mathrm{d}x$.

证明 当 $\int_a^b f(x)\mathrm{d}x < 0$ 时，对于任意 $x \in (a,b)$，都有 $|f'(\xi)| > \frac{1}{(b-a)^2}\int_a^b f(x)\mathrm{d}x$，，此时可取 ξ 为 (a,b) 内的任一点.

当 $\int_a^b f(x)\mathrm{d}x = 0$ 时，必有 $x_0 \in (a,b)$，使得 $f'(x_0) \neq 0$ (实际上如果 $f'(x) \equiv 0$，$x \in (a,b)$，则 $f(x) \equiv C$，$x \in [a,b]$，与题设矛盾)，于是此时可取 $\xi = x_0$.

当 $\int_a^b f(x)\mathrm{d}x > 0$ 时，由

$$\frac{1}{b-a}\int_a^b f(x)\mathrm{d}x = f(\eta) = f(\eta) - f(a)$$
$$= f'(\xi_1)(\eta - a), \quad \eta \in (a,b), \quad \xi_1 \in (a,\eta),$$

可知

$$f'(\xi_1) = \frac{1}{(\eta-a)(b-a)}\int_a^b f(x)\mathrm{d}x > \frac{1}{(b-a)^2}\int_a^b f(x)\mathrm{d}x,$$

此时可取 $\xi = \xi_1$，证毕.

例 15　设函数 $f(x)$ 在 $[0,1]$ 上连续可导，$f(1)-f(0)=1$，求证：$\int_0^1 [f'(x)]^2 \mathrm{d}x \geqslant 1$.

证明　方法一：应用柯西-施瓦兹不等式，有

$$\left[\int_0^1 1 \cdot f'(x)\mathrm{d}x\right]^2 \leqslant \int_0^1 1^2 \mathrm{d}x \cdot \int_0^1 [f'(x)]^2 \mathrm{d}x.$$

由于 $\left[\int_0^1 f'(x)\mathrm{d}x\right]^2 = [f(1)-f(0)]^2 = 1$，于是 $\int_0^1 [f'(x)]^2 \mathrm{d}x \geqslant 1$.

方法二：令

$$F(x) = x\int_0^x [f'(t)]^2 \mathrm{d}t - \left[\int_0^x f'(t)\mathrm{d}t\right]^2, \quad 0 \leqslant x \leqslant 1.$$

则 $F(0)=0$，由于

$$\begin{aligned}
F'(x) &= \int_0^x [f'(t)]^2 \mathrm{d}t + x[f'(x)]^2 - 2f'(x)\int_0^x f'(t)\mathrm{d}t \\
&= \int_0^x [f'(t)]^2 \mathrm{d}t + \int_0^x [f'(x)]^2 \mathrm{d}t - 2f'(x)\int_0^x f'(t)\mathrm{d}t \\
&= \int_0^x [f'(t)-f'(x)]^2 \mathrm{d}t \geqslant 0,
\end{aligned}$$

所以 $F(x)$ 单调增加，于是 $F(1) \geqslant F(0)=0$，即

$$\begin{aligned}
\int_0^1 [f'(t)]^2 \mathrm{d}t - \left[\int_0^1 f'(t)\mathrm{d}t\right]^2 &= \int_0^1 [f'(t)]^2 \mathrm{d}t - [f(1)-f(0)]^2 \\
&= \int_0^1 [f'(t)]^2 \mathrm{d}t - 1 \geqslant 0,
\end{aligned}$$

即证 $\int_0^1 [f'(x)]^2 \mathrm{d}x \geqslant 1$.

例 16　设函数 $f(x)$ 在 $[0,1]$ 上有二阶连续的导数，求证：

(1) 对任意 $\xi \in \left(0,\dfrac{1}{4}\right), \eta \in \left(\dfrac{3}{4},1\right)$ 有

$$|f'(x)| < 2|f(\xi)-f(\eta)| + \int_0^1 |f''(x)| \, \mathrm{d}x, \quad x \in [0,1].$$

(2) 当 $f(0)=f(1)=0, f(x) \neq 0 (x \in (0,1))$ 时，有 $\int_0^1 \left|\dfrac{f''(x)}{f(x)}\right| \mathrm{d}x \geqslant 4$.

证明　(1) $f(x)$ 在 $[\xi, \eta]$ 上满足拉格朗日中值定理条件，所以存在 $\theta \in (\xi, \eta)$，使得 $f(\xi)-f(\eta)=f'(\theta)(\xi-\eta)$，由此得到

$$|f(\xi)-f(\eta)| = |f'(\theta)||\xi-\eta| > \frac{1}{2}|f'(\theta)|,$$

于是，对于 $x \in [0,1]$ 有

$$\begin{aligned}
&|f'(x)| - 2|f(\xi)-f(\eta)| \\
&< |f'(x)| - |f'(\theta)| \\
&\leqslant |f'(x)-f'(\theta)| \\
&\leqslant \left|\int_\theta^x f''(t)\mathrm{d}t\right| \leqslant \int_0^1 |f''(t)| \, \mathrm{d}t,
\end{aligned}$$

即 $|f'(x)| < 2|f(\xi)-f(\eta)| + \int_0^1 |f''(x)| \, \mathrm{d}x, x \in [0,1]$.

(2) 由 $f(x)$ 在 $[0,1]$ 上连续知 $|f(x)|$ 也在 $[0,1]$ 上连续，所以存在 $x_0 \in [0,1]$ 使得 $|f(x_0)| = \max\limits_{0 \leqslant x \leqslant 1}|f(x)|$，由于 $f(0)=f(1)=0, f(x) \neq 0 (x \in (0,1))$，所以 $x_0 \in (0,1)$，且 $|f(x_0)| > 0$.

$f(x)$在$[0,x_0]$和$[x_0,1]$上满足拉格朗日中值定理条件,所以存在$\xi_1\in(0,x_0),\xi_2\in(x_0,1)$,使得
$$f(x_0)-f(0)=f'(\xi_1)x_0,$$
$$f(1)-f(x_0)=f'(\xi_2)(1-x_0),$$
于是
$$\int_0^1\left|\frac{f''(x)}{f(x)}\right|\mathrm{d}x\geqslant\left|\frac{1}{f(x_0)}\right|\int_0^1|f''(x)|\,\mathrm{d}x$$
$$\geqslant\left|\frac{1}{f(x_0)}\right|\left|\int_{\xi_1}^{\xi_2}f''(x)\mathrm{d}x\right|$$
$$=\left|\frac{1}{f(x_0)}\right||f'(\xi_2)-f'(\xi_1)|$$
$$=\left|\frac{1}{f(x_0)}\right|\left|-\frac{f(x_0)}{1-x_0}-\frac{f(x_0)}{x_0}\right|$$
$$=\frac{1}{1-x_0}+\frac{1}{x_0}=\frac{1}{x_0(1-x_0)}\geqslant4.$$

例 17 设函数$f(x)$在$[a,b]$上连续,$\int_a^b f(x)\mathrm{d}x=\int_a^b f(x)\mathrm{e}^x\mathrm{d}x=0$,求证:$f(x)$在$(a,b)$内至少有两个零点.

证明 方法一:令$F(x)=\int_a^x f(t)\mathrm{d}t(a\leqslant x\leqslant b)$,则$F(a)=F(b)=0$,且$F'(x)=f(x)$. 应用分部积分和积分中值定理,有
$$\int_a^b f(x)\mathrm{e}^x\mathrm{d}x=\int_a^b\mathrm{e}^x\mathrm{d}F(x)=\mathrm{e}^xF(x)\Big|_a^b-\int_a^b F(x)\mathrm{e}^x\mathrm{d}x=0-F(c)\mathrm{e}^c(b-a),$$
这里$c\in(a,b)$,于是$F(c)=0$.分别在$[a,c]$与$[c,b]$上应用罗尔定理,$\exists\xi_1\in(a,c),\xi_2\in(c,b)$,使得$F'(\xi_1)=F'(\xi_2)=0$,即$f(\xi_1)=f(\xi_2)=0$,于是$f(x)$在$(a,b)$内有两个零点.

方法二:由积分中值定理,有$\int_a^b f(t)\mathrm{d}t=f(\xi_1)(b-a),a<\xi_1<b$,得$f(\xi_1)=0$.若$f(x)$在$(a,b)$内仅有一个零点$\xi_1$,不妨设$a<x<\xi_1$时,$f(x)>0$;$\xi_1<x<b$时,$f(x)<0$.由条件得
$$\int_a^b f(x)(\mathrm{e}^{\xi_1}-\mathrm{e}^x)\mathrm{d}x=0,$$
又由于
$$\int_a^b f(x)(\mathrm{e}^{\xi_1}-\mathrm{e}^x)\mathrm{d}x=\int_a^{\xi_1}f(x)(\mathrm{e}^{\xi_1}-\mathrm{e}^x)\mathrm{d}x+\int_{\xi_1}^b f(x)(\mathrm{e}^{\xi_1}-\mathrm{e}^x)\mathrm{d}x>0,$$
从而矛盾,因此$f(x)$在(a,b)内至少有两个零点.

例 18 设函数$f(x)$二阶可导,$f''(x)>0$,$g(x)$为连续函数,$a>0$,求证:
$$\frac{1}{a}\int_0^a f(g(x))\mathrm{d}x\geqslant f\left(\frac{1}{a}\int_0^a g(x)\mathrm{d}x\right).$$

证明 $f(x)$在$x=x_0$处的一阶泰勒展开式为
$$f(x)=f(x_0)+f'(x_0)(x-x_0)+\frac{1}{2}f''(\xi)(x-x_0)^2$$
$$\geqslant f(x_0)+f'(x_0)(x-x_0),$$
这里ξ介于x与x_0之间,令$x=g(t)$,$x_0=\frac{1}{a}\int_0^a g(x)\mathrm{d}x$,则

$$f(g(t)) \geqslant f\left(\frac{1}{a}\int_0^a g(x)\mathrm{d}x\right) + f'\left(\frac{1}{a}\int_0^a g(x)\mathrm{d}x\right)\left(g(t) - \frac{1}{a}\int_0^a g(x)\mathrm{d}x\right),$$

应用定积分的保向性，两边从 0 到 a 积分得

$$\int_0^a f(g(t))\mathrm{d}t \geqslant af\left(\frac{1}{a}\int_0^a g(x)\mathrm{d}x\right) + f'\left(\frac{1}{a}\int_0^a g(x)\mathrm{d}x\right)\left(\int_0^a g(t)\mathrm{d}t - \int_0^a g(x)\mathrm{d}x\right)$$

$$= af\left(\frac{1}{a}\int_0^a g(x)\mathrm{d}x\right)$$

$$\Leftrightarrow \frac{1}{a}\int_0^a f(g(t))\mathrm{d}t \geqslant f\left(\frac{1}{a}\int_0^a g(x)\mathrm{d}x\right).$$

例 19　设函数 $f(x)$ 在 $[a,b]$ 上具有二阶导数，且 $f'(a) = f'(b) = 0$，证明：$\exists \xi \in (a,b)$，使得 $\int_a^b f(x)\mathrm{d}x = (b-a)\dfrac{f(a)+f(b)}{2} + \dfrac{1}{6}(b-a)^3 f''(\xi)$.

证明　因 $F(x) = \int_a^x f(t)\mathrm{d}t$，则 $F'(x) = f(x)$，$F''(x) = f'(x)$，$F'''(x) = f''(x)$，且 $F(a) = 0$，$F''(a) = F''(b) = 0$. 函数 $F(x)$ 在 $x = a$ 处的二阶泰勒展开式为

$$F(x) = F(a) + F'(a)(x-a) + \frac{1}{2!}F''(a)(x-a)^2 + \frac{1}{3!}F'''(\xi_1)(x-a)^3$$

$$= f(a)(x-a) + \frac{1}{6}f''(\xi_1)(x-a)^3,$$

这里 ξ_1 介于 a 与 x 之间，令 $x = b$ 得

$$\int_a^b f(x)\mathrm{d}x = f(a)(b-a) + \frac{1}{6}(b-a)^3 f''(\xi_2), \tag{3.1}$$

这里 $a \leqslant \xi_2 \leqslant b$，函数 $F(x)$ 在 $x = b$ 处的二阶泰勒展开式为

$$F(x) = F(b) + F'(b)(x-b) + \frac{1}{2!}F''(b)(x-b)^2 + \frac{1}{3!}F'''(\eta_1)(x-b)^3$$

$$= \int_a^b f(x)\mathrm{d}x + f(b)(x-b) + \frac{1}{6}f''(\eta_1)(x-b)^3,$$

这里 η_1 介于 b 与 x 之间，令 $x = a$ 得

$$0 = \int_a^b f(x)\mathrm{d}x - f(b)(b-a) - \frac{1}{6}(b-a)^3 f''(\eta_2), \tag{3.2}$$

这里 $a \leqslant \eta_2 \leqslant b$. 由式(3.1)和式(3.2)得

$$\int_a^b f(x)\mathrm{d}x = \frac{1}{2}[f(a)+f(b)](b-a) + \frac{1}{12}[f''(\xi_2)+f''(\eta_2)](b-a)^3.$$

若 $f''(\xi_2) = f''(\eta_2)$，则 $\xi = \xi_2$ 或 $\xi = \eta_2$，代入上式即得原式；若 $f''(\xi_2) \neq f''(\eta_2)$，由于 $f''(x)$ 在 $[a,b]$ 上连续，由最值定理，$f''(x)$ 在 $[a,b]$ 上有最大值 M 与最小值 m，则

$$m \leqslant \frac{1}{2}[f''(\xi_2)+f''(\eta_2)] \leqslant M,$$

再应用介值定理，$\exists \xi \in (a,b)$，使得 $f''(\xi) = \dfrac{1}{2}[f''(\xi_2)+f''(\eta_2)]$，于是有

$$\int_a^b f(x)\mathrm{d}x = (b-a)\frac{f(a)+f(b)}{2} + \frac{1}{6}(b-a)^3 f''(\xi).$$

例 20（2009 年国家预赛）　设抛物线 $y = ax^2 + bx + 2\ln c$ 过原点，当 $0 \leqslant x \leqslant 1$ 时，$y \geqslant 0$，又已知该抛物线与 x 轴及直线 $x = 1$ 所围图形的面积为 $\dfrac{1}{3}$，试确定 a,b,c，使此图形绕 x 轴旋转

一周而成的旋转体的体积最小.

解 因抛物线过原点,故 $c=1$,于是

$$\frac{1}{3} = \int_0^1 (ax^2 + bx)\,\mathrm{d}x = \frac{a}{3} + \frac{b}{2},$$

即 $b = \frac{2}{3}(1-a)$. 而此图形绕 x 轴旋转一周而成的旋转体的体积为

$$V(a) = \pi \int_0^1 (ax^2 + bx)^2\,\mathrm{d}x = \pi \int_0^1 \left[ax^2 + \frac{2}{3}(1-a)x \right]^2 \mathrm{d}x$$

$$= \frac{1}{5}\pi a^2 + \frac{1}{3}\pi a(1-a) + \frac{4}{27}\pi(1-a)^2,$$

令

$$V'(a) = \frac{2}{5}\pi a + \frac{1}{3}\pi(1-2a) - \frac{8}{27}\pi(1-a) = 0,$$

得 $4a + 5 = 0$,而

$$V''(a) = \frac{2}{5}\pi - \frac{2}{3}\pi + \frac{8}{27}\pi > 0,$$

因此当 $a = -\frac{5}{4}$,$b = \frac{3}{2}$,$c = 1$ 时体积最小.

例 21(2011 年国家预赛) 在平面上,有一条从点 $(a,0)$ 向右的射线,线密度为 ρ,在点 $(0,h)$ 处(其中 $h>0$)有一质量为 m 的质点,求射线对该点的引力.

解 在 x 轴的 x 处取一小段 $\mathrm{d}x$,其质量是 $\rho\mathrm{d}x$,到质点的距离为 $\sqrt{h^2 + x^2}$,这一小段与质点的引力是 $\mathrm{d}F = \frac{Gm\rho\mathrm{d}x}{h^2 + x^2}$(其中 G 为引力常数),这个引力在水平方向的分量为 $\mathrm{d}F_x = \frac{Gm\rho x \mathrm{d}x}{(h^2 + x^2)^{\frac{3}{2}}}$,从而

$$F_x = \int_a^{+\infty} \frac{Gm\rho x\,\mathrm{d}x}{(h^2 + x^2)^{\frac{3}{2}}} = \frac{Gm\rho}{2} \int_a^{+\infty} \frac{\mathrm{d}(x^2 + h^2)}{(h^2 + x^2)^{\frac{3}{2}}} = \frac{Gm\rho}{\sqrt{h^2 + a^2}},$$

这个引力在垂直方向的分量为 $\mathrm{d}F_y = \frac{Gm\rho h \mathrm{d}x}{(h^2 + x^2)^{\frac{3}{2}}}$,故

$$F_y = \int_a^{+\infty} \frac{Gm\rho h\,\mathrm{d}x}{(h^2 + x^2)^{\frac{3}{2}}} = \frac{Gm\rho}{h} \int_{\arctan\frac{a}{h}}^{\frac{\pi}{2}} \cos t\,\mathrm{d}t = \frac{Gm\rho}{h}\left[1 - \sin\left(\arctan\frac{a}{h}\right) \right],$$

所求引力向量为 (F_x, F_y).

例 22(2013 年国家预赛) 证明:广义积分 $\int_0^{+\infty} \frac{\sin x}{x}\mathrm{d}x$ 不是绝对收敛的.

证明 记 $a_n = \int_{n\pi}^{(n+1)\pi} \frac{|\sin x|}{x}\mathrm{d}x$,只要证明 $\sum\limits_{n=0}^{\infty} a_n$ 发散即可,因为

$$a_n \geqslant \frac{1}{(n+1)\pi} \int_{n\pi}^{(n+1)\pi} |\sin x|\,\mathrm{d}x = \frac{1}{(n+1)\pi} \int_0^{\pi} \sin x\,\mathrm{d}x = \frac{2}{(n+1)\pi},$$

而 $\sum\limits_{n=0}^{\infty} \frac{2}{(n+1)\pi}$ 发散,故由比较判别法可得 $\sum\limits_{n=0}^{\infty} a_n$ 发散,所以广义积分 $\int_0^{+\infty} \frac{\sin x}{x}\mathrm{d}x$ 不是绝对收敛的.

例 23(2010 年国家决赛) 设函数 $f(x)$ 在 $[0,+\infty)$ 上连续,无穷积分 $\int_0^{+\infty} f(x)\mathrm{d}x$ 收敛,

求 $\lim\limits_{y\to+\infty}\dfrac{1}{y}\displaystyle\int_0^y xf(x)\mathrm{d}x.$

解　设 $l=\displaystyle\int_0^{+\infty}f(x)\mathrm{d}x$，并令 $F(x)=\displaystyle\int_0^x f(t)\mathrm{d}t$，此时 $F'(x)=f(x)$，且 $\lim\limits_{x\to+\infty}F(x)=l$，对任意的 $y>0$，

$$\frac{1}{y}\int_0^y xf(x)\mathrm{d}x=\frac{1}{y}\int_0^y x\mathrm{d}F(x)$$

$$=\frac{1}{y}xF(x)\Big|_{x=0}^{x=y}-\frac{1}{y}\int_0^y F(x)\mathrm{d}x$$

$$=F(y)-\frac{1}{y}\int_0^y F(x)\mathrm{d}x,$$

$$\lim_{y\to+\infty}\frac{1}{y}\int_0^y xf(x)\mathrm{d}x=\lim_{y\to+\infty}\left[F(y)-\frac{1}{y}\int_0^y F(x)\mathrm{d}x\right]$$

$$=l-\lim_{y\to+\infty}\frac{1}{y}\int_0^y F(x)\mathrm{d}x$$

$$=l-\lim_{y\to+\infty}F(y)=l-l=0.$$

例 24　计算 $\displaystyle\iint\limits_{D}\dfrac{(x+y)\ln\left(1+\dfrac{y}{x}\right)}{\sqrt{1-x-y}}\mathrm{d}x\mathrm{d}y$，其中区域 D 是由直线 $x+y=1$ 与两坐标轴所围成的三角形区域.

解　方法一：令 $x+y=u,\dfrac{y}{x}=v$，则 $x=\dfrac{u}{1+v},y=\dfrac{uv}{1+v}$，$D'$：$0\leqslant u\leqslant1,v\geqslant0$，且

$$J=\frac{\partial(x,y)}{\partial(u,v)}=\frac{u}{(1+v)^2},$$

于是有

$$\iint\limits_{D}\frac{(x+y)\ln\left(1+\dfrac{y}{x}\right)}{\sqrt{1-x-y}}\mathrm{d}x\mathrm{d}y=\int_0^1\mathrm{d}u\int_0^{+\infty}\frac{u\ln(1+v)}{\sqrt{1-u}}\frac{u}{(1+v)^2}\mathrm{d}v$$

$$=\int_0^1\frac{u^2}{\sqrt{1-u}}\mathrm{d}u\int_0^{+\infty}\frac{\ln(1+v)}{(1+v)^2}\mathrm{d}v=\frac{16}{15}.$$

方法二：令 $x+y=u,x=v$，则 $x=v,y=u-v$，D'：$0\leqslant u\leqslant1,0\leqslant v\leqslant u$，且

$$J=\frac{\partial(x,y)}{\partial(u,v)}=-1,$$

于是有

$$\iint\limits_{D}\frac{(x+y)\ln\left(1+\dfrac{y}{x}\right)}{\sqrt{1-x-y}}\mathrm{d}x\mathrm{d}y=\int_0^1\mathrm{d}u\int_0^u\frac{u}{\sqrt{1-u}}\ln\frac{u}{v}\mathrm{d}v$$

$$=\int_0^1\frac{u^2}{\sqrt{1-u}}\mathrm{d}u=\frac{16}{15}.$$

例 25　设 $f(x,y)$ 在 $x^2+y^2\leqslant1$ 内有连续偏导数且边界取值为 0，求

$$\lim_{\varepsilon\to0^+}\frac{1}{2\pi}\iint\limits_{\varepsilon^2\leqslant x^2+y^2\leqslant1}\frac{xf'_x+yf'_y}{x^2+y^2}\mathrm{d}\sigma.$$

解 设 $D: \varepsilon^2 \leqslant x^2 + y^2 \leqslant 1$, 则

$$\iint_D \frac{xf'_x + yf'_y}{x^2 + y^2} d\sigma = \int_0^{2\pi} d\theta \int_\varepsilon^1 \frac{r\cos\theta f'_x + r\sin\theta f'_y}{r^2} r dr$$

$$= \int_0^{2\pi} d\theta \int_\varepsilon^1 [\cos\theta f'_x + \sin\theta f'_y] dr$$

$$= \int_0^{2\pi} f(r\cos\theta, r\sin\theta) \Big|_\varepsilon^1 d\theta$$

$$= -\int_0^{2\pi} f(\varepsilon\cos\theta, \varepsilon\sin\theta) d\theta$$

$$= -2\pi f(\varepsilon\cos\theta^*, \varepsilon\sin\theta^*), \quad \theta^* \in (0, 2\pi),$$

故原式 $= \lim\limits_{\varepsilon \to 0^+} \frac{1}{2\pi} [-2\pi f(\varepsilon\cos\theta^*, \varepsilon\sin\theta^*)] = -f(0,0)$.

例 26 计算 $I = \iint_D e^{\frac{y}{x+y}} dxdy$, 其中 D 是由 $x=0, y=0$, 以及 $x+y=1$ 所围成的平面区域.

解 直线 $x+y=1$ 的极坐标表示为 $\rho = \dfrac{1}{\sin\theta + \cos\theta}$, $x=0$ 的极坐标表示为 $\theta = \dfrac{\pi}{2}$, $y=0$ 的

极坐标表示为 $\theta = 0$, $D: \left\{ (\rho, \theta) \Big| 0 \leqslant \theta \leqslant \dfrac{\pi}{2}, 0 \leqslant \rho \leqslant \dfrac{1}{\sin\theta + \cos\theta} \right\}$, 所以

$$I = \int_0^{\frac{\pi}{2}} d\theta \int_0^{\frac{1}{\sin\theta + \cos\theta}} e^{\frac{\sin\theta}{\sin\theta + \cos\theta}} \rho d\rho = \int_0^{\frac{\pi}{2}} e^{\frac{\sin\theta}{\sin\theta + \cos\theta}} \cdot \frac{1}{2} \rho^2 \Big|_0^{\frac{1}{\sin\theta + \cos\theta}} d\theta$$

$$= \frac{1}{2} \int_0^{\frac{\pi}{2}} e^{\frac{\sin\theta}{\sin\theta + \cos\theta}} \frac{d\theta}{(\sin\theta + \cos\theta)^2} = \frac{1}{2} \int_0^{\frac{\pi}{2}} e^{\frac{\sin\theta}{\sin\theta + \cos\theta}} d\left(\frac{\sin\theta}{\sin\theta + \cos\theta} \right)$$

$$= \frac{1}{2}(e-1).$$

例 27 设 $\int_0^2 \sin(x^2) dx = a$, 求 $\iint_D \sin(x-y)^2 dxdy$ 的值, 其中 D 为平面区域 $\left\{ (x,y) \Big| |x| \leqslant 1, |y| \leqslant 1 \right\}$.

解 令 $u = x-y, v = x+y$, 则 $dxdy = \dfrac{1}{2} dudv$, $D': \left\{ (u,v) \Big| |u+v| \leqslant 2, |u-v| \leqslant 2 \right\}$.

$$\iint_D \sin(x-y)^2 dxdy = \frac{1}{2} \iint_D \sin u^2 dudv$$

$$= \frac{1}{2} \times 4 \int_0^2 \sin u^2 du \cdot \int_0^{2-u} dv$$

$$= \int_0^2 (4-2u) \sin u^2 du$$

$$= 4a - \int_0^2 \sin u^2 du^2$$

$$= 4a + \cos 4 - 1.$$

例 28 设 $f(x,y)$ 是定义在区域 $0 \leqslant x \leqslant 1, 0 \leqslant y \leqslant 1$ 上的二元函数, $f(0,0)=0$, 且在点 $(0,0)$ 处 $f(x,y)$ 可微, 求极限

$$\lim_{x \to 0^+} \frac{\int_0^{x^2} dt \int_x^{\sqrt{t}} f(t,u) du}{1 - e^{-\frac{x^4}{4}}}.$$

解　交换积分次序,有

$$\int_0^{x^2}\mathrm{d}t\int_x^{\sqrt{t}}f(t,u)\,\mathrm{d}u=-\int_0^x\left[\int_0^{u^2}f(t,u)\,\mathrm{d}t\right]\mathrm{d}u.$$

应用洛必达法则与积分中值定理,有

$$原式=\lim_{x\to0^+}\frac{-\int_0^x\left[\int_0^{u^2}f(t,u)\,\mathrm{d}t\right]\mathrm{d}u}{\dfrac{x^4}{4}}=\lim_{x\to0^+}\frac{-\int_0^{x^2}f(t,x)\,\mathrm{d}t}{x^3}$$

$$=\lim_{x\to0^+}\frac{-f(\xi(x),x)\cdot x^2}{x^3}=-\lim_{x\to0^+}\frac{f(\xi(x),x)}{x}\quad(0<\xi(x)<x^2),$$

由于 $f(x,y)$ 在 $(0,0)$ 处可微, $f(0,0)=0$, 及 $\xi(x)=o(x)$, 所以

$$f(\xi(x),x)=f(0,0)+f_x'(0,0)\xi(x)+f_y'(0,0)x+o(\sqrt{\xi^2(x)+x^2})$$
$$=f_y'(0,0)x+o(x),$$

因此,原式 $=-\lim\limits_{x\to0^+}\dfrac{f_y'(0,0)x+o(x)}{x}=-f_y'(0,0).$

例 29　设二元函数 $f(x,y)$ 在区域 $D=\{0\leqslant x\leqslant1,0\leqslant y\leqslant1\}$ 上具有连续的四阶偏导数, $f(x,y)$ 在 D 的边界上恒为 0, 且 $\left|\dfrac{\partial^4 f}{\partial x^2\partial y^2}\right|\leqslant3$, 试证明: $\left|\iint\limits_D f(x,y)\,\mathrm{d}x\mathrm{d}y\right|\leqslant\dfrac{1}{48}.$

$\left(提示:考虑二重积分\iint\limits_D xy(1-x)(1-y)\dfrac{\partial^4 f}{\partial x^2\partial y^2}\mathrm{d}\sigma\right)$

解　运用分部积分法,考察二重积分,有

$$\iint\limits_D xy(1-x)(1-y)\frac{\partial^4 f}{\partial x^2\partial y^2}\mathrm{d}x\mathrm{d}y$$

$$=\int_0^1 x(1-x)\mathrm{d}x\int_0^1 y(1-y)\frac{\partial^4 f}{\partial x^2\partial y^2}\mathrm{d}y$$

$$=\int_0^1 x(1-x)\left[y(1-y)\frac{\partial^3 f}{\partial x^2\partial y}\Big|_0^1+\int_0^1(2y-1)\frac{\partial^3 f}{\partial x^2\partial y}\mathrm{d}y\right]\mathrm{d}x$$

$$=\int_0^1 x(1-x)\mathrm{d}x\int_0^1(2y-1)\frac{\partial^3 f}{\partial x^2\partial y}\mathrm{d}y$$

$$=\int_0^1 x(1-x)\left[(2y-1)\frac{\partial^2 f}{\partial x^2}\Big|_0^1-2\int_0^1\frac{\partial^2 f}{\partial x^2}\mathrm{d}y\right]\mathrm{d}x$$

$$=\int_0^1 x(1-x)\left[\frac{\partial^2 f(x,1)}{\partial x^2}+\frac{\partial^2 f(x,0)}{\partial x^2}\right]\mathrm{d}x-2\int_0^1\left[\int_0^1 x(1-x)\frac{\partial^2 f}{\partial x^2}\mathrm{d}x\right]\mathrm{d}y$$

$$=x(1-x)[f_x'(x,1)+f_x'(x,0)]\Big|_0^1+\int_0^1(2x-1)[f_x'(x,1)+f_x'(x,0)]\mathrm{d}x-$$
$$2\int_0^1\left[x(1-x)f_x'(x,y)\Big|_0^1+\int_0^1(2x-1)f_x'(x,y)\mathrm{d}x\right]\mathrm{d}y$$

$$=0+(2x-1)[f(x,1)+f(x,0)]\Big|_0^1-2\int_0^1[f(x,1)+f(x,0)]\mathrm{d}x-$$
$$2\int_0^1\left[(2x-1)f(x,y)\Big|_0^1-2\int_0^1 f(x,y)\mathrm{d}x\right]\mathrm{d}y=4\iint\limits_D f(x,y)\,\mathrm{d}\sigma,$$

因此

$$\left|\iint\limits_{D}f(x,y)\mathrm{d}\sigma\right|=\frac{1}{4}\left|\iint\limits_{D}xy(1-x)(1-y)\frac{\partial^4 f}{\partial x^2\partial y^2}\mathrm{d}\sigma\right|$$

$$\leqslant\frac{3}{4}\left|\iint\limits_{D}xy(1-x)(1-y)\mathrm{d}\sigma\right|=\frac{1}{48}.$$

例 30 证明：$\dfrac{3}{2}\pi<\iiint\limits_{x^2+y^2+z^2\leqslant1}\sqrt[3]{x+2y-2z+5}\mathrm{d}x\mathrm{d}y\mathrm{d}z<3\pi.$

解 首先求 $f=x+2y-2z+5$ 在 $x^2+y^2+z^2\leqslant1$ 上的最大值与最小值. 在 $x^2+y^2+z^2<1$ 内部,由于 $f'_x=1\neq0,f'_y=2\neq0,f'_z=-2\neq0$,所以 f 在 $x^2+y^2+z^2<1$ 内无驻点. 在 $x^2+y^2+z^2=1$ 上,应用拉格朗日乘数法,令

$$F=x+2y-2z+5+\lambda(x^2+y^2+z^2-1),$$

由

$$\begin{cases}F'_x=1+2\lambda x=0,\\F'_y=2+2\lambda y=0,\\F'_z=-2+2\lambda z=0,\\F'_\lambda=x^2+y^2+z^2-1=0,\end{cases}$$

解得可疑极值点 $P_1\left(\dfrac{1}{3},\dfrac{2}{3},-\dfrac{2}{3}\right),P_2\left(-\dfrac{1}{3},-\dfrac{2}{3},\dfrac{2}{3}\right)$. 由于连续函数 f 在有界闭集 $x^2+y^2+z^2=1$ 有最大值和最小值,所以 $f(P_1)=8,f(P_2)=2$ 分别是 f 的最大值和最小值. 又由于 f 与 $f^{\frac{1}{3}}$ 有相同的极值点,故由积分的保向性得

$$\sqrt[3]{2}\iiint\limits_{\Omega}\mathrm{d}v\leqslant\iiint\limits_{x^2+y^2+z^2\leqslant1}\sqrt[3]{x+2y-2z+5}\mathrm{d}x\mathrm{d}y\mathrm{d}z\leqslant2\iiint\limits_{\Omega}\mathrm{d}v.$$

由于 $\iiint\limits_{\Omega}\mathrm{d}v=\dfrac{4}{3}\pi$,因此 $\dfrac{3}{2}\pi<\iiint\limits_{x^2+y^2+z^2\leqslant1}\sqrt[3]{x+2y-2z+5}\mathrm{d}x\mathrm{d}y\mathrm{d}z<3\pi.$

例 31 设 l 是过原点和方向为 (α,β,γ)（其中 $\alpha^2+\beta^2+\gamma^2=1$）的直线,均匀椭球体 $\dfrac{x^2}{a^2}+\dfrac{y^2}{b^2}+\dfrac{z^2}{c^2}\leqslant1$（其中 $0<c<b<a$,密度为 1）绕 l 旋转.

(1) 求其转动惯量；

(2) 求其转动惯量关于方向 (α,β,γ) 的最大值和最小值.

解 (1) 椭球上一点 $P(x,y,z)$ 到直线 l 的距离的平方为

$$d^2=(1-\alpha^2)x^2+(1-\beta^2)y^2+(1-\gamma^2)z^2-2\alpha\beta xy-2\beta\gamma yz-2\gamma\alpha zx,$$

根据三重积分的奇偶对称性知

$$\iiint\limits_{\Omega}xy\mathrm{d}v=\iiint\limits_{\Omega}yz\mathrm{d}v=\iiint\limits_{\Omega}zx\mathrm{d}v=0,$$

$$\iiint\limits_{\Omega}z^2\mathrm{d}v=\int_{-c}^{c}z^2\mathrm{d}z\iint\limits_{\frac{x^2}{a^2}+\frac{y^2}{b^2}\leqslant1-\frac{z^2}{c^2}}\mathrm{d}x\mathrm{d}y=\int_{-c}^{c}\pi ab\left(1-\frac{z^2}{c^2}\right)z^2\mathrm{d}z=\frac{4}{15}\pi abc^3,$$

由轮换对称性

$$\iiint\limits_{\Omega}x^2\mathrm{d}v=\frac{4}{15}\pi a^3bc,\qquad\iiint\limits_{\Omega}y^2\mathrm{d}v=\frac{4}{15}\pi ab^3c,$$

于是转动惯量

$$I = \iiint_\Omega d^2 \mathrm{d}v = (1-\alpha^2)\frac{4}{15}\pi a^3 bc + (1-\beta^2)\frac{4}{15}\pi ab^3 c + (1-\gamma^2)\frac{4}{15}\pi abc^3$$

$$= \frac{4}{15}\pi abc\left[(1-\alpha^2)a^2 + (1-\beta^2)b^2 + (1-\gamma^2)c^2\right].$$

(2) 因为 $0<c<b<a$，所以

当 $\gamma=1$ 时，$I_{\max}=\dfrac{4}{15}\pi abc(a^2+b^2)$；

当 $\alpha=1$ 时，$I_{\min}=\dfrac{4}{15}\pi abc(b^2+c^2)$.

3.3　模拟题目自测

1. 计算下列有理函数的积分：

(1) $\displaystyle\int \frac{1}{81-x^4}\mathrm{d}x$；

(2) $\displaystyle\int \frac{1}{x^4+1}\mathrm{d}x$；

(3) $\displaystyle\int \frac{4}{x(x^2+4)}\mathrm{d}x$；

(4) $\displaystyle\int \frac{x^2}{(x^2+2x+2)^2}\mathrm{d}x$；

(5) $\displaystyle\int \frac{x^9}{(x^{10}+2x^5+2)^2}\mathrm{d}x$；

(6) $\displaystyle\int \frac{1}{x^6(1+x^2)}\mathrm{d}x$.

2. 设不定积分 $\displaystyle\int \frac{x^2+ax+2}{(x+1)(x^2+1)}\mathrm{d}x$ 的结果中不含反正切函数，求 a.

3. 求 $\displaystyle\int \frac{x+\sin x\cos x}{(\cos x - x\sin x)^2}\mathrm{d}x$.

4. 求 $\displaystyle\int \ln\left[(x+a)^{x+a}\cdot(x+b)^{x+b}\right]\frac{1}{(x+a)(x+b)}\mathrm{d}x$.

5. 求 $\displaystyle\int \frac{\mathrm{e}^{-\sin x}\sin 2x}{\sin^4\left(\frac{\pi}{4}-\frac{x}{2}\right)}\mathrm{d}x$.

6. 已知 $f'(\sin x)=\cos x+\tan x+x,\ -\dfrac{\pi}{2}<x<\dfrac{\pi}{2}$，且 $f(0)=1$，求 $f(x)$.

7. 计算 $\displaystyle\lim_{x\to+\infty} \frac{\int_0^x |\sin t|\,\mathrm{d}t}{x}$.

8. 求满足方程 $\displaystyle\int_0^x f(t)\mathrm{d}t = x + \int_0^x tf(x-t)\mathrm{d}t$ 的可微函数 $f(x)$.

9. 求极限 $\displaystyle\lim_{x\to 0} \frac{\int_0^{2x} |t-x|\sin t\mathrm{d}t}{|x|^3}$.

10. 设函数 $f(x),g(x)$ 在 $[0,1]$ 上有连续的导数，且 $f(0)=0,f'(x)\geqslant 0,g'(x)\geqslant 0$. 设 $f(x)$ 为连续函数，

$$g(a) = \frac{1}{a}\int_0^a \left(1-\frac{|x|}{a}\right)f(a-x)\mathrm{d}x,$$

讨论当 $a\to 0$ 时，$g(a)$ 的极限是否存在？

11. 求变项和的极限：

(1) $\lim\limits_{n\to+\infty}\left[\dfrac{\ln\left(1+\frac{1}{n}\right)}{n+\frac{1}{n}}+\dfrac{\ln\left(1+\frac{2}{n}\right)}{n+\frac{2}{n}}+\dfrac{\ln\left(1+\frac{3}{n}\right)}{n+\frac{3}{n}}+\cdots+\dfrac{\ln\left(1+\frac{n}{n}\right)}{n+\frac{n}{n}}\right]$;

(2) $\lim\limits_{n\to+\infty}\left(\dfrac{2^{\frac{1}{n}}}{n+1}+\dfrac{2^{\frac{2}{n}}}{n+\frac{1}{2}}+\cdots+\dfrac{2^{\frac{n}{n}}}{n+\frac{1}{n}}\right)$;

(3) $\lim\limits_{n\to\infty}\sum\limits_{k=1}^{n-1}\left(1+\dfrac{k}{n}\right)\sin\dfrac{k\pi}{n^2}$;

(4) $\lim\limits_{n\to\infty}\sum\limits_{j=1}^{n^2}\dfrac{n}{n^2+j^2}$.

12. 设函数 $f(a)=0$，$f(x)$ 在 $[a,b]$ 上的导数连续，求证：

$$\dfrac{1}{(b-a)^2}\int_a^b|f(x)|\,\mathrm{d}x\leqslant\dfrac{1}{2}\max\limits_{x\in[a,b]}|f'(x)|.$$

13. 设函数 $f(x)$ 在 $[a,b]$ 上具有连续的可导函数，$f(a)=f(b)=0$，求证：

$$\int_a^b|f(x)|\,\mathrm{d}x\leqslant\dfrac{(b-a)^2}{4}\max\limits_{x\in[a,b]}|f'(x)|.$$

14. 当 $x\geqslant 0$ 时，$f_0(x)>0$，若令 $f_n(x)=\int_0^x f_{n-1}(t)\mathrm{d}t\,(n=1,2,\cdots)$，证明：

$$f_n(x)=\dfrac{1}{(n-1)!}\int_0^x(x-t)^{n-1}f_0(t)\mathrm{d}t.$$

15. 设 $\int_1^{+\infty}\left(\dfrac{2x^2+bx+a}{2x^2+ax}-1\right)\mathrm{d}x=0$，求常数 a,b.

16. 设 $f(x)$ 在 $[0,1]$ 上有连续导函数，证明：对于 $x\in[0,1]$，有

$$|f(x)|\leqslant\int_0^1(|f(t)|+|f'(t)|)\mathrm{d}t.$$

17. 设 $f(x)$ 在 $[0,1]$ 上有二阶连续导函数，则对任意的 $x_1\in\left(0,\dfrac{1}{3}\right),x_2\in\left(\dfrac{2}{3},1\right)$，有

$$|f'(x)|\leqslant 3|f(x_2)-f(x_1)|+\int_0^1|f''(x)|\,\mathrm{d}x.$$

18. 设函数 $f(x)$ 在 $[0,1]$ 上有二阶连续导函数，且 $f'(0)=f'(1)$，证明：$\exists\xi\in(0,1)$，使得 $\int_0^1 f(x)\mathrm{d}x=\dfrac{f(0)+f(1)}{2}+\dfrac{1}{24}f''(\xi)$.

19. （2005 年天津竞赛）设正值函数 $f(x)$ 在闭区间 $[a,b]$ 上连续且有 $\int_a^b f(x)\mathrm{d}x=A$，证明：

$$\int_a^b f(x)\mathrm{e}^{f(x)}\mathrm{d}x\int_a^b\dfrac{1}{f(x)}\mathrm{d}x\geqslant(b-a)(b-a+A).$$

20. 计算 $I=\iint\limits_{D}|\sin(x+y)|\,\mathrm{d}x\mathrm{d}y$，其中区域 D 为 $0\leqslant x\leqslant\pi,0\leqslant y\leqslant 2\pi$.

21. 设 $f(x,y)=\begin{cases}\arctan\dfrac{y}{x}, & x^2+y^2\geqslant 1\ \text{且}\ xy>0,\\ 0, & \text{其他},\end{cases}$ 计算 $\iint\limits_{D}f(x,y)\mathrm{d}x\mathrm{d}y$，其中 $D=$

$\{(x,y) \mid x^2+y^2\leqslant 2y\}$.

22. 设二元函数 $f(x,y)=\begin{cases} x^2, & |x|+|y|\leqslant 1, \\ \dfrac{1}{\sqrt{x^2+y^2}}, & 1\leqslant |x|+|y|\leqslant 2, \end{cases}$ 计算二重积分 $\iint\limits_{D}f(x,y)\mathrm{d}\sigma$,

其中 $D=\{(x,y)\mid |x|+|y|\leqslant 2\}$.

23. 计算三重积分 $I=\iiint\limits_{\Omega}(x^2+y^2)\mathrm{d}v$, 其中 Ω 为 yOz 面内 $z=0, z=2$ 和曲线 $y^2+(z-1)^2=1$ 所围成的平面区域绕 z 轴旋转而成的空间区域.

24. 设函数 $f(u)$ 连续, 在点 $u=0$ 处可导, 且 $f(0)=0, f'(0)=-3$, 求:

$$\lim_{t\to 0}\frac{1}{\pi t^4}\iiint\limits_{x^2+y^2+z^2\leqslant t^2}f(\sqrt{x^2+y^2+z^2})\mathrm{d}x\mathrm{d}y\mathrm{d}z.$$

答案与提示

1. (1) $\dfrac{1}{18}\left(\dfrac{1}{3}\arctan\dfrac{x}{3}+\dfrac{1}{6}\ln\left|\dfrac{x+3}{x-3}\right|\right)+C$.

(2) 原积分 $=\dfrac{1}{2}\displaystyle\int\dfrac{x^2+1}{x^4+1}\mathrm{d}x-\dfrac{1}{2}\int\dfrac{x^2-1}{x^4+1}\mathrm{d}x=\dfrac{1}{2}\int\dfrac{1+\dfrac{1}{x^2}}{x^2+\dfrac{1}{x^2}}\mathrm{d}x-\dfrac{1}{2}\int\dfrac{1-\dfrac{1}{x^2}}{x^2+\dfrac{1}{x^2}}\mathrm{d}x$

$\qquad\qquad = \dfrac{1}{2}\displaystyle\int\dfrac{\mathrm{d}\left(x-\dfrac{1}{x}\right)}{\left(x-\dfrac{1}{x}\right)^2+2}-\dfrac{1}{2}\int\dfrac{\mathrm{d}\left(x+\dfrac{1}{x}\right)}{\left(x+\dfrac{1}{x}\right)^2-2}$

$\qquad\qquad = \dfrac{1}{2\sqrt{2}}\arctan\dfrac{x^2-1}{\sqrt{2}x}-\dfrac{1}{4\sqrt{2}}\ln\left|\dfrac{x^2-\sqrt{2}x+1}{x^2+\sqrt{2}x+1}\right|+C$.

(3) $\dfrac{1}{2}\ln\dfrac{x^2}{x^2+4}+C$.

(4) 原积分 $=\displaystyle\int\dfrac{(x^2+2x+2)-(2x+2)}{(x^2+2x+2)^2}\mathrm{d}x$

$\qquad\qquad = \displaystyle\int\dfrac{\mathrm{d}(x+1)}{(x+1)^2+1}-\int\dfrac{\mathrm{d}(x^2+2x+2)}{(x^2+2x+2)^2}$

$\qquad\qquad = \arctan(x+1)+\dfrac{1}{x^2+2x+2}+C$.

(5) 首先凑微分, 原式 $=\dfrac{1}{5}\displaystyle\int\dfrac{x^5}{(x^{10}+2x^5+2)^2}\mathrm{d}x^5$, 然后换元 $u=x^5$, 计算得

$\qquad\qquad -\dfrac{x^5+2}{10(x^{10}+2x^5+2)}-\dfrac{1}{10}\arctan(x^5+1)+C$.

(6) 取倒代换 $t=\dfrac{1}{x}$, 计算得 $-\dfrac{1}{5x^5}+\dfrac{1}{3x^3}-\dfrac{1}{x}+\arctan\dfrac{1}{x}+C$.

2. 将被积函数化为最简分式的和 $\dfrac{x^2+ax+2}{(x+1)(x^2+1)}=\dfrac{A}{x+1}+\dfrac{Mx+N}{x^2+1}$, 得

$$x^2+ax+2=(A+M)x^2+(M+N)x+(A+N),$$

若使积分中不含有反正切函数,必有 $N=0$,故比较系数得 $a=-1$.

3. 因为 $(x\tan x)'=x\sec^2 x+\tan x$,所以

$$原式=\int \frac{x\sec^2 x+\tan x}{(1-x\tan x)^2}\mathrm{d}x$$

$$=\int \frac{1}{(1-x\tan x)^2}\mathrm{d}(x\tan x)$$

$$=\frac{1}{1-x\tan x}+C.$$

4. $\ln(x+a)\ln(x+b)+C$.

5. 原式 $=\int \frac{8\mathrm{e}^{-\sin x}\sin x}{(1-\sin x)^2}\cos x\mathrm{d}x$,令 $\sin x-1=u$,计算得 $\frac{8\mathrm{e}^{-\sin x}}{1-\sin x}+C$.

6. 令 $t=\sin x\left(-\frac{\pi}{2}<x<\frac{\pi}{2}\right)$,则 $f'(t)=\sqrt{1-t^2}+\frac{t}{\sqrt{1-t^2}}+\arcsin t$,计算积分得

$$f(x)=\frac{1}{2}(x\sqrt{1-x^2}+\arcsin x)+x\arcsin x+1.$$

7. $\int_{n\pi}^{(n+1)\pi}|\sin t|\mathrm{d}t=\int_0^{\pi}|\sin t|\mathrm{d}t=\int_0^{\pi}\sin t\mathrm{d}t=2$.

当 $x\to +\infty$ 时,存在正整数 n 使 $n\pi\leqslant x\leqslant (n+1)\pi$,因此

$$\int_0^{n\pi}|\sin t|\mathrm{d}t\leqslant \int_0^x|\sin t|\mathrm{d}t\leqslant \int_0^{(n+1)\pi}|\sin t|\mathrm{d}t,$$

$$2n\leqslant \int_0^x|\sin t|\mathrm{d}t\leqslant 2(n+1),$$

$$\frac{2n}{(n+1)\pi}\leqslant \frac{\int_0^x|\sin t|\mathrm{d}t}{x}\leqslant \frac{2(n+1)}{n\pi},$$

$$\lim_{n\to\infty}\frac{2n}{(n+1)\pi}=\frac{2}{\pi},\quad \lim_{n\to\infty}\frac{2(n+1)}{n\pi}=\frac{2}{\pi},$$

$$\lim_{x\to\infty}\frac{\int_0^x|\sin t|\mathrm{d}t}{x}=\frac{2}{\pi}.$$

8. 换元 $u=x-t$,化为变上限积分函数,然后求两次导数,得微分方程 $f'(x)=f(x)$,求解得 $f(x)=\mathrm{e}^x$.

9. $\int_0^{2x}|t-x|\sin t\mathrm{d}t=|x|\int_0^{2x}\left|1-\frac{t}{x}\right|\sin t\mathrm{d}t=|x|\int_0^2|1-u|x\sin(xu)\mathrm{d}u$,其中 $u=\frac{t}{x}$,

$$原式=\lim_{x\to 0}\frac{1}{x^2}\int_0^2|1-u|x\sin(xu)\mathrm{d}u$$

$$=\lim_{x\to 0}\frac{1}{x}\left[\int_0^1(1-u)\sin(xu)\mathrm{d}u+\int_1^2(u-1)\sin(xu)\mathrm{d}u\right]$$

$$=\lim_{x\to 0}\frac{1}{x}\left(\frac{1-\cos 2x}{x}+\frac{\sin 2x-2\sin x}{x^2}\right)$$

$$=1.$$

10. 根据连续性定义,求左右极限,$\lim\limits_{a\to 0+}g(a)=\frac{1}{2}f(0)$,$\lim\limits_{a\to 0-}g(a)=\frac{3}{2}f(0)$,所以,当 $f(0)=0$ 时,$g(a)$ 的极限存在;当 $f(0)\neq 0$ 时,$g(a)$ 的极限不存在.

11. (1) 原式 $= \lim\limits_{n\to+\infty}\sum\limits_{k=1}^{n}\ln\left(1+\dfrac{k}{n}\right)\cdot\dfrac{1}{n}\cdot\dfrac{1}{1+\dfrac{k}{n^2}}$，其中的和式满足不等式

$$\sum_{k=1}^{n}\ln\left(1+\frac{k}{n}\right)\cdot\frac{1}{n}\cdot\frac{1}{1+\dfrac{n}{n^2}}\leqslant \sum_{k=1}^{n}\ln\left(1+\frac{k}{n}\right)\cdot\frac{1}{n}\cdot\frac{1}{1+\dfrac{k}{n^2}}\leqslant \sum_{k=1}^{n}\ln\left(1+\frac{k}{n}\right)\cdot\frac{1}{n},$$

不等式左右两端的极限为 $\displaystyle\int_0^1\ln(1+x)\mathrm{d}x$，计算积分得到原极限为 $2\ln 2-1$.

(2) 由于 $\lim\limits_{n\to+\infty}\dfrac{1}{n+1}\sum\limits_{k=1}^{n}2^{\frac{k}{n}}\leqslant$ 原式 $\leqslant \lim\limits_{n\to+\infty}\dfrac{1}{n}\sum\limits_{k=1}^{n}2^{\frac{k}{n}}$，根据定积分的定义可得

$$左边 = \lim_{n\to+\infty}\frac{n}{n+1}\sum_{k=1}^{n}2^{\frac{k}{n}}\cdot\frac{1}{n}=\int_0^1 2^x\mathrm{d}x = 右边,$$

$$原极限 = \int_0^1 2^x\mathrm{d}x = \frac{1}{\ln 2}.$$

(3) 由泰勒公式 $\sin x = x-\dfrac{\sin\xi}{2}x^2$，知

$$\sin\frac{k\pi}{n^2}=\frac{k\pi}{n^2}-\frac{\sin\xi_k}{2}\cdot\left(\frac{k\pi}{n^2}\right)^2 \quad (k=1,2,\cdots,n),$$

故原极限 $= \lim\limits_{n\to\infty}\sum\limits_{k=1}^{n-1}\left(1+\dfrac{k}{n}\right)\dfrac{k\pi}{n^2}-\sum\limits_{k=1}^{n-1}\left(1+\dfrac{k}{n}\right)\dfrac{\sin\xi_k}{2}\left(\dfrac{k\pi}{n^2}\right)^2$,

$$\lim_{n\to\infty}\sum_{k=1}^{n-1}\left(1+\frac{k}{n}\right)\frac{k\pi}{n^2}=\lim_{n\to\infty}\pi\sum_{k=1}^{n-1}\left(1+\frac{k}{n}\right)\frac{k}{n}\cdot\frac{1}{n}$$
$$=\pi\int_0^1(1+x)x\mathrm{d}x=\frac{5\pi}{6},$$

$$\left|\sum_{k=1}^{n-1}\left(1+\frac{k}{n}\right)\frac{\sin\xi_k}{2}\left(\frac{k\pi}{n^2}\right)^2\right|\leqslant \sum_{k=1}^{n-1}2\cdot\frac{|\sin\xi_k|}{2}\left(\frac{k\pi}{n^2}\right)^2$$
$$\leqslant \frac{\pi^2}{n^4}\sum_{k=1}^{n-1}k^2=\frac{\pi^2}{n^4}\cdot\frac{n(n+1)(2n+1)}{6}\to 0,$$

故原极限 $=\pi\displaystyle\int_0^1(1+x)x\mathrm{d}x=\dfrac{5\pi}{6}$.

(4) 设 $S_n=\sum\limits_{j=1}^{n^2}\dfrac{n}{n^2+j^2}=\sum\limits_{j=1}^{n^2}\dfrac{1}{1+\left(\dfrac{j}{n}\right)^2}\cdot\dfrac{1}{n}$，因

$$\int_{\frac{j}{n}}^{\frac{j+1}{n}}\frac{\mathrm{d}x}{1+x^2}<\frac{1}{1+\left(\dfrac{j}{n}\right)^2}\cdot\frac{1}{n}<\int_{\frac{j-1}{n}}^{\frac{j}{n}}\frac{\mathrm{d}x}{1+x^2} \quad (j=1,2,\cdots,n^2),$$

将上面的各个不等式相加，则有 $\displaystyle\int_{\frac{1}{n}}^{\frac{n^2+1}{n}}\dfrac{\mathrm{d}x}{1+x^2}<S_n<\int_0^n\dfrac{\mathrm{d}x}{1+x^2}$，该不等式左右两端的极限都趋于 $\displaystyle\int_0^{+\infty}\dfrac{\mathrm{d}x}{1+x^2}=\dfrac{\pi}{2}$.

12. 在 $(a,x)(a<x\leqslant b)$ 上应用拉格朗日中值定理，再从 a 到 b 积分.

13. 由于 $|f'(x)|$ 在 $[a,b]$ 上连续，所以 $|f'(x)|$ 在 $[a,b]$ 上有最大值 M，$\forall x\in(a,b)$，有
$$f(x)=f(a)+f'(\xi)(x-a),$$
$$f(x)=f(b)+f'(\eta)(x-b),$$

这里 $a<\xi<x,x<\eta<b$. 于是有 $|f(x)|\leqslant M(x-a),|f(x)|\leqslant M(b-x)$. $\forall x_0\in(a,b)$, 则

$$\int_a^b|f(x)|\mathrm{d}x=\int_a^{x_0}|f(x)|\mathrm{d}x+\int_{x_0}^b|f(x)|\mathrm{d}x$$

$$\leqslant M\int_a^{x_0}(x-a)\mathrm{d}x+M\int_{x_0}^b(b-x)\mathrm{d}x$$

$$=M\left[x_0^2-(a+b)x_0+\frac{1}{2}(a^2+b^2)\right],$$

令 $u=x_0^2-(a+b)x_0+\frac{1}{2}(a^2+b^2)$, 则 $u'=2x_0-(a+b)$. 由 $u'=0$ 得驻点 $x_0=\frac{1}{2}(a+b)$, 又 $u''=2>0$, 所以 $u\left(\frac{a+b}{2}\right)=\frac{1}{4}(b-a)^2$ 为 u 的最小值.

14. 由题目条件得到递推式 $f_n'(x)=f_{n-1}(x),f_n(0)=0(n=1,2,\cdots)$. 从等式右端利用递推式和分部积分即可推出结论.

15. 原积分 $=\int_1^{+\infty}\frac{(b-a)x+a}{2x^2+ax}\mathrm{d}x=0$, 若 $b-a\neq0$ 时, $\lim\limits_{x\to\infty}x\cdot\frac{(b-a)x+a}{2x^2+ax}=\frac{b-a}{2}$, $p=1$, 发散, 而已知广义积分收敛, 所以 $b=a$. 于是原积分 $=\int_1^{+\infty}\frac{a}{2x^2+ax}\mathrm{d}x=0$, 而

$$\int_1^{+\infty}\frac{a}{2x^2+ax}\mathrm{d}x=\int_1^{+\infty}\left(\frac{1}{x}-\frac{2}{2x+a}\right)\mathrm{d}x=\ln\frac{x}{2x+a}\Big|_1^{+\infty}=\ln\frac{2+a}{2},$$

即 $\ln\frac{2+a}{2}=0,\frac{2+a}{2}=1$, 得 $b=a=0$.

16. 因为 $f(t)$ 连续, $|f(t)|$ 也连续, 所以由积分中值定理有 $\int_0^1|f(t)|\mathrm{d}t=|f(\xi)|,0\leqslant\xi\leqslant1$, 又 $f(x)-f(\xi)=\int_\xi^x f'(t)\mathrm{d}t$, 即

$$f(x)=f(\xi)+\int_\xi^x f'(t)\mathrm{d}t,$$

所以

$$|f(x)|\leqslant|f(\xi)|+\left|\int_\xi^x f'(t)\mathrm{d}t\right|\leqslant|f(\xi)|+\int_\xi^x|f'(t)|\mathrm{d}t$$

$$\leqslant|f(\xi)|+\int_0^1|f'(t)|\mathrm{d}t,$$

故 $|f(x)|\leqslant\int_0^1(|f(t)|+|f'(t)|)\mathrm{d}t$.

17. 对任意的 $x_1\in\left(0,\frac{1}{3}\right),x_2\in\left(\frac{2}{3},1\right)$, $\exists\xi\in(x_1,x_2)$, 使 $f(x_2)-f(x_1)=(x_2-x_1)f'(\xi)$, 又 $x_2-x_1\geqslant\frac{1}{3}$, 所以 $|f'(\xi)|\leqslant3|f(x_2)-f(x_1)|$, 又

$$|f'(x)|-|f'(\xi)|\leqslant|f'(x)-f'(\xi)|$$

$$=\left|\int_\xi^x f''(t)\mathrm{d}t\right|\leqslant\int_\xi^x|f''(t)|\mathrm{d}t$$

$$\leqslant\int_0^1|f''(x)|\mathrm{d}x,$$

即

$$|f'(x)| \leqslant |f'(\xi)| + \int_0^1 |f''(x)|\,\mathrm{d}x$$

$$\leqslant 3|f(x_2)-f(x_1)| + \int_0^1 |f''(x)|\,\mathrm{d}x.$$

18. 参考本章例 19,利用二阶泰勒展式即可证明.

19. 化为二重积分证明. 记 $D=\{(x,y)\mid a\leqslant x\leqslant b, a\leqslant y\leqslant b\}$, D 关于 $y=x$ 对称,因此 $\iint\limits_D f(x)\mathrm{d}x\mathrm{d}y = \iint\limits_D f(y)\mathrm{d}x\mathrm{d}y$,则有

$$左边 = \iint\limits_D \frac{f(x)}{f(y)}\mathrm{e}^{f(x)}\mathrm{d}x\mathrm{d}y = \iint\limits_D \frac{f(y)}{f(x)}\mathrm{e}^{f(y)}\mathrm{d}x\mathrm{d}y$$

$$= \frac{1}{2}\iint\limits_D \left[\frac{f(x)}{f(y)}\mathrm{e}^{f(x)} + \frac{f(y)}{f(x)}\mathrm{e}^{f(y)}\right]\mathrm{d}x\mathrm{d}y$$

$$= \iint\limits_D [\mathrm{e}^{f(x)} + \mathrm{e}^{f(y)}]\mathrm{d}x\mathrm{d}y \geqslant \iint\limits_D \mathrm{e}^{\frac{f(x)+f(y)}{2}}\mathrm{d}x\mathrm{d}y$$

$$\geqslant \iint\limits_D \left[1 + \frac{f(x)+f(y)}{2}\right]\mathrm{d}x\mathrm{d}y$$

$$= (b-a)^2 + \int_a^b \mathrm{d}y\int_a^b f(x)\mathrm{d}x$$

$$= (b-a)(b-a+A) = 右边.$$

20. 把区域 D 划分为 3 个区域,分别为
$$D_1 = \{(x,y)\mid x\geqslant 0, y\geqslant 0, x+y\leqslant \pi\};$$
$$D_2 = \{(x,y)\mid 0\leqslant x\leqslant \pi, 0\leqslant y\leqslant 2\pi, \pi\leqslant x+y\leqslant 2\pi\};$$
$$D_3 = \{(x,y)\mid 0\leqslant x\leqslant \pi, \pi\leqslant y\leqslant 2\pi, x+y\geqslant 2\pi\}.$$
根据积分区域可加性计算得 4π.

21. 转化为极坐标计算得 $\frac{\pi^2}{18} + \frac{\sqrt{3}}{24}\pi + \frac{3}{8}$.

22. 设 D_1 为 D 第一卦限的部分,则由对称性,得
$$\iint\limits_D f(x,y)\mathrm{d}\sigma = 4\iint\limits_{D_1} f(x,y)\mathrm{d}\sigma = 4\left[\iint\limits_{D_{11}} f(x,y)\mathrm{d}\sigma + \iint\limits_{D_{12}} f(x,y)\mathrm{d}\sigma\right],$$
其中 $D_{11}=\{(x,y)\mid 0\leqslant y\leqslant 1-x, 0\leqslant x\leqslant 1\}$, $D_{12}=\{(x,y)\mid 1\leqslant x+y\leqslant 2, x\geqslant 0, y\geqslant 0\}$. 因为
$$\iint\limits_{D_{11}} f(x,y)\mathrm{d}\sigma = \iint\limits_{D_{11}} x^2\mathrm{d}\sigma = \frac{1}{12},$$
$$\iint\limits_{D_{12}} f(x,y)\mathrm{d}\sigma = \iint\limits_{D_{12}} \frac{1}{\sqrt{x^2+y^2}}\mathrm{d}\sigma = \sqrt{2}\ln(\sqrt{2}+1),$$
所以 $\iint\limits_D f(x,y)\mathrm{d}\sigma = \frac{1}{3} + 4\sqrt{2}\ln(\sqrt{2}+1)$.

23. 用截面法计算得 $\frac{23\pi}{15}$.

24. 利用球坐标与对称性,-3.

第4章 曲线积分与曲面积分

4.1 知识概要介绍

4.1.1 对弧长的曲线积分

1. 定 义

设 L 为 xOy 面内的一条光滑曲线弧,函数 $f(x,y)$ 在 L 上有界. 在 L 上任意插入一点列 $M_1,M_2,\cdots,M_{n-1}$ 把 L 分成 n 个小段. 设第 i 个小段的长度为 Δs_i,又 (ξ_i,η_i) 为第 i 个小段上任意取定的一点,作乘积 $f(\xi_i,\eta_i)\Delta s_i(i=1,2,\cdots,n)$,并作和 $\sum\limits_{i=1}^{n}f(\xi_i,\eta_i)\Delta s_i$,如果当各小弧段的长度的最大值 $\lambda\to0$,和的极限总存在,则称此极限为函数 $f(x,y)$ 在曲线弧 L 上对弧长的曲线积分或第一类曲线积分,记作 $\int_L f(x,y)\mathrm{d}s$, 即

$$\int_L f(x,y)\mathrm{d}s = \lim_{\lambda\to0}\sum_{i=1}^{n}f(\xi_i,\eta_i)\Delta s_i,$$

其中 $f(x,y)$ 叫做被积函数,L 叫做积分弧段.

上述概念可以推广到空间,如果 $f(x,y,z)$ 是定义在空间中分段光滑曲线 L 上的有界函数,则 $f(x,y,z)$ 在曲线 L 上对弧长的曲线积分为

$$\int_L f(x,y,z)\mathrm{d}s = \lim_{\lambda\to0}\sum_{i=1}^{n}f(\xi_i,\eta_i,\zeta_i)\Delta s_i.$$

注:若 $f(x,y)\geqslant0$,则积分为以 L 为准线、高为 $f(x,y)$ 的柱面面积.

2. 性 质

① **线性性质**:$\int_L[\alpha f_1(x,y)+\beta f_2(x,y)]\mathrm{d}s = \alpha\int_L f_1(x,y)\mathrm{d}s + \beta\int_L f_2(x,y)\mathrm{d}s$,其中,$\alpha,\beta$ 为常数.

② **可加性**:若 $L=L_1+L_2$,则

$$\int_L f(x,y)\mathrm{d}s = \int_{L_1} f(x,y)\mathrm{d}s + \int_{L_2} f(x,y)\mathrm{d}s.$$

3. 基本计算方法

① 设 $f(x,y)$ 在平面曲线弧

$$L: x=\varphi(t),\quad y=\psi(t)\quad(\alpha\leqslant t\leqslant\beta)$$

上有定义且连续，$\varphi(t),\psi(t)$ 在 $[\alpha,\beta]$ 上具有一阶连续导数，且 $\varphi'^2(t)+\psi'^2(t)\neq0$，则曲线积分 $\int_L f(x,y)\mathrm{d}s$ 存在，且

$$\int_L f(x,y)\mathrm{d}s=\int_\alpha^\beta f[\varphi(t),\psi(t)]\sqrt{\varphi'^2(t)+\psi'^2(t)}\mathrm{d}t \quad (\alpha<\beta).$$

② 如果 $f(x,y,z)$ 在空间曲线弧

$$L:\begin{cases}x=\varphi(t),\\ y=\psi(t), & \alpha\leqslant t\leqslant\beta\\ z=\omega(t),\end{cases}$$

上连续，$\varphi(t),\psi(t),\omega(t)$ 在 $[\alpha,\beta]$ 上具有一阶连续导数，则

$$\int_L f(x,y,z)\mathrm{d}s=\int_\alpha^\beta f[\varphi(t),\psi(t),\omega(t)]\sqrt{\varphi'^2(t)+\psi'^2(t)+\omega'^2(t)}\mathrm{d}t \quad (\alpha<\beta).$$

③ 利用曲线 L 对称性与函数奇偶性计算.

(ⅰ) 若曲线 L 关于 y 轴对称，L_1 为 L 的右半部分，则有

$$\int_L f(x,y)\mathrm{d}s=\begin{cases}0, & \text{若 } f(-x,y)=-f(x,y),\\ 2\int_{L_1} f(x,y)\mathrm{d}s, & \text{若 } f(-x,y)=f(x,y).\end{cases}$$

(ⅱ) 若曲线 L 关于 x 轴对称，L_1 为 L 的上半部分，则有

$$\int_L f(x,y)\mathrm{d}s=\begin{cases}0, & \text{若 } f(x,-y)=-f(x,y),\\ 2\int_{L_1} f(x,y)\mathrm{d}s, & \text{若 } f(x,-y)=f(x,y).\end{cases}$$

(ⅲ) 若曲线 L 关于 $y=x$ 对称，则 $\int_L f(x,y)\mathrm{d}s=\int_L f(y,x)\mathrm{d}s$.

4. 弧长公式

当 $f\equiv1$ 时，对弧长的曲线积分表示曲线 L 的长度，可得弧长公式.

设空间曲线

$$L:\begin{cases}x=\varphi(t),\\ y=\psi(t), & \alpha\leqslant t\leqslant\beta,\\ z=\omega(t),\end{cases}$$

$\varphi(t),\psi(t),\omega(t)$ 在 $[\alpha,\beta]$ 上具有一阶连续导数，则曲线 L 的长度公式为

$$s_L=\int_\alpha^\beta\sqrt{\varphi'^2(t)+\psi'^2(t)+\omega'^2(t)}\mathrm{d}t \quad (\alpha<\beta).$$

当 $z=\omega(t)\equiv0$ 时，曲线 L 为平面曲线，其长度公式为

$$s_L=\int_\alpha^\beta\sqrt{\varphi'^2(t)+\psi'^2(t)}\mathrm{d}t \quad (\alpha<\beta).$$

4.1.2 对坐标的曲线积分

1. 定 义

设函数 $f(x,y)$ 在有向光滑曲线 L 上有界.把 L 分成 n 个有向小弧段 $L_1,L_2,\cdots,L_n$；小弧段 L_i 的起点为 (x_{i-1},y_{i-1})，终点为 (x_i,y_i)，$\Delta x_i=x_i-x_{i-1}$，$\Delta y_i=y_i-y_{i-1}$，(ξ_i,η_i) 为 L_i 上任

意一点, λ 为各小弧段长度的最大值.

如果极限 $\lim\limits_{\lambda \to 0} \sum\limits_{i=1}^{n} f(\xi_i, \eta_i) \Delta x_i$ 总存在,则称此极限为函数 $f(x, y)$ 在有向曲线 L 上对坐标 x 的曲线积分,记作 $\int_L f(x, y) \mathrm{d}x$, 即

$$\int_L f(x, y) \mathrm{d}x = \lim_{\lambda \to 0} \sum_{i=1}^{n} f(\xi_i, \eta_i) \Delta x_i,$$

类似地有定义 $\int_L f(x, y) \mathrm{d}y = \lim\limits_{\lambda \to 0} \sum\limits_{i=1}^{n} f(\xi_i, \eta_i) \Delta y_i$.

该定义推广到空间有向曲线 Γ 上,对坐标 x, y, z 的曲线积分为

$$\int_\Gamma P(x, y, z) \mathrm{d}x = \lim_{\lambda \to 0} \sum_{i=1}^{n} P(\xi_i, \eta_i, \zeta_i) \Delta x_i,$$

$$\int_\Gamma Q(x, y, z) \mathrm{d}y = \lim_{\lambda \to 0} \sum_{i=1}^{n} Q(\xi_i, \eta_i, \zeta_i) \Delta y_i,$$

$$\int_\Gamma R(x, y, z) \mathrm{d}z = \lim_{\lambda \to 0} \sum_{i=1}^{n} R(\xi_i, \eta_i, \zeta_i) \Delta z_i.$$

2. 性　质

① **可加性**：若 $L = L_1 + L_2$, 则

$$\int_L P(x, y) \mathrm{d}x + Q(x, y) \mathrm{d}y = \int_{L_1} P(x, y) \mathrm{d}x + Q(x, y) \mathrm{d}y + \int_{L_2} P(x, y) \mathrm{d}x + Q(x, y) \mathrm{d}y.$$

② **有向性**：$\int_L P(x, y) \mathrm{d}x + Q(x, y) \mathrm{d}y = -\int_{L^-} P(x, y) \mathrm{d}x + Q(x, y) \mathrm{d}y$, 其中 L^- 是 L 的反方向曲线.

3. 基本计算方法

① 设 $P(x, y), Q(x, y)$ 是定义在光滑平面有向曲线 L: $x = \varphi(t), y = \psi(t)$ 上的连续函数, 当参数 t 单调地由 α 变到 β 时,点 $M(x, y)$ 从 L 的起点 A 沿 L 运动到终点 B, 则

$$\int_L P(x, y) \mathrm{d}x + Q(x, y) \mathrm{d}y = \int_\alpha^\beta \{ P[\varphi(t), \psi(t)] \varphi'(t) + Q[\varphi(t), \psi(t)] \psi'(t) \} \mathrm{d}t.$$

② 设 $P(x, y, z), Q(x, y, z), R(x, y, z)$ 在空间有向曲线 Γ 上连续, Γ 的参数方程为

$$\begin{cases} x = \varphi(t), \\ y = \psi(t), \quad \alpha \leqslant t \leqslant \beta, \\ z = \omega(t), \end{cases}$$

$\varphi'(t), \psi'(t), \omega'(t)$ 连续, 且 $t = \alpha$ 对应于起点 A, $t = \beta$ 对应于终点 B, 则

$$\int_\Gamma P(x, y, z) \mathrm{d}x = \int_\alpha^\beta P(\varphi(t), \psi(t), \omega(t)) \varphi'(t) \mathrm{d}t,$$

$$\int_\Gamma Q(x, y, z) \mathrm{d}y = \int_\alpha^\beta Q(\varphi(t), \psi(t), \omega(t)) \psi'(t) \mathrm{d}t,$$

$$\int_\Gamma R(x, y, z) \mathrm{d}z = \int_\alpha^\beta R(\varphi(t), \psi(t), \omega(t)) \omega'(t) \mathrm{d}t.$$

③ 利用曲线 L 对称性与函数奇偶性计算.

（ⅰ）若曲线 L 关于 y 轴对称，L_1 为 L 的右半部分，方向不变，则有

$$\int_L P(x,y)\mathrm{d}x = \begin{cases} 0, & P(-x,y) = -P(x,y), \\ 2\int_{L_1} P(x,y)\mathrm{d}x, & P(-x,y) = P(x,y); \end{cases}$$

$$\int_L Q(x,y)\mathrm{d}y = \begin{cases} 2\int_{L_1} Q(x,y)\mathrm{d}y, & Q(-x,y) = -Q(x,y), \\ 0, & Q(-x,y) = Q(x,y). \end{cases}$$

（ⅱ）若曲线 L 关于 x 轴对称，L_1 为 L 的上半部分，方向不变，则有

$$\int_L P(x,y)\mathrm{d}x = \begin{cases} 2\int_{L_1} P(x,y)\mathrm{d}x, & P(x,-y) = -P(x,y), \\ 0, & P(x,-y) = P(x,y); \end{cases}$$

$$\int_L Q(x,y)\mathrm{d}y = \begin{cases} 0, & Q(x,-y) = -Q(x,y), \\ 2\int_{L_1} Q(x,y)\mathrm{d}y, & Q(x,-y) = Q(x,y). \end{cases}$$

4. 两类曲线积分的转换

设空间有向曲线 Γ 上任一点 $N(x,y,z)$ 处与 Γ 方向一致的切线的方向余弦为 $\cos\alpha = \dfrac{\mathrm{d}x}{\mathrm{d}s}$，$\cos\beta = \dfrac{\mathrm{d}y}{\mathrm{d}s}$，$\cos\gamma = \dfrac{\mathrm{d}z}{\mathrm{d}s}$，则

$$\int_\Gamma P\mathrm{d}x + Q\mathrm{d}y + R\mathrm{d}z = \int_\Gamma (P\cos\alpha + Q\cos\beta + R\cos\gamma)\mathrm{d}s.$$

4.1.3 对面积的曲面积分

1. 定 义

设曲面 Σ 是光滑的，函数 $f(x,y,z)$ 在 Σ 上有界. 把 Σ 任意分成 n 小块 $\Delta S_1, \Delta S_2, \cdots, \Delta S_n$（$\Delta S_i$ 也代表其曲面的面积），在 ΔS_i 上任取一点 (ξ_i, η_i, ζ_i)，如果当各小块曲面的直径的最大值 $\lambda \to 0$ 时，极限 $\lim\limits_{\lambda \to 0} \sum\limits_{i=1}^{n} f(\xi_i, \eta_i, \zeta_i)\Delta S_i$ 总存在，则称此极限为函数 $f(x,y,z)$ 在曲面 Σ 上对面积的曲面积分或第一类曲面积分，记作 $\iint\limits_{\Sigma} f(x,y,z)\mathrm{d}S$，即

$$\iint\limits_{\Sigma} f(x,y,z)\mathrm{d}S = \lim_{\lambda \to 0} \sum_{i=1}^{n} f(\xi_i, \eta_i, \zeta_i)\Delta S_i,$$

其中，$f(x,y,z)$ 叫做被积函数，Σ 叫做积分曲面.

2. 性 质

① 与曲面 Σ 的侧无关，即

$$\iint\limits_{\Sigma} f(x,y,z)\mathrm{d}S = \iint\limits_{-\Sigma} f(x,y,z)\mathrm{d}S,$$

其中, $-\Sigma$ 为曲面 Σ 的另一侧.

② 对曲面的可加性, 即若 $\Sigma = \Sigma_1 + \Sigma_2$, 则

$$\iint\limits_{\Sigma} f(x,y,z)\mathrm{d}S = \iint\limits_{\Sigma_1} f(x,y,z)\mathrm{d}S + \iint\limits_{\Sigma_2} f(x,y,z)\mathrm{d}S.$$

3. 基本计算方法

① 设曲面 Σ 由方程 $z = z(x,y)$ 给出, Σ 在 xOy 面上的投影区域为 D_{xy}, 函数 $z = z(x,y)$ 在 D_{xy} 上具有连续偏导数, 被积函数 $f(x,y,z)$ 在 Σ 上连续, 则

$$\iint\limits_{\Sigma} f(x,y,z)\mathrm{d}S = \iint\limits_{D_{xy}} f[x,y,z(x,y)] \sqrt{1 + z_x^2(x,y) + z_y^2(x,y)}\,\mathrm{d}x\mathrm{d}y.$$

同理, 有

$$\iint\limits_{\Sigma} f(x,y,z)\mathrm{d}S = \iint\limits_{D_{zx}} f[x,y(x,z),z] \sqrt{1 + y_x^2(x,z) + y_z^2(x,z)}\,\mathrm{d}x\mathrm{d}z;$$

$$\iint\limits_{\Sigma} f(x,y,z)\mathrm{d}S = \iint\limits_{D_{yz}} f[x(y,z),y,z] \sqrt{1 + x_y^2(y,z) + x_z^2(y,z)}\,\mathrm{d}y\mathrm{d}z.$$

简称 "一投, 二代, 三换".

② 利用曲面的对称性和函数的奇偶性.

(ⅰ) 关于坐标面对称: 设曲面 $\Sigma = \Sigma_1 + \Sigma_2$, 其中 Σ_1, Σ_2 关于 $z = 0$ 对称, 则

$$\iint\limits_{\Sigma} f(x,y,z)\mathrm{d}S = \begin{cases} 2\iint\limits_{\Sigma_1} f(x,y,z)\mathrm{d}S, & f(x,y,-z) = f(x,y,z), \\ 0, & f(x,y,-z) = -f(x,y,z). \end{cases}$$

关于其他面对称类似可得.

(ⅱ) 轮换对称性: 设曲面 Σ 的方程中 x,y,z 依次轮换 $x \to y \to z \to x$, 其方程不变, 则称其关于 x,y,z 具有轮换对称性, 则

$$\iint\limits_{\Sigma} f(x,y,z)\mathrm{d}S = \iint\limits_{\Sigma} f(y,z,x)\mathrm{d}S = \iint\limits_{\Sigma} f(z,x,y)\mathrm{d}S.$$

4. 曲面面积公式

当 $f(x,y,z) = 1$ 时, 对面积的曲面积分表示曲面 Σ 的面积, 可得曲面 Σ 的面积公式.

设曲面 $\Sigma: z = f(x,y)$ 在 xOy 坐标面上的投影 D_{xy}, $f(x,y)$ 在 D_{xy} 上具有连续的偏导数, 则曲面面积为

$$S = \iint\limits_{D_{xy}} \sqrt{1 + \left(\frac{\partial z}{\partial x}\right)^2 + \left(\frac{\partial z}{\partial y}\right)^2}\,\mathrm{d}x\mathrm{d}y,$$

其中, $\mathrm{d}S = \sqrt{1 + \left(\frac{\partial z}{\partial x}\right)^2 + \left(\frac{\partial z}{\partial y}\right)^2}\,\mathrm{d}x\mathrm{d}y$ 称为曲面面积微元.

曲面投影到其他坐标面上也有类似的曲面面积的计算公式.

4.1.4 对坐标的曲面积分

1. 定 义

设 Σ 为光滑的有向曲面,函数 $R(x,y,z)$ 在 Σ 上有界. 把 Σ 任意分成 n 块小曲面 ΔS_1, $\Delta S_2, \cdots, \Delta S_n (\Delta S_i$ 同时也代表第 i 小块曲面的面积). 在 xOy 面上的投影为 $(\Delta S_i)_{xy}$, (ξ_i, η_i, ζ_i) 是 ΔS_i 上任意取定的一点. 如果当各小块曲面的直径的最大值 $\lambda \to 0$ 时,

$$\lim_{\lambda \to 0} \sum_{i=1}^{n} R(\xi_i, \eta_i, \zeta_i)(\Delta S_i)_{xy}$$

总存在,则称此极限为函数 $R(x,y,z)$ 在有向曲面 Σ 上对坐标 x、y 的曲面积分,记作 $\iint\limits_{\Sigma} R(x,y,z) \mathrm{d}x\mathrm{d}y$,即

$$\iint\limits_{\Sigma} R(x,y,z) \mathrm{d}x\mathrm{d}y = \lim_{\lambda \to 0} \sum_{i=1}^{n} R(\xi_i, \eta_i, \zeta_i)(\Delta S_i)_{xy},$$

其中,$R(x,y,z)$ 叫做被积函数,Σ 叫做积分曲面.

类似地,有

$$\iint\limits_{\Sigma} P(x,y,z) \mathrm{d}y\mathrm{d}z = \lim_{\lambda \to 0} \sum_{i=1}^{n} P(\xi_i, \eta_i, \zeta_i)(\Delta S_i)_{yz};$$

$$\iint\limits_{\Sigma} Q(x,y,z) \mathrm{d}z\mathrm{d}x = \lim_{\lambda \to 0} \sum_{i=1}^{n} Q(\xi_i, \eta_i, \zeta_i)(\Delta S_i)_{zx}.$$

2. 性 质

① 与曲面 Σ 的侧有关,即 $\iint\limits_{\Sigma} f(x,y,z) \mathrm{d}x\mathrm{d}y = -\iint\limits_{-\Sigma} f(x,y,z) \mathrm{d}x\mathrm{d}y$,其中,$-\Sigma$ 为曲面 Σ 的另一侧.

② 对曲面的可加性,即若 $\Sigma = \Sigma_1 + \Sigma_2$,则

$$\iint\limits_{\Sigma} f(x,y,z) \mathrm{d}x\mathrm{d}y = \iint\limits_{\Sigma_1} f(x,y,z) \mathrm{d}x\mathrm{d}y + \iint\limits_{\Sigma_2} f(x,y,z) \mathrm{d}x\mathrm{d}y,$$

其他情况类似.

3. 基本计算方法

① 设积分曲面 Σ 由方程 $z = z(x,y)$ 给出,Σ 在 xOy 面上的投影区域为 D_{xy},函数 $z = z(x,y)$ 在 D_{xy} 上具有一阶连续偏导数,被积函数 $R(x,y,z)$ 在 Σ 上连续,则

$$\iint\limits_{\Sigma} R(x,y,z) \mathrm{d}x\mathrm{d}y = \pm \iint\limits_{D_{xy}} R[x,y,z(x,y)] \mathrm{d}x\mathrm{d}y,$$

其中,当 Σ 取上侧时,积分前取"＋";当 Σ 取下侧时,积分前取"－". 简称"一投,二代,三定号".

类似地,如果 Σ 由 $x = x(y,z)$ 给出,则

$$\iint\limits_{\Sigma} P(x,y,z) \mathrm{d}y\mathrm{d}z = \pm \iint\limits_{D_{yz}} P[x(y,z),y,z] \mathrm{d}y\mathrm{d}z,$$

当 Σ 取前侧、后侧时,积分前分别取"＋"和"－". 如果 Σ 由 $y = y(z,x)$ 给出,则

$$\iint_{\Sigma} Q(x,y,z)\mathrm{d}z\mathrm{d}x = \pm \iint_{D_{zx}} Q[x,y(z,x),z]\mathrm{d}z\mathrm{d}x.$$

当 Σ 取右侧、左侧时,积分前分别取"+"和"−".

② 利用曲面的对称性和函数的奇偶性计算.

设有向曲面 $\Sigma = \Sigma_1 + \Sigma_2$,其中 Σ_1 和 Σ_2 关于 $z=0$ 对称,正侧不变,则

$$\iint_{\Sigma} R(x,y,z)\mathrm{d}x\mathrm{d}y = \begin{cases} 0, & R(x,y,-z) = R(x,y,z), \\ 2\iint_{\Sigma_1} R(x,y,z)\mathrm{d}x\mathrm{d}y, & R(x,y,-z) = -R(x,y,z). \end{cases}$$

$$\iint_{\Sigma} P(x,y,z)\mathrm{d}y\mathrm{d}z = \begin{cases} 2\iint_{\Sigma_1} P(x,y,z)\mathrm{d}y\mathrm{d}z, & P(x,y,-z) = P(x,y,z), \\ 0, & P(x,y,-z) = -P(x,y,z). \end{cases}$$

$$\iint_{\Sigma} Q(x,y,z)\mathrm{d}z\mathrm{d}x = \begin{cases} 2\iint_{\Sigma_1} Q(x,y,z)\mathrm{d}z\mathrm{d}x, & Q(-x,y,z) = Q(x,y,z), \\ 0, & Q(-x,y,z) = -Q(x,y,z). \end{cases}$$

关于其他面对称类似可得.

4. 两类曲面积分之间的转换

设有向曲面 Σ 上任一点 (x,y,z) 处法向量的方向余弦为 $\cos\alpha,\cos\beta,\cos\gamma$,则有

$$\iint_{\Sigma} P\mathrm{d}y\mathrm{d}z + Q\mathrm{d}z\mathrm{d}x + R\mathrm{d}x\mathrm{d}y = \iint_{\Sigma} (P\cos\alpha + Q\cos\beta + R\cos\gamma)\mathrm{d}S.$$

4.1.5 各类积分之间的联系

1. 格林(Green)公式

设闭区域 D 由分段光滑的曲线 L 围成,函数 $P(x,y)$ 及 $Q(x,y)$ 在 D 上具有一阶连续偏导数,则

$$\iint_{D}\left(\frac{\partial Q}{\partial x} - \frac{\partial P}{\partial y}\right)\mathrm{d}x\mathrm{d}y = \oint_{L} P\mathrm{d}x + Q\mathrm{d}y,$$

其中,L 是 D 的取正向的边界曲线.

特别地,格林公式可以求区域 D 的面积 $S = \dfrac{1}{2}\oint_{L} y\mathrm{d}x - x\mathrm{d}y.$

2. 高斯(Gauss)公式

设空间闭区域 Ω 是由分片光滑的闭曲面 Σ 所围成,函数 $P(x,y,z)$、$Q(x,y,z)$、$R(x,y,z)$ 在 Ω 上具有一阶连续偏导数,则

$$\oiint_{\Sigma} P\mathrm{d}y\mathrm{d}z + Q\mathrm{d}z\mathrm{d}x + R\mathrm{d}x\mathrm{d}y = \iiint_{\Omega}\left(\frac{\partial P}{\partial x} + \frac{\partial Q}{\partial y} + \frac{\partial R}{\partial z}\right)\mathrm{d}v,$$

或

$$\oiint_{\Sigma} (P\cos\alpha + Q\cos\beta + R\cos\gamma)\mathrm{d}S = \iiint_{\Omega}\left(\frac{\partial P}{\partial x} + \frac{\partial Q}{\partial y} + \frac{\partial R}{\partial z}\right)\mathrm{d}v.$$

这里 Σ 是 Ω 的整个边界曲面的外侧,$\cos\alpha$、$\cos\beta$、$\cos\gamma$ 是 Σ 在点 (x,y,z) 处的法向量的方向余弦.

公式的左端可解释为单位时间内离开闭区域 Ω 的流体的总质量,右端可解释为分布在 Ω 内的源头在单位时间内所产生的流体的总质量.

由散度的定义,高斯公式又可以写为 $\oiint\limits_{\Sigma} \boldsymbol{v} \, \mathrm{d}\boldsymbol{s} = \pm \iiint\limits_{\Omega} \operatorname{div} \boldsymbol{v} \, \mathrm{d}v$.

3. 斯托克斯(Stokes)公式

设 Γ 为分段光滑的空间有向闭曲线,Σ 是以 Γ 为边界的分片光滑的有向曲面,Γ 的正向与 Σ 的侧符合右手规则,函数 $P(x,y,z)$、$Q(x,y,z)$、$R(x,y,z)$ 在曲面 Σ(连同边界)上具有一阶连续偏导数,则有

$$\iint\limits_{\Sigma} \left(\frac{\partial R}{\partial y} - \frac{\partial Q}{\partial z}\right)\mathrm{d}y\mathrm{d}z + \left(\frac{\partial P}{\partial z} - \frac{\partial R}{\partial x}\right)\mathrm{d}z\mathrm{d}x + \left(\frac{\partial Q}{\partial x} - \frac{\partial P}{\partial y}\right)\mathrm{d}x\mathrm{d}y = \oint_{\Gamma} P\,\mathrm{d}x + Q\,\mathrm{d}y + R\,\mathrm{d}z.$$

记忆方式:

$$\iint\limits_{\Sigma} \begin{vmatrix} \mathrm{d}y\mathrm{d}z & \mathrm{d}z\mathrm{d}x & \mathrm{d}x\mathrm{d}y \\ \dfrac{\partial}{\partial x} & \dfrac{\partial}{\partial y} & \dfrac{\partial}{\partial z} \\ P & Q & R \end{vmatrix} = \oint_{\Gamma} P\,\mathrm{d}x + Q\,\mathrm{d}y + R\,\mathrm{d}z,$$

或

$$\iint\limits_{\Sigma} \begin{vmatrix} \cos\alpha & \cos\beta & \cos\gamma \\ \dfrac{\partial}{\partial x} & \dfrac{\partial}{\partial y} & \dfrac{\partial}{\partial z} \\ P & Q & R \end{vmatrix} \mathrm{d}S = \oint_{\Gamma} P\,\mathrm{d}x + Q\,\mathrm{d}y + R\,\mathrm{d}z,$$

由旋度的定义,上面两个式子又可以写成 $\iint\limits_{\Sigma} \mathbf{rot}\,\boldsymbol{A} \cdot \mathrm{d}\boldsymbol{S} = \oint_{\Gamma} \boldsymbol{A} \cdot \mathrm{d}\boldsymbol{r}$ 或 $\iint\limits_{\Sigma} \mathbf{rot}\,\boldsymbol{A} \cdot \boldsymbol{n}\,\mathrm{d}S = \oint_{\Gamma} \boldsymbol{A} \cdot \mathrm{d}\boldsymbol{r}$. 其中,$\boldsymbol{A} = (P(x,y,z))$,$Q(x,y,z)$,$R(x,y,z)$,$\boldsymbol{n} = (\cos\alpha, \cos\beta, \cos\gamma)$,$\mathrm{d}\boldsymbol{S} = (\mathrm{d}y\mathrm{d}z, \mathrm{d}z\mathrm{d}x, \mathrm{d}x\mathrm{d}y)$,$\mathrm{d}\boldsymbol{r} = (\mathrm{d}x, \mathrm{d}y, \mathrm{d}z)$.

格林公式是斯托克斯公式的特例.

由格林公式和斯托克斯公式可以得到积分与路径无关的条件.

4. 平面曲线积分与路径无关的条件

设 D 是平面单连通区域,函数 $P(x,y)$,$Q(x,y)$ 在 D 上具有一阶连续偏导数,则下列结论等价:

① 对于 D 内任一分段光滑的简单闭曲线 L,有 $\oint_{L} P(x,y)\mathrm{d}x + Q(x,y)\mathrm{d}y = 0$.

② 曲线积分 $\int_{L} P(x,y)\mathrm{d}x + Q(x,y)\mathrm{d}y$ 的值在 D 内与曲线的路径无关,只与曲线的起点与终点的位置有关.

③ 在 D 内存在二元函数 $u(x,y)$,使得 $\mathrm{d}u(x,y) = P(x,y)\mathrm{d}x + Q(x,y)\mathrm{d}y$,此时

$$u(x,y) = \int_{(x_0,y_0)}^{(x,y)} P(x,y)\mathrm{d}x + Q(x,y)\mathrm{d}y = \int_{x_0}^{x} P(x,y_0)\mathrm{d}x + \int_{y_0}^{y} Q(x,y)\mathrm{d}y,$$

其中 $(x_0,y_0) \in D$.

④ $\forall (x,y) \in D, \dfrac{\partial Q}{\partial x} = \dfrac{\partial P}{\partial y}$.

推广上述结论可得空间曲线积分 $\oint_{\Gamma} P(x,y,z)\mathrm{d}x + Q(x,y,z)\mathrm{d}y + R(x,y,z)\mathrm{d}z$ 与路径无关的条件:

$$\frac{\partial Q}{\partial x} = \frac{\partial P}{\partial y}, \quad \frac{\partial R}{\partial y} = \frac{\partial Q}{\partial z}, \quad \frac{\partial P}{\partial z} = \frac{\partial R}{\partial x}.$$

4.2 典型例题分析

例 1 计算积分 $\oint_{L} |x| \mathrm{d}s$,其中 L 为双纽线 $(x^2+y^2)^2 = a^2(x^2-y^2)(a>0)$.

解 令 $x = \rho\cos\varphi, y = \rho\sin\varphi$,则双纽线方程为 $\rho^2 = a^2\cos 2\varphi$,它在第一象限的部分为 $L_1: \rho = a\sqrt{\cos 2\varphi}\left(0 \leqslant \varphi \leqslant \dfrac{\pi}{4}\right)$,由对称性可得

$$\oint_{L} |x| \mathrm{d}s = 4\oint_{L_1} x\mathrm{d}s = 4\int_0^{\frac{\pi}{4}} \rho\cos\varphi \sqrt{\rho^2(\varphi) + \rho'^2(\varphi)}\,\mathrm{d}\varphi$$

$$= 4\int_0^{\frac{\pi}{4}} \rho\cos\varphi \cdot \frac{a^2}{\rho}\mathrm{d}\varphi = 4a^2\int_0^{\frac{\pi}{4}} \cos\varphi\mathrm{d}\varphi = 2\sqrt{2}a^2.$$

例 2 计算积分 $\displaystyle\int_{\Gamma} \frac{(x+2)^2+(y-3)^2}{x^2+y^2+z^2}\mathrm{d}s$,其中 Γ: $\begin{cases} x^2+y^2+z^2 = a^2 \\ x+y=0 \end{cases}(a>0)$.

解 利用曲线方程,有

$$\int_{\Gamma} \frac{(x+2)^2+(y-3)^2}{x^2+y^2+z^2}\mathrm{d}s = \frac{1}{a^2}\int_{\Gamma} [(x+2)^2+(y-3)^2]\mathrm{d}s,$$

由于曲线 Γ 关于 x,y 轮换对称,则有

$$\oint_{\Gamma} x^2\mathrm{d}s = \oint_{\Gamma} y^2\mathrm{d}s,$$

$$\oint_{\Gamma} x\mathrm{d}s = \oint_{\Gamma} y\mathrm{d}s = \frac{1}{2}\oint_{\Gamma}(x+y)\mathrm{d}s = 0,$$

从而

$$\frac{1}{a^2}\int_{\Gamma} [(x+2)^2+(y-3)^2]\mathrm{d}s$$

$$= \frac{1}{a^2}\int_{\Gamma} (x^2+y^2+4x-6y+13)\mathrm{d}s$$

$$= \frac{1}{a^2}\int_{\Gamma} (2x^2+13)\mathrm{d}s,$$

Γ 的参数方程为 $x = \dfrac{a}{\sqrt{2}}\cos\theta, y = -\dfrac{a}{\sqrt{2}}\cos\theta, z = a\sin\theta(0 \leqslant \theta \leqslant 2\pi)$,因此

$$\mathrm{d}s = \sqrt{x'^2(\theta)+y'^2(\theta)+z'^2(\theta)}\,\mathrm{d}\theta = a\mathrm{d}\theta,$$

所以原式 $= \dfrac{1}{a}\displaystyle\int_0^{2\pi}(a^2\cos^2\theta+13)\mathrm{d}\theta = a\pi + \dfrac{26\pi}{a}$.

例 3 计算 $\oint_{\Gamma} x^2 yz\mathrm{d}x + (x^2+y^2)\mathrm{d}y + (x+y+1)\mathrm{d}z$,其中 Γ 为曲面 $x^2+y^2+z^2 = 5$ 和 $z=$

x^2+y^2+1 的交线,取 Γ 的方向为面对 z 轴正向看去是顺时针方向.

解 方法一:由 $\begin{cases} x^2+y^2+z^2=5 \\ z=x^2+y^2+1 \end{cases}$,联立求解得 $z=2,z=-3$,由于 $z>0$,所以 $z=-3$ 舍

去,Γ 的方程可化简为 $\begin{cases} x^2+y^2=1 \\ z=2 \end{cases}$,其参数方程为 $\begin{cases} x=\cos t \\ y=\sin t\ (t:2\pi\to 0) \\ z=2 \end{cases}$,所以

$$\oint_\Gamma x^2yz\,\mathrm{d}x+(x^2+y^2)\mathrm{d}y+(x+y+1)\mathrm{d}z=\int_{2\pi}^0(-2\cos^2 t\sin^2 t+\cos t)\mathrm{d}t=\frac{\pi}{2}.$$

方法二:利用斯托克斯公式化为曲面积分计算.

取以 Γ 为边界的有向曲面 $S:z=2$ 的下侧,其法向量为 $\boldsymbol{n}=(0,0,-1)$,S 在 xOy 面的投影区域为 $D_{xy}:x^2+y^2\leqslant 1$,于是

$$\begin{aligned}
\oint_\Gamma x^2yz\,\mathrm{d}x+(x^2+y^2)\mathrm{d}y+(x+y+1)\mathrm{d}z&=\iint_S\begin{vmatrix} \mathrm{d}y\mathrm{d}z & \mathrm{d}z\mathrm{d}x & \mathrm{d}x\mathrm{d}y \\ \dfrac{\partial}{\partial x} & \dfrac{\partial}{\partial y} & \dfrac{\partial}{\partial z} \\ x^2yz & x^2+y^2 & x+y+1 \end{vmatrix} \\
&=\iint_S \mathrm{d}y\mathrm{d}z+(x^2y-1)\mathrm{d}z\mathrm{d}x+(2x-x^2z)\mathrm{d}x\mathrm{d}y \\
&=\iint_{D_{xy}}(1,x^2y-1,2x-2x^2)\cdot(0,0,-1)\mathrm{d}x\mathrm{d}y \\
&=\iint_{D_{xy}}(-2x+2x^2)\mathrm{d}x\mathrm{d}y=\frac{\pi}{2}.
\end{aligned}$$

例 4 设 L 是曲线 $y=\sqrt{2x-x^2}$ 上从点 $(0,0)$ 到点 $(1,1)$ 的一段,将对弧长的曲线积分 $I=\displaystyle\int_L[y\sqrt{2x-x^2}+x(1-x)]\mathrm{d}s$,化为对坐标的曲线积分,并求它的值.

解 因为 $\mathrm{d}s=\sqrt{1+(y')^2}\mathrm{d}x=\dfrac{\mathrm{d}x}{\sqrt{2x-x^2}}$,所以

$$\cos\alpha=\frac{\mathrm{d}x}{\mathrm{d}s}=\sqrt{2x-x^2},$$

$$\cos\beta=\frac{\mathrm{d}y}{\mathrm{d}s}=\frac{y'\mathrm{d}x}{\mathrm{d}s}=1-x,$$

故 $I=\displaystyle\int_L(y\cos\alpha+x\cos\beta)\mathrm{d}s=\int_L y\mathrm{d}x+x\mathrm{d}y.$

将曲线 $L:y^2+(x-1)^2=1$ 用参数式表示,即 $x=1+\cos t,y=\sin t$,则得

$$I=\int_\pi^{\frac{\pi}{2}}[-\sin^2 t+(1+\cos t)\cos t]\mathrm{d}t=1.$$

例 5 设 L 为 $x^2+y^2=2x(y\geqslant 0)$ 上从 $O(0,0)$ 到 $A(2,0)$ 的一段弧,连续函数 $f(x)$ 满足 $f(x)=x^2+\displaystyle\int_L y[f(x)+\mathrm{e}^x]\mathrm{d}x+(\mathrm{e}^x-xy^2)\mathrm{d}y$,求 $f(x)$.

解 设 $\displaystyle\int_L y[f(x)+\mathrm{e}^x]\mathrm{d}x+(\mathrm{e}^x-xy^2)\mathrm{d}y=a$,则 $f(x)=x^2+a$,记 L 与 $\overrightarrow{AO}$ 包围的区域为 D,应用格林公式,有

$$a=\int_{L+\overrightarrow{AO}} y[f(x)+\mathrm{e}^x]\mathrm{d}x+(\mathrm{e}^x-xy^2)\mathrm{d}y-\int_{\overrightarrow{AO}} y[f(x)+\mathrm{e}^x]\mathrm{d}x+(\mathrm{e}^x-xy^2)\mathrm{d}y$$

$$= -\iint_D (e^x - y^2 - x^2 - a - e^x) dx dy - 0$$

$$= \iint_D (x^2 + y^2) dx dy + a \iint_D dx dy$$

$$= \int_0^{\frac{\pi}{2}} d\theta \int_0^{2\cos\theta} \rho^3 d\rho + \frac{\pi}{2} a = \int_0^{\frac{\pi}{2}} 4\cos^4\theta d\theta + \frac{\pi}{2} a = \frac{3}{4}\pi + \frac{\pi}{2} a,$$

解得 $a = \dfrac{3\pi}{4 - 2\pi}$, 于是 $f(x) = x^2 + \dfrac{3\pi}{4 - 2\pi}$.

例 6 计算曲线积分 $I = \oint_L \dfrac{x dy - y dx}{4x^2 + y^2}$, 其中曲线 L 为以下几种情况:

(1) L 沿圆周 $(x-1)^2 + y^2 = a^2 (a > 0, a \neq 1)$, 其方向为逆时针方向;

(2) L 是从点 $A(-1, 0)$ 经点 $B(1, 0)$ 到点 $C(-1, 2)$ 的路径, 弧 $\overset{\frown}{AB}$ 为下半圆周, $\overrightarrow{BC}$ 为直线段.

解 (1) 这里 $P = \dfrac{-y}{4x^2 + y^2}$, $Q = \dfrac{x}{4x^2 + y^2}$, 故有

$$\frac{\partial P}{\partial y} = \frac{y^2 - 4x^2}{(4x^2 + y^2)^2} = \frac{\partial Q}{\partial x}, \quad (x, y) \neq (0, 0).$$

由 L: $(x-1)^2 + y^2 = a^2$ 所围成的平面区域为 D.

当 $a < 1$ 时, $(0, 0) \notin D$, 由格林公式得

$$I = \oint_L \frac{x dy - y dx}{4x^2 + y^2} = \iint_D \left(\frac{\partial Q}{\partial x} - \frac{\partial P}{\partial y} \right) dx dy = 0.$$

当 $a > 1$ 时, $(0, 0) \in D$, $(0, 0)$ 为奇点, 在 D 内作一小椭圆 L_1: $4x^2 + y^2 = \varepsilon^2$ ($\varepsilon > 0, \varepsilon$ 充分小), 其方程为顺时针方向, 于是

$$\oint_{L + L_1} \frac{x dy - y dx}{4x^2 + y^2} = \iint_D \left(\frac{\partial Q}{\partial x} - \frac{\partial P}{\partial y} \right) dx dy = 0,$$

从而 $\oint_L \dfrac{x dy - y dx}{4x^2 + y^2} = \oint_{L_1^-} \dfrac{x dy - y dx}{4x^2 + y^2} = \dfrac{1}{\varepsilon^2} \iint_D 2 dx dy = \dfrac{2}{\varepsilon^2} \pi \cdot \dfrac{\varepsilon}{2} \cdot \varepsilon = \pi.$

(2) 添加有向线段 $\overrightarrow{CA}$: $x = -1, (y: 2 \to 0)$, 并在闭路 $L + \overrightarrow{CA}$ 内作一小椭圆 L_ε: $4x^2 + y^2 = \varepsilon^2$ ($\varepsilon > 0$, 充分小), 其方向为顺时针方向 (如图 4.1 所示).

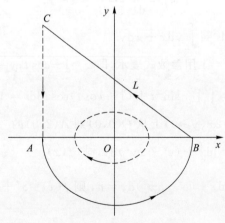

图 4.1

由 L、$\overrightarrow{CA}$ 与 L_ε 所围成的平面复连通区域为 D，由格林公式得

$$\oint_{L+\overrightarrow{CA}+L_\varepsilon} \frac{x\,\mathrm{d}y - y\,\mathrm{d}x}{4x^2 + y^2} = \iint\limits_D \left(\frac{\partial Q}{\partial x} - \frac{\partial P}{\partial y}\right)\mathrm{d}x\mathrm{d}y = 0,$$

又

$$\int_{\overrightarrow{CA}} \frac{x\,\mathrm{d}y - y\,\mathrm{d}x}{4x^2 + y^2} = -\int_2^0 \frac{1}{4+y^2}\mathrm{d}y = \int_0^2 \frac{1}{4+y^2}\mathrm{d}y = \frac{\pi}{8},$$

$$\oint_{L_\varepsilon} \frac{x\,\mathrm{d}y - y\,\mathrm{d}x}{4x^2 + y^2} = \frac{1}{\varepsilon^2}\oint_{L_\varepsilon} x\,\mathrm{d}y - y\,\mathrm{d}x = -\frac{2}{\varepsilon^2}\iint\limits_{D_\varepsilon}\mathrm{d}\sigma = -\frac{2}{\varepsilon^2}\cdot\pi\cdot\frac{\varepsilon}{2}\cdot\varepsilon = -\pi,$$

故 $I = \int_L = \oint_{L+\overrightarrow{CA}+L_\varepsilon} - \int_{\overrightarrow{CA}} - \oint_{L_\varepsilon} = 0 - \frac{\pi}{8} - (-\pi) = \frac{7}{8}\pi$.

例 7　设 $f(u)$ 具有连续的一阶导数，l_{AB} 为以 $\overrightarrow{AB}$ 为直径的左上半圆弧，从 A 到 B，其中点 $A(1,1)$，点 $B(3,3)$，计算 $I = \int_{l_{AB}} \left[\frac{1}{x}f\left(\frac{x}{y}\right) + 2y\right]\mathrm{d}x - \left[\frac{1}{y}f\left(\frac{x}{y}\right) + x\right]\mathrm{d}y$.

解　添加线段 $\overrightarrow{BA}$（即半圆的直径从 B 到 A），有

$$I = \int_{l_{AB}+\overrightarrow{BA}} \left[\frac{1}{x}f\left(\frac{x}{y}\right) + 2y\right]\mathrm{d}x - \left[\frac{1}{y}f\left(\frac{x}{y}\right) + x\right]\mathrm{d}y -$$

$$\int_{\overrightarrow{BA}} \left[\frac{1}{x}f\left(\frac{x}{y}\right) + 2y\right]\mathrm{d}x - \left[\frac{1}{y}f\left(\frac{x}{y}\right) + x\right]\mathrm{d}y,$$

其中，$l_{AB} + \overrightarrow{BA}$（负向）围成的有界区域为 $D = \{(x,y)\mid (x-2)^2 + (y-2)^2 \leqslant (\sqrt{2})^2, y \geqslant x\}$.

利用格林公式，得

$$\int_{l_{AB}+\overrightarrow{BA}} \left[\frac{1}{x}f\left(\frac{x}{y}\right) + 2y\right]\mathrm{d}x - \left[\frac{1}{y}f\left(\frac{x}{y}\right) + x\right]\mathrm{d}y$$

$$= -\iint\limits_D -3\mathrm{d}\sigma = 3\pi,$$

且

$$\int_{\overrightarrow{BA}} \left[\frac{1}{x}f\left(\frac{x}{y}\right) + 2y\right]\mathrm{d}x - \left[\frac{1}{y}f\left(\frac{x}{y}\right) + x\right]\mathrm{d}y = \int_3^1 \left[\frac{1}{x}f(1) + 2x - \frac{1}{x}f(1) - x\right]\mathrm{d}x$$

$$= -4,$$

所以 $I = 3\pi + 4$.

例 8（2012 年国家决赛）　设连续可微函数 $z = z(x,y)$ 由方程 $F(xz-y, x-yz) = 0$（其中 $F(u,v)$ 有连续的偏导数）唯一确定，L 为正向单位圆周. 试求：

$$I = \oint_L (xz^2 + 2yz)\mathrm{d}y - (2xz + yz^2)\mathrm{d}x.$$

证明　令 $P(x,y) = -2xz - yz^2$，$Q(x,y) = xz^2 + 2yz$，则

$$\frac{\partial Q}{\partial x} - \frac{\partial P}{\partial y} = 2(xz+y)\frac{\partial z}{\partial x} + 2(x+yz)\frac{\partial z}{\partial y} + 2z^2,$$

应用格林公式，有

$$I = \oint_L (xz^2 + 2yz)\mathrm{d}y - (2xz + yz^2)\mathrm{d}x$$

$$= 2\iint\limits_{x^2+y^2\leqslant 1} \left[(xz+y)\frac{\partial z}{\partial x} + (x+yz)\frac{\partial z}{\partial y} + z^2\right]\mathrm{d}x\mathrm{d}y,$$

对方程 $F(xz-y, x-yz) = 0$ 两边关于 x 求导，得到 $\left(z + x\frac{\partial z}{\partial x}\right)F_u + \left(1 - y\frac{\partial z}{\partial x}\right)F_v = 0$，解

得 $\dfrac{\partial z}{\partial x} = -\dfrac{zF_u + F_v}{xF_u - yF_v}$;

对方程 $F(xz-y, x-yz)=0$ 两边关于 y 求导,得到 $\left(x\dfrac{\partial z}{\partial y}-1\right)F_u + \left(-z-y\dfrac{\partial z}{\partial y}\right)F_v = 0$,

解得 $\dfrac{\partial z}{\partial y} = \dfrac{F_u + zF_v}{xF_u - yF_v}$.

于是

$$x\frac{\partial z}{\partial x} + y\frac{\partial z}{\partial y} = \frac{z(-xF_u + yF_v) + (yF_u - xF_v)}{xF_u - yF_v} = \frac{yF_u - xF_v}{xF_u - yF_v} - z,$$

$$y\frac{\partial z}{\partial x} + x\frac{\partial z}{\partial y} = \frac{z(-yF_u + xF_v) + (xF_u - yF_v)}{xF_u - yF_v} = 1 - \frac{z(yF_u - xF_v)}{xF_u - yF_v},$$

由此得到

$$(xz + y)\frac{\partial z}{\partial x} + (x + yz)\frac{\partial z}{\partial y} = 1 - z^2,$$

从而

$$I = \oint_L (xz^2 + 2yz)\mathrm{d}y - (2xz + yz^2)\mathrm{d}x = 2\iint_{x^2+y^2\leqslant 1} \mathrm{d}x\mathrm{d}y = 2\pi.$$

例 9 设 C 是取正向的圆周 $(x-1)^2 + (y-1)^2 = 1$,$f(x,y)$ 是连续函数且 $f(x,y) > 0$,证明:$\oint_C xf(y)\mathrm{d}y - \dfrac{y}{f(x)}\mathrm{d}x \geqslant 2\pi$.

证明 应用格林公式,得

$$\oint_C xf(y)\mathrm{d}y - \frac{y}{f(x)}\mathrm{d}x = \iint_D \left[f(y) + \frac{1}{f(x)}\right]\mathrm{d}x\mathrm{d}y,$$

其中,D 是由圆周 $(x-1)^2 + (y-1)^2 = 1$ 所围成的区域,因为 D 关于 $y=x$ 对称,故有

$$\iint_D f(x)\mathrm{d}x\mathrm{d}y = \iint_D f(y)\mathrm{d}x\mathrm{d}y,$$

于是

$$\oint_C xf(y)\mathrm{d}y - \frac{y}{f(x)}\mathrm{d}x = \iint_D \left[f(y) + \frac{1}{f(x)}\right]\mathrm{d}x\mathrm{d}y = \iint_D \left[f(x) + \frac{1}{f(x)}\right]\mathrm{d}x\mathrm{d}y$$

$$\geqslant \iint_D 2\sqrt{f(x)} \cdot \frac{1}{\sqrt{f(x)}}\mathrm{d}x\mathrm{d}y = 2\iint_D \mathrm{d}x\mathrm{d}y = 2\pi.$$

例 10 计算由曲线 L:$\left(\dfrac{x}{a}\right)^{2n+1} + \left(\dfrac{y}{b}\right)^{2n+1} = c\left(\dfrac{x}{a}\right)^n\left(\dfrac{y}{b}\right)^n (a>0, b>0, c>0, n>0)$ 所围成的面积.

解 作变换 $y = \dfrac{b}{a}xt$,即得曲线的参数方程为

$$x = \frac{act^n}{1+t^{2n+1}}, \quad y = \frac{bct^{n+1}}{1+t^{2n+1}} \quad (0 \leqslant t < +\infty).$$

易知 $x\mathrm{d}y - y\mathrm{d}x = \dfrac{abc^2 t^{2n}}{(1+t^{2n+1})^2}\mathrm{d}t$,于是面积为

$$S = \frac{1}{2}\oint_L x\mathrm{d}y - y\mathrm{d}x = \frac{abc^2}{2}\int_0^{+\infty} \frac{t^{2n}}{(1+t^{2n+1})^2}\mathrm{d}t$$

$$= -\frac{abc^2}{2(2n+1)} \cdot \frac{1}{1+t^{2n+1}}\bigg|_0^{+\infty} = \frac{abc^2}{2(2n+1)}.$$

例 **11**(2009 年国家预赛)　已知平面区域 $D=\{(x,y)\,|\,x^2+y^2\leqslant1\}$，$l$ 为 D 的边界正向一周,证明:

(1) $I=\displaystyle\oint_l\frac{x\mathrm{e}^{\sin y}\mathrm{d}y-y\mathrm{e}^{-\sin x}\mathrm{d}x}{4x^2+5y^2}=\oint_l\frac{x\mathrm{e}^{-\sin y}\mathrm{d}y-y\mathrm{e}^{\sin x}\mathrm{d}x}{5x^2+4y^2}$;

(2) $I=\displaystyle\oint_l\frac{x\mathrm{e}^{\sin y}\mathrm{d}y-y\mathrm{e}^{-\sin x}\mathrm{d}x}{4x^2+5y^2}\geqslant\frac{2}{5}\pi$.

解　(1) 方法一:参数式法.

令 $x=\cos t,y=\sin t$,于是

$$\oint_l\frac{x\mathrm{e}^{\sin y}\mathrm{d}y-y\mathrm{e}^{-\sin x}\mathrm{d}x}{4x^2+5y^2}=\int_0^{2\pi}\frac{\cos^2 t\cdot\mathrm{e}^{\sin(\sin t)}+\sin^2 t\cdot\mathrm{e}^{-\sin(\cos t)}}{4+\sin^2 t}\mathrm{d}t,\qquad(4.1)$$

$$\oint_l\frac{x\mathrm{e}^{-\sin y}\mathrm{d}y-y\mathrm{e}^{\sin x}\mathrm{d}x}{5x^2+4y^2}=\int_{\frac{\pi}{2}}^{\frac{5\pi}{2}}\frac{\cos^2 t\cdot\mathrm{e}^{-\sin(\sin t)}+\sin^2 t\cdot\mathrm{e}^{\sin(\cos t)}}{4+\cos^2 t}\mathrm{d}t,$$

令 $t=\dfrac{\pi}{2}+u$,则

$$\oint_l\frac{x\mathrm{e}^{-\sin y}\mathrm{d}y-y\mathrm{e}^{\sin x}\mathrm{d}x}{5x^2+4y^2}=\int_{\frac{\pi}{2}}^{\frac{5\pi}{2}}\frac{\cos^2 t\cdot\mathrm{e}^{-\sin(\sin t)}+\sin^2 t\cdot\mathrm{e}^{\sin(\cos t)}}{4+\cos^2 t}\mathrm{d}t$$

$$=\int_0^{2\pi}\frac{\sin^2 u\cdot\mathrm{e}^{-\sin(\cos u)}+\cos^2 u\cdot\mathrm{e}^{\sin(\sin u)}}{4+\sin^2 u}\mathrm{d}u,$$

令 $v=-u$,则

$$\int_0^{2\pi}\frac{\sin^2 u\cdot\mathrm{e}^{-\sin(\cos u)}+\cos^2 u\cdot\mathrm{e}^{\sin(\sin u)}}{4+\sin^2 u}\mathrm{d}u=-\int_0^{-2\pi}\frac{\sin^2 v\cdot\mathrm{e}^{-\sin(\cos v)}+\cos^2 v\cdot\mathrm{e}^{\sin(\sin v)}}{4+\sin^2 v}\mathrm{d}v$$

$$=\int_{-2\pi}^0\frac{\sin^2 v\cdot\mathrm{e}^{-\sin(\cos v)}+\cos^2 v\cdot\mathrm{e}^{\sin(\sin v)}}{4+\sin^2 v}\mathrm{d}v$$

$$=\int_0^{2\pi}\frac{\cos^2 t\cdot\mathrm{e}^{\sin(\sin t)}+\sin^2 t\cdot\mathrm{e}^{-\sin(\cos t)}}{4+\sin^2 t}\mathrm{d}t,$$

由式(4.1),得

$$\oint_l\frac{x\mathrm{e}^{\sin y}\mathrm{d}y-y\mathrm{e}^{-\sin x}\mathrm{d}x}{4x^2+5y^2}=\oint_l\frac{x\mathrm{e}^{-\sin y}\mathrm{d}y-y\mathrm{e}^{\sin x}\mathrm{d}x}{5x^2+4y^2}.$$

方法二:格林公式法.

由于分母含有 $4x^2+5y^2$,因此在点 O 处它为零,不能直接用格林公式,先将 l 代入分母变形,并请注意两项变形不同之处.

$$I\text{ 的左边}=\oint_l\frac{x\mathrm{e}^{\sin y}}{4+y^2}\mathrm{d}y-\frac{y\mathrm{e}^{-\sin x}}{5-x^2}\mathrm{d}x=\iint_D\left(\frac{\mathrm{e}^{\sin y}}{4+y^2}+\frac{\mathrm{e}^{-\sin x}}{5-x^2}\right)\mathrm{d}x\mathrm{d}y,$$

$$I\text{ 的右边}=\oint_l\frac{x\mathrm{e}^{-\sin y}}{5-y^2}\mathrm{d}y-\frac{y\mathrm{e}^{\sin x}}{4+x^2}\mathrm{d}x=\iint_D\left(\frac{\mathrm{e}^{-\sin y}}{5-y^2}+\frac{\mathrm{e}^{\sin x}}{4+x^2}\right)\mathrm{d}x\mathrm{d}y,$$

因为区域 D 关于 $y=x$ 对称,所以 x 与 y 轮换对称,故 I 的左边$=I$ 的右边.

(2) 方法一:参数法.

由(1)已有

$$I=\int_0^{2\pi}\frac{\cos^2 t\cdot\mathrm{e}^{\sin(\sin t)}+\sin^2 t\cdot\mathrm{e}^{-\sin(\cos t)}}{4+\sin^2 t}\mathrm{d}t$$

$$\geqslant\frac{1}{5}\int_0^{2\pi}\left[\cos^2 t\cdot\mathrm{e}^{\sin(\sin t)}+\sin^2 t\cdot\mathrm{e}^{-\sin(\cos t)}\right]\mathrm{d}t.$$

又

$$I = \int_0^{2\pi} \frac{\sin^2 u \cdot e^{-\sin(\cos u)} + \cos^2 u \cdot e^{-\sin(\sin u)}}{4 + \sin^2 u} du$$

$$\geqslant \frac{1}{5} \int_0^{2\pi} \left[\sin^2 u \cdot e^{-\sin(\cos u)} + \cos^2 u \cdot e^{-\sin(\sin u)} \right] du$$

$$= -\frac{1}{5} \int_\pi^{-\pi} \left[\sin^2 t \cdot e^{\sin(\cos t)} + \cos^2 t \cdot e^{-\sin(\sin t)} \right] dt \quad (u = \pi - t)$$

$$= \frac{1}{5} \int_0^{2\pi} \left[\sin^2 t \cdot e^{\sin(\cos t)} + \cos^2 t \cdot e^{-\sin(\sin t)} \right] dt,$$

所以

$$2I \geqslant \frac{1}{5} \int_0^{2\pi} \left\{ \sin^2 t \cdot \left[e^{\sin(\cos t)} + e^{-\sin(\cos t)} \right] + \cos^2 t \cdot \left[e^{\sin(\sin t)} + e^{-\sin(\sin t)} \right] \right\} dt$$

$$\geqslant \frac{2}{5} \int_0^{2\pi} (\sin^2 t + \cos^2 t) dt = \frac{4\pi}{5},$$

因此 $I \geqslant \frac{2}{5}\pi$.

方法二：格林公式法.

由(1)得

$$I = \iint_D \left(\frac{e^{\sin y}}{4 + y^2} + \frac{e^{-\sin x}}{5 - x^2} \right) dx dy$$

$$\geqslant \frac{1}{5} \left(\iint_D e^{\sin y} dx dy + \iint_D e^{-\sin x} dx dy \right)$$

$$\geqslant \frac{2}{5} \iint_D dx dy = \frac{2}{5}\pi.$$

例 12（2013 年国家预赛） 设 $I_a(r) = \int_C \frac{y dx - x dy}{(x^2 + y^2)^a}$，其中 a 为常数，曲线 C 为椭圆 $x^2 + xy + y^2 = r^2$，取正向，求极限 $\lim\limits_{r \to +\infty} I_a(r)$.

解 作变换 $\begin{cases} x = (u - v)/\sqrt{2} \\ y = (u + v)/\sqrt{2} \end{cases}$，曲线 C 变为 uOv 平面上的 $\frac{3}{2}u^2 + \frac{1}{2}v^2 = r^2$，也是取正向，且有 $x^2 + y^2 = u^2 + v^2$，$y dx - x dy = v du - u dv$，所以

$$I_a(r) = \int_C \frac{y dx - x dy}{(x^2 + y^2)^a} = \int_C \frac{v du - u dv}{(u^2 + v^2)^a},$$

作变换 $\begin{cases} u = \sqrt{\frac{2}{3}} r \cos\theta, \\ v = \sqrt{2} r \sin\theta, \end{cases}$ 则有

$$I_a(r) = -\frac{2}{\sqrt{3}} r^{2(1-a)} \int_0^{2\pi} \frac{d\theta}{\left(\frac{2}{3}\cos^2\theta + 2\sin^2\theta \right)^a} = -\frac{2}{\sqrt{3}} r^{2(1-a)} J_a,$$

其中，$J_a = \int_0^{2\pi} \frac{d\theta}{\left(\frac{2}{3}\cos^2\theta + 2\sin^2\theta \right)^a}$，$0 < J_a < +\infty$.

因此，当 $a > 1$ 和 $a < 1$ 时，所求极限分别为 0 和 $-\infty$. 而当 $a = 1$ 时，有

$$J_1 = \int_0^{2\pi} \frac{d\theta}{\frac{2}{3}\cos^2\theta + 2\sin^2\theta} = 4\int_0^{\frac{\pi}{2}} \frac{d(\tan\theta)}{\frac{2}{3} + 2\tan^2\theta} = \sqrt{3}\pi,$$

故所求极限为 $\lim\limits_{r \to +\infty} I_a(r) = \begin{cases} 0, & a > 1 \\ -\infty, & a < 1. \\ -2\pi, & a = 1 \end{cases}$

例 13　设函数 $u = u(x, y)$ 在心形线 $L: r = 1 + \cos\theta$ 所围闭区域 D 上具有二阶连续偏导数，$\boldsymbol{n}$ 是曲线 L 上的点指向外侧的法向量（即外法向），$\dfrac{\partial u}{\partial \boldsymbol{n}}$ 是 $u(x, y)$ 沿 L 的外法向的方向导数，L 取逆时针方向．

(1) 证明：$\oint_L \dfrac{\partial u}{\partial \boldsymbol{n}} \mathrm{d}s = \oint_L -\dfrac{\partial u}{\partial y} \mathrm{d}x + \dfrac{\partial u}{\partial x} \mathrm{d}y$；

(2) 若 $\dfrac{\partial^2 u}{\partial x^2} + \dfrac{\partial^2 u}{\partial y^2} = x^2 y - y + 1$，求 $\oint_L \dfrac{\partial u}{\partial \boldsymbol{n}} \mathrm{d}s$．

(1) **证明**　由方向导数的定义

$$\oint_L \frac{\partial u}{\partial \boldsymbol{n}} \mathrm{d}s = \oint_L \left(\frac{\partial u}{\partial x} \cos\alpha + \frac{\partial u}{\partial y} \sin\alpha \right) \mathrm{d}s,$$

其中，α 是 $\boldsymbol{n}$ 相对 x 轴的正向转角．

设 α_1 是 L 的切向量相对于 x 轴的正向转角，则 $\alpha_1 = \alpha + \dfrac{\pi}{2}$ 或 $\alpha = \alpha_1 - \dfrac{\pi}{2}$，故

$$\oint_L \frac{\partial u}{\partial \boldsymbol{n}} \mathrm{d}s = \oint_L \left(\frac{\partial u}{\partial x} \cos\alpha + \frac{\partial u}{\partial y} \sin\alpha \right) \mathrm{d}s = \oint_L \frac{\partial u}{\partial \boldsymbol{n}} \mathrm{d}s = \oint_L \left(\frac{\partial u}{\partial x} \sin\alpha_1 - \frac{\partial u}{\partial y} \cos\alpha_1 \right) \mathrm{d}s$$

$$= \oint_L -\frac{\partial u}{\partial y} \mathrm{d}x + \frac{\partial u}{\partial x} \mathrm{d}y.$$

(2) **解**　应用格林公式

$$\oint_L \frac{\partial u}{\partial \boldsymbol{n}} \mathrm{d}s = \iint_D \left(\frac{\partial^2 u}{\partial x^2} + \frac{\partial^2 u}{\partial y^2} \right) \mathrm{d}x\mathrm{d}y = \iint_D (x^2 y - y + 1) \mathrm{d}x\mathrm{d}y,$$

由对称性得

$$\oint_L \frac{\partial u}{\partial \boldsymbol{n}} \mathrm{d}s = \iint_D 1 \mathrm{d}x\mathrm{d}y = 2\int_0^\pi \mathrm{d}\theta \int_0^{1+\cos\theta} r\mathrm{d}r = \int_0^\pi (1 + \cos\theta)^2 \mathrm{d}\theta = \frac{3}{2}\pi.$$

例 14　一质量为 m 的彗星，在地球引力的作用下，绕以地球为焦点的椭圆轨道运动，已知地球质量为 M，半径为 R．在彗星运动轨道平面内，以地球中心为极点，过近地点的射线为极轴，建立极坐标系，如图 4.2 所示，此时彗星的轨道方程为 $\rho = \dfrac{\varepsilon p}{1 - \varepsilon\cos\varphi}$，其中常数 ε, p 满足 $0 < \varepsilon < 1$，$\dfrac{\varepsilon p}{1 + \varepsilon} > R$，彗星在引力作用下，按逆时针方向绕地球旋转一周时，证明：地球引力所做的功为零．

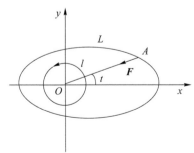

图 4.2

证明 把彗星和地球看做质点,如图 4.2 所示,当彗星运动到点 A 时,在平面直角坐标系中写出其表达式

$$\boldsymbol{F} = \frac{GmM}{x^2 + y^2}\left(\frac{-x}{\sqrt{x^2+y^2}}, \frac{-y}{\sqrt{x^2+y^2}}\right) = -\frac{GmM}{(x^2+y^2)^{\frac{3}{2}}}(x, y),$$

对应位移 $\mathrm{d}\boldsymbol{s} = (\mathrm{d}x, \mathrm{d}y)$ 的做功元素为

$$\mathrm{d}W = \boldsymbol{F} \cdot \mathrm{d}\boldsymbol{s} = -GmM\frac{x\,\mathrm{d}x + y\,\mathrm{d}y}{(x^2+y^2)^{\frac{3}{2}}},$$

于是 $W = -GmM\oint_L \dfrac{x\,\mathrm{d}x + y\,\mathrm{d}y}{(x^2+y^2)^{\frac{3}{2}}}$.

由 $P = \dfrac{x}{(x^2+y^2)^{\frac{3}{2}}}, Q = \dfrac{y}{(x^2+y^2)^{\frac{3}{2}}}$,得 $\dfrac{\partial Q}{\partial x} = -\dfrac{3xy}{(x^2+y^2)^{\frac{5}{2}}} = \dfrac{\partial P}{\partial y}$.

取一个以 $O(0,0)$ 为圆心,充分小的正数 $r\left(0 < r < \dfrac{\varepsilon p}{\varepsilon + p}\right)$ 为半径的逆时针方向的圆周 l:$x = r\cos t, y = r\sin t, 0 \leqslant t \leqslant 2\pi$,则

$$W = -GmM\oint_L \frac{x\,\mathrm{d}x + y\,\mathrm{d}y}{(x^2+y^2)^{\frac{3}{2}}}$$

$$= -\frac{GmM}{r}\int_0^{2\pi}(-\cos t\sin t + \sin t\cos t)\mathrm{d}t = 0.$$

例 15 设 L 为从点 $A(-1,0)$ 到点 $B(3,0)$ 的上半个圆周 $(x-1)^2 + y^2 = 4, y \geqslant 0$,计算曲线积分 $\displaystyle\int_L \frac{(4x-y)\mathrm{d}x + (x+y)\mathrm{d}y}{4x^2 + y^2}$.

解 由 $P(x,y) = \dfrac{4x-y}{4x^2+y^2}, Q(x,y) = \dfrac{x+y}{4x^2+y^2}$,得

$$\frac{\partial P}{\partial y} = \frac{-4x^2 - 8xy + y^2}{(4x^2+y^2)^2} = \frac{\partial Q}{\partial x}, \quad (x,y) \neq (0,0),$$

因此知在不包含点 $O(0,0)$ 在内的单连通区域 D 内,该曲线积分与路径无关. 改取一条路径 l_1, l_1 由下述办法构成:从点 $A(-1,0)$ 到 $C(1,0)$ 沿方程 $4x^2 + y^2 = 4$ 的上半椭圆弧,其参数式可写成弧 $\overset{\frown}{AC}$:$\begin{cases} x = \cos t, \\ y = 2\sin t, \end{cases}$$t$ 从 π 到 0.

从点 $C(1,0)$ 到点 $B(3,0)$ 沿水平线段 $\overrightarrow{CB}$:$y = 0, x$ 从 1 到 3. 于是

$$\int_L \frac{(4x-y)\mathrm{d}x + (x+y)\mathrm{d}y}{4x^2 + y^2} = \int_{\overset{\frown}{AC}} + \int_{\overrightarrow{CB}},$$

其中,

$$\int_{\overset{\frown}{AC}} \frac{(4x-y)\mathrm{d}x + (x+y)\mathrm{d}y}{4x^2 + y^2} = \frac{1}{4}\int_\pi^0 2\mathrm{d}t = -\frac{\pi}{2},$$

$$\int_{\overrightarrow{BC}} \frac{(4x-y)\mathrm{d}x + (x+y)\mathrm{d}y}{4x^2 + y^2} = \int_1^3 \frac{4x}{4x^2}\mathrm{d}x = \ln 3,$$

所以原积分为 $-\dfrac{\pi}{2} + \ln 3$.

例 16 设曲线积分 $\displaystyle\int_L \left[\sin x - f(x)\right]\frac{y}{x}\mathrm{d}x + f(x)\mathrm{d}y$ 与积分路径无关,且 $f(\pi) = 1$,求 $f(x)$,并计算 L 始点为 $A(1,0)$,终点为 $B(\pi,\pi)$ 的曲线积分 I 的值.

解　由 $\dfrac{\partial P}{\partial y}=\dfrac{\partial Q}{\partial x}$ 得，$[\sin x-f(x)]\dfrac{1}{x}=f'(x)$，整理得

$$f'(x)+\frac{1}{x}f(x)=\frac{\sin x}{x},$$

解此一阶非齐次线性方程得

$$f(x)=\mathrm{e}^{-\int\frac{1}{x}\mathrm{d}x}\left(\int\frac{\sin x}{x}\mathrm{e}^{\int\frac{1}{x}\mathrm{d}x}\mathrm{d}x+C\right)$$

$$=\frac{1}{x}\left(\int\frac{\sin x}{x}\cdot x\mathrm{d}x+C\right)$$

$$=\frac{1}{x}(-\cos x+C),$$

由 $f(\pi)=1$，得 $C=\pi-1$，故 $f(x)=\dfrac{1}{x}(\pi-1-\cos x)$，

$$I=\int_{(1,0)}^{(\pi,\pi)}[\sin x-f(x)]\frac{y}{x}\mathrm{d}x+f(x)\mathrm{d}y$$

$$=\int_1^\pi 0\mathrm{d}x+\int_0^\pi f(\pi)\mathrm{d}y=\pi.$$

例 17　试确定常数 λ，使得右半平面 $x>0$ 上，向量场

$$\boldsymbol{A}(x,y)=\{2xy(x^4+y^2)^\lambda,-x^2(x^4+y^2)^\lambda\}=\left(\frac{\partial u}{\partial x},\frac{\partial u}{\partial y}\right)$$

为某函数的梯度场，并求 $u(x,y)$.

解　$\boldsymbol{A}(x,y)$ 为某 $u(x,y)$ 的梯度场的充分必要条件是

$$\boldsymbol{A}(x,y)=\{2xy(x^4+y^2)^\lambda,-x^2(x^4+y^2)^\lambda\}=\left(\frac{\partial u}{\partial x},\frac{\partial u}{\partial y}\right),$$

于是可知

$$\frac{\partial}{\partial x}[-x^2(x^4+y^2)^\lambda]=\frac{\partial}{\partial y}[2xy(x^4+y^2)^\lambda],$$

即 $4x(x^4+y^2)^\lambda(1+\lambda)=0$，故 $\lambda=-1$，要求 $u(x,y)$ 使

$$\frac{\partial u}{\partial x}=\frac{2xy}{x^4+y^2},\quad\frac{\partial u}{\partial y}=\frac{-x^2}{x^4+y^2}.$$

下面用两种方法求 $u(x,y)$.

方法一：用曲线积分求原函数法.

$$u(x,y)=\int_l\frac{2xy}{x^4+y^2}\mathrm{d}x-\frac{x^2}{x^4+y^2}\mathrm{d}y,$$

取起点 $(0,0)$，终点 (x,y)，由折线法，得

$$u(x,y)=-\int_0^y\frac{x^2}{x^4+y^2}\mathrm{d}y+\int_0^x\frac{0}{x^4+0}\mathrm{d}x$$

$$=-\frac{1}{x^2}\int_0^y\frac{1}{1+\left(\frac{y}{x^2}\right)^2}\mathrm{d}y=-\arctan\frac{y}{x^2}+C,$$

这里 C 为任意常数.

方法二：由 $\dfrac{\partial u}{\partial y}=\dfrac{-x^2}{x^4+y^2}$，所以

$$u(x,y)=-\int\frac{x^2}{x^4+y^2}\mathrm{d}y+\varphi(x)=-\arctan\frac{y}{x^2}+\varphi(x),$$

又由 $\dfrac{\partial u}{\partial x}=\dfrac{2xy}{x^4+y^2}$，得出 $\varphi'(x)=0$，所以 $\varphi(x)=C$，故

$$u(x,y)=-\arctan\dfrac{y}{x^2}+C.$$

例 18（2010 年国家预赛） 设函数 $\varphi(x)$ 具有连续的导数，在围绕原点的任意光滑的简单闭曲线 C 上，曲线积分 $\oint_C \dfrac{2xy\,\mathrm{d}x+\varphi(x)\,\mathrm{d}y}{x^4+y^2}$ 的值为常数.

（1）设 L 为正向闭曲线 $(x-2)^2+y^2=1$，证明：$\oint_L \dfrac{2xy\,\mathrm{d}x+\varphi(x)\,\mathrm{d}y}{x^4+y^2}=0$；

（2）求函数 $\varphi(x)$；

（3）设 C 是围绕原点的光滑简单正向闭曲线，求 $\oint_C \dfrac{2xy\,\mathrm{d}x+\varphi(x)\,\mathrm{d}y}{x^4+y^2}$.

（1）**证明** 设 $\oint_C \dfrac{2xy\,\mathrm{d}x+\varphi(x)\,\mathrm{d}y}{x^4+y^2}=I$. 易知 L 不绕原点，如图 4.3 所示，将闭曲线 L 分成两段 $L_i,i=1,2$. 并作一曲线 L_0 为不经过原点的光滑曲线，使得 $L_0\bigcup L_1^-$（L_1^- 为 L_1 的反向曲线）和 $L_0\bigcup L_2$ 分别组成围绕原点的分段光滑闭曲线 $C_i,i=1,2$. 由曲线积分的性质和题设条件

$$\oint_L \dfrac{2xy\,\mathrm{d}x+\varphi(x)\,\mathrm{d}y}{x^4+y^2}$$

$$=\int_{L_1} \dfrac{2xy\,\mathrm{d}x+\varphi(x)\,\mathrm{d}y}{x^4+y^2}+\int_{L_2} \dfrac{2xy\,\mathrm{d}x+\varphi(x)\,\mathrm{d}y}{x^4+y^2}$$

$$=\int_{L_2} \dfrac{2xy\,\mathrm{d}x+\varphi(x)\,\mathrm{d}y}{x^4+y^2}+\int_{L_0} \dfrac{2xy\,\mathrm{d}x+\varphi(x)\,\mathrm{d}y}{x^4+y^2}-\int_{L_0} \dfrac{2xy\,\mathrm{d}x+\varphi(x)\,\mathrm{d}y}{x^4+y^2}-\int_{L_1^-} \dfrac{2xy\,\mathrm{d}x+\varphi(x)\,\mathrm{d}y}{x^4+y^2}$$

$$=\oint_{C_2} \dfrac{2xy\,\mathrm{d}x+\varphi(x)\,\mathrm{d}y}{x^4+y^2}-\oint_{C_1} \dfrac{2xy\,\mathrm{d}x+\varphi(x)\,\mathrm{d}y}{x^4+y^2}$$

$$=I-I=0.$$

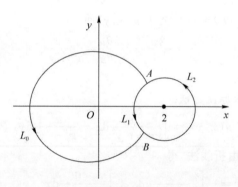

图 4.3

（2）**解** 设 $P(x,y)=\dfrac{2xy}{x^4+y^2}$，$Q(x,y)=\dfrac{\varphi(x)}{x^4+y^2}$，$P,Q$ 在单连通区域 $x>0$ 内具有一阶连续偏导数，由（1）知，曲线积分 $\oint_L \dfrac{2xy\,\mathrm{d}x+\varphi(x)\,\mathrm{d}y}{x^4+y^2}$ 与路径无关，所以 $x>0$ 时，总有 $\dfrac{\partial P}{\partial y}=\dfrac{\partial Q}{\partial x}$，即

$$\dfrac{\varphi'(x)(x^4+y^2)-4x^3\varphi(x)}{(x^4+y^2)^2}=\dfrac{2x^5-2xy^2}{(x^4+y^2)^2},$$

整理可得

$$y^2\varphi'(x)+\varphi'(x)x^4-4x^3\varphi(x)=y^2(-2x)+2x^5,$$

由此可得

$$\begin{cases}\varphi'(x)=-2x,\\ \varphi'(x)x^4-4x^3\varphi(x)=2x^5,\end{cases}$$

解得 $\varphi(x)=-x^2$.

（3）**解**　设 D 为正向闭曲线 C_a：$x^4+y^2=1$ 所围区域,由(2)得

$$\oint_C\frac{2xy\,\mathrm{d}x+\varphi(x)\,\mathrm{d}y}{x^4+y^2}=\oint_{C_a}\frac{2xy\,\mathrm{d}x-x^2\,\mathrm{d}y}{x^4+y^2},$$

利用格林公式和对称性

$$\oint_{C_a}\frac{2xy\,\mathrm{d}x-x^2\,\mathrm{d}y}{x^4+y^2}=\oint_{C_a}2xy\,\mathrm{d}x-x^2\,\mathrm{d}y=\iint\limits_D(-4x)\,\mathrm{d}x\mathrm{d}y=0.$$

例 19　设函数 $f(x,y)$ 在全平面具有一阶连续的偏导数,且 $f(0,0)=0$,$\left|\dfrac{\partial f}{\partial x}\right|\leqslant2|x-y|$,$\left|\dfrac{\partial f}{\partial y}\right|\leqslant2|x-y|$,求证：$|f(5,4)|\leqslant1$.

证明　由题设条件知 $f(x,y)$ 在全平面可微,由于 $\mathrm{d}f=\dfrac{\partial f}{\partial x}\mathrm{d}x+\dfrac{\partial f}{\partial y}\mathrm{d}y$,故曲线积分 $\int_L\dfrac{\partial f}{\partial x}\mathrm{d}x+\dfrac{\partial f}{\partial y}\mathrm{d}y$ 与路径无关.

设 $O(0,0)$,$A(4,4)$,$B(5,4)$,由条件 $\left|\dfrac{\partial f}{\partial x}\right|\leqslant2|x-y|$,$\left|\dfrac{\partial f}{\partial y}\right|\leqslant2|x-y|$,在直线 $\overrightarrow{OA}$：$y=x$ 上,$\dfrac{\partial f}{\partial x}=\dfrac{\partial f}{\partial y}=0$,所以

$$f(5,4)-f(0,0)=\int_{(0,0)}^{(5,4)}\mathrm{d}f(x,y)=\int_{(0,0)}^{(5,4)}\frac{\partial f}{\partial x}\mathrm{d}x+\frac{\partial f}{\partial y}\mathrm{d}y$$
$$=\int_{\overrightarrow{OA}}\frac{\partial f}{\partial x}\mathrm{d}x+\frac{\partial f}{\partial y}\mathrm{d}y+\int_{\overrightarrow{AB}}\frac{\partial f}{\partial x}\mathrm{d}x+\frac{\partial f}{\partial y}\mathrm{d}y$$
$$=0+\int_4^5\frac{\partial f(x,4)}{\partial x}\mathrm{d}x,$$

而 $f(0,0)=0$,故 $|f(5,4)|=\left|\int_4^5\dfrac{\partial f(x,4)}{\partial x}\mathrm{d}x\right|\leqslant\int_4^5 2|x-4|\,\mathrm{d}x=1$.

例 20　设曲面 Σ：$|x|+|y|+|z|=1$,计算 $\oiint\limits_\Sigma[\tan(xy)+|y|]\mathrm{d}S$.

解　曲面关于平面 $x=0$ 对称,所以 $\oiint\limits_\Sigma\tan(xy)\mathrm{d}S=0$.

曲面关于 x,y,z 轮换对称,有 $\oiint\limits_\Sigma|x|\,\mathrm{d}S=\oiint\limits_\Sigma|y|\,\mathrm{d}S=\oiint\limits_\Sigma|z|\,\mathrm{d}S$,所以

$$\oiint\limits_\Sigma[\tan(xy)+|y|]\mathrm{d}S=\oiint\limits_\Sigma|y|\,\mathrm{d}S=\frac{1}{3}\oiint\limits_\Sigma(|x|+|y|+|z|)\mathrm{d}S$$
$$=\frac{1}{3}\oiint\limits_\Sigma\mathrm{d}S=\frac{1}{3}\times8\times\frac{\sqrt3}{2}=\frac{4\sqrt3}{3}.$$

例 21（2011 年全国决赛）　已知 Σ 是空间曲线 $\begin{cases}x^2+3y^2=1\\z=0\end{cases}$ 绕 y 轴旋转而成的椭球面,S

表示曲面 Σ 的上半部分 $(z \geqslant 0)$，Π 是椭球面 S 在点 $P(x,y,z)$ 处的切平面，$\rho(x,y,z)$ 是原点到切平面 Π 的距离，λ,μ,ν 表示 S 的外法线的方向余弦. 计算：

(1) $\displaystyle\iint_S \frac{z}{\rho(x,y,z)} \mathrm{d}S$；

(2) $\displaystyle\iint_S z(\lambda x + 3\mu y + \nu z) \mathrm{d}S$.

解 Σ 的方程为 $x^2 + 3y^2 + z^2 = 1$.

令 $F(x,y,z) = x^2 + 3y^2 + z^2 - 1$，则 $F_x = 2x, F_y = 6y, F_z = 2z$，椭球面 Σ 在点 $P(x,y,z)$ 处法向量为 $\boldsymbol{n} = (x,3y,z)$，故椭球面 Σ 在点 $P(x,y,z)$ 处切平面 Π 的方程为

$$x(X-x) + 3y(Y-y) + z(Z-z) = 0,$$

即

$$xX + 3yY + zZ = 1.$$

从而坐标原点到切平面 Π 的距离 $\rho(x,y,z) = \dfrac{1}{\sqrt{x^2 + 9y^2 + z^2}}$.

(1) 在曲面 S 上，$z = \sqrt{1 - x^2 - 3y^2}$，$z_x = -\dfrac{x}{z}, z_y = -\dfrac{3y}{z}$，

$$\mathrm{d}S = \sqrt{1 + z_x^2 + z_y^2}\,\mathrm{d}x\mathrm{d}y = \frac{\sqrt{z^2 + x^2 + 9y^2}}{z}\mathrm{d}x\mathrm{d}y,$$

记 $D_{xy}: x^2 + 3y^2 \leqslant 1$，令 $x = r\cos\theta, y = \dfrac{\sqrt{3}}{3}r\sin\theta, 0 \leqslant r \leqslant 1, 0 \leqslant \theta \leqslant 2\pi$，则

$$\iint_S \frac{z}{\rho(x,y,z)}\mathrm{d}S = \iint_S z\sqrt{x^2 + 9y^2 + z^2}\,\mathrm{d}S = \iint_{D_{xy}}(1 + 6y^2)\mathrm{d}x\mathrm{d}y$$

$$= \int_0^{2\pi}\mathrm{d}\theta\int_0^1 (1 + 2r^2\sin^2\theta)r\mathrm{d}r$$

$$= \pi + 2\int_0^{2\pi}\sin^2\theta\mathrm{d}\theta\int_0^1 r^3\mathrm{d}r = \pi + \frac{1}{2}\int_0^{2\pi}\sin^2\theta\mathrm{d}\theta$$

$$= \frac{3}{2}\pi - \frac{1}{4}\int_0^{2\pi}\cos2\theta\mathrm{d}\theta = \frac{3}{2}\pi.$$

(2) 由题意知 $\lambda = \dfrac{x}{\sqrt{x^2 + 9y^2 + z^2}}, \mu = \dfrac{3y}{\sqrt{x^2 + 9y^2 + z^2}}, \nu = \dfrac{z}{\sqrt{x^2 + 9y^2 + z^2}}$，所以

$$\iint_S z(\lambda x + 3\mu y + \nu z)\mathrm{d}S = \iint_S z\sqrt{x^2 + 9y^2 + z^2}\mathrm{d}S$$

$$= \iint_S \frac{z}{\rho(x,y,z)}\mathrm{d}S = \frac{3}{2}\pi.$$

例 22（2011 年国家预赛） 设函数 $f(x)$ 连续，a,b,c 是常数，Σ 是单位球面 $x^2 + y^2 + z^2 = 1$. 记第一型曲面积分 $I = \displaystyle\iint_\Sigma f(ax + by + cz)\mathrm{d}S$. 求证：

$$I = 2\pi\int_{-1}^1 f(\sqrt{a^2 + b^2 + c^2}\,u)\mathrm{d}u.$$

证明 由 Σ 的面积为 4π 可知，当 a,b,c 都为零时，等式成立.

当它们不全为零时，可知原点到平面 $ax + by + cz + d = 0$ 的距离为

$$\frac{|d|}{\sqrt{a^2 + b^2 + c^2}}.$$

设平面 P_u：$u=\dfrac{ax+by+cz}{\sqrt{a^2+b^2+c^2}}$，其中 u 固定，则 $|u|$ 是原点到平面 P_u 的距离，从而当 $-1\leqslant u\leqslant1$ 时，平面 P_u 与球面 Σ 相交. 在 P_u 与 Σ 的交线上有

$$f(ax+by+cz)=f(\sqrt{a^2+b^2+c^2}\,u).$$

当 $\mathrm{d}u$ 很小时，以两平行平面 $P_u,P_{u+\mathrm{d}u}$ 截 Σ，取两平面所夹的球面面积为面积微元，则

$$\mathrm{d}S=2\pi\sqrt{1-u^2}\,\dfrac{\mathrm{d}u}{\sqrt{1-u^2}}=2\pi\mathrm{d}u,$$

$\Big($这部分摊开可以看成一个细长条，这个细长条的长是 $2\pi\sqrt{1-u^2}$，宽是 $\dfrac{\mathrm{d}u}{\sqrt{1-u^2}}\Big)$，所以

$$I=\iint\limits_{\Sigma}f(ax+by+cz)\mathrm{d}S=2\pi\int_{-1}^{1}f(\sqrt{a^2+b^2+c^2}\,u)\mathrm{d}u.$$

例 23　设 P 是椭球面 S：$x^2+y^2+z^2-yz=1$ 上的动点，若 S 在点 P 处的切平面与 xOy 面垂直，求点 P 的轨迹 C，并计算曲面积分 $I=\iint\limits_{\Sigma}\dfrac{(x+\sqrt3)\,|\,y-2z\,|}{\sqrt{4+y^2+z^2-4yz}}\mathrm{d}S$，其中 Σ 是椭球面 S 位于曲线 C 上方的部分.

解　令 P 的坐标为 (x,y,z)，由 S：$x^2+y^2+z^2-yz=1$ 得 S 在 P 处的切平面的法向量为 $\boldsymbol{n}=(2x,2y-z,2z-y)$，因为 S 在 P 处的切平面与 xOy 面垂直，所以有 $y=2z$，注意到 $P\in S$，所以点 P 的轨迹方程为

$$C:\begin{cases}x^2+y^2+z^2-yz=1,\\ y=2z\end{cases},$$

将 Σ 向 xOy 面投影，得 D_{xy}：$x^2+\dfrac{y^2}{\frac43}\leqslant1$.

方程 $x^2+y^2+z^2-yz=1$ 两边对 x 求导得 $2x+2z\dfrac{\partial z}{\partial x}-y\dfrac{\partial z}{\partial x}=0$，得 $\dfrac{\partial z}{\partial x}=\dfrac{2x}{y-2z}$；

方程 $x^2+y^2+z^2-yz=1$ 两边对 y 求导得 $2y+2z\dfrac{\partial z}{\partial y}-y\dfrac{\partial z}{\partial y}-z=0$，得 $\dfrac{\partial z}{\partial y}=\dfrac{z-2y}{2z-y}$，故

$$\mathrm{d}S=\sqrt{1+\Big(\dfrac{\partial z}{\partial x}\Big)^2+\Big(\dfrac{\partial z}{\partial y}\Big)^2}\,\mathrm{d}x\mathrm{d}y=\dfrac{\sqrt{4+y^2+z^2-4yz}}{|y-2z|}\mathrm{d}x\mathrm{d}y,$$

所以

$$I=\iint\limits_{\Sigma}\dfrac{(x+\sqrt3)\,|\,y-2z\,|}{\sqrt{4+y^2+z^2-4yz}}\mathrm{d}S=\iint\limits_{D_{xy}}(x+\sqrt3)\mathrm{d}x\mathrm{d}y$$

$$=\iint\limits_{D_{xy}}\sqrt3\mathrm{d}x\mathrm{d}y=\sqrt3\cdot\pi\cdot\dfrac{2}{\sqrt3}=2\pi.$$

例 24　求均匀（密度为常数 ρ_0）圆锥面 Σ：$\dfrac{x^2}{a^2}+\dfrac{y^2}{a^2}-\dfrac{z^2}{b^2}=1(0\leqslant z\leqslant b)$ 关于直线 L：$\dfrac{x}{1}=\dfrac{y}{0}=\dfrac{z-b}{0}$ 的转动惯量.

解　易知直线 L 平行于 x 轴，位于平面 xOz 上且截 z 轴一段长为 b 的线段. 令 Σ 上点 $P(x,y,z)$，它到 L 的距离的平方为 $d^2=x^2+y^2+(b-z)^2$，从而其转动惯量为

$$I_L = \rho_0 \iint\limits_{\Sigma} [x^2 + y^2 + (b-z)^2] \mathrm{d}S$$

$$= \frac{\rho_0 \sqrt{a^2+b^2}}{a} \iint\limits_{D} \left[x^2 + y^2 + b^2 \left(1 - \frac{\sqrt{x^2+y^2}}{a} \right)^2 \right] \mathrm{d}x\mathrm{d}y,$$

利用极坐标得到

$$I_L = \frac{\rho_0 \sqrt{a^2+b^2}}{a} \int_0^{2\pi} \mathrm{d}\theta \int_0^a \rho \left[\rho^2 + b^2 \left(1 - \frac{\rho}{a} \right)^2 \right] \mathrm{d}\rho$$

$$= \frac{\pi \rho_0 a}{6} \sqrt{a^2+b^2}(3a^2+b^2).$$

例 25　设曲面 Σ：$z^2 = x^2 + y^2$，$1 \leqslant z \leqslant 2$，其面密度为常数 ρ，求在原点处质量为 1 的质点和 Σ 之间的引力(记引力常数为 G).

解　设引力 $\boldsymbol{F} = (F_x, F_y, F_z)$，由对称性得 $F_x = 0$，$F_y = 0$.

记 $r = \sqrt{x^2+y^2+z^2}$，从原点出发过点 (x,y,z) 的射线与 z 轴的夹角为 θ，则有 $\cos\theta = \dfrac{z}{r}$.

质点和面积微元 $\mathrm{d}S$ 之间的引力为 $\mathrm{d}F = G\dfrac{\rho \mathrm{d}S}{r^2}$，而

$$\mathrm{d}F_z = G\frac{\rho \mathrm{d}S}{r^2} \cos\theta = G\rho \frac{z}{r^3} \mathrm{d}S,$$

所以 $F_z = \iint\limits_{\Sigma} G\rho \dfrac{z}{r^3} \mathrm{d}S$.

在 z 轴上的区间 $[1,2]$ 上取小区间 $[z, z+\mathrm{d}z]$，相应于该小区间有

$$\mathrm{d}S = 2\pi z \sqrt{2} \mathrm{d}z = 2\sqrt{2} \pi z \mathrm{d}z,$$

而 $r = \sqrt{2z^2} = \sqrt{2} z$，因此 $F_z = \iint\limits_{\Sigma} G\rho \dfrac{z}{r^3} \mathrm{d}S = \int_1^2 G\rho \dfrac{2\sqrt{2}\pi z^2}{2\sqrt{2} z^3} \mathrm{d}z = G\rho\pi \int_1^2 \dfrac{1}{z} \mathrm{d}z = G\rho\pi\ln 2$.

例 26　计算曲面积分 $I = \iint\limits_{\Sigma} \dfrac{2\mathrm{d}y\mathrm{d}z}{x\cos^2 x} + \dfrac{\mathrm{d}z\mathrm{d}x}{\cos^2 y} - \dfrac{2\mathrm{d}x\mathrm{d}y}{z\cos^2 z}$，其中 Σ 是球面 $x^2 + y^2 + z^2 = 1$ 的外侧.

解　由 Σ 的对称性，可知

$$I = \iint\limits_{\Sigma} \left(\frac{1}{z\cos^2 z} + \frac{1}{\cos^2 z} \right) \mathrm{d}x\mathrm{d}y,$$

且

$$\iint\limits_{\Sigma} \frac{1}{\cos^2 z} \mathrm{d}x\mathrm{d}y = \iint\limits_{x^2+y^2 \leqslant 1} \frac{1}{\cos^2 \sqrt{1-x^2-y^2}} \mathrm{d}x\mathrm{d}y - \iint\limits_{x^2+y^2 \leqslant 1} \frac{1}{\cos^2 (-\sqrt{1-x^2-y^2})} \mathrm{d}x\mathrm{d}y = 0,$$

于是

$$I = \iint\limits_{\Sigma} \frac{1}{z\cos^2 z} \mathrm{d}x\mathrm{d}y$$

$$= \iint\limits_{x^2+y^2 \leqslant 1} \frac{1}{\sqrt{1-x^2-y^2} \cos^2 \sqrt{1-x^2-y^2}} \mathrm{d}x\mathrm{d}y -$$

$$\iint\limits_{x^2+y^2 \leqslant 1} \frac{1}{-\sqrt{1-x^2-y^2} \cos^2 (-\sqrt{1-x^2-y^2})} \mathrm{d}x\mathrm{d}y$$

$$= 2 \iint\limits_{x^2+y^2 \leqslant 1} \frac{1}{\sqrt{1-x^2-y^2} \cos^2 \sqrt{1-x^2-y^2}} \mathrm{d}x\mathrm{d}y$$

$$= 2\int_0^{2\pi}\mathrm{d}\theta\int_0^1 \frac{1}{\sqrt{1-\rho^2}\cos^2\sqrt{1-\rho^2}}\rho\mathrm{d}\rho$$

$$=-4\pi\int_0^1 \frac{1}{\cos^2\sqrt{1-\rho^2}}\mathrm{d}\sqrt{1-\rho^2} =-4\pi\tan\sqrt{1-\rho^2}\Big|_0^1 = 4\pi\tan 1.$$

例 27　求 $\iint\limits_{\Sigma}x(y^2+z)\mathrm{d}y\mathrm{d}z + y(z^2+x)\mathrm{d}z\mathrm{d}x + z(x^2+y)\mathrm{d}x\mathrm{d}y$，其中 Σ 是球面 $x^2+y^2+z^2=2z$ 的外侧.

解　设 Σ 所围成的闭区域为 Ω，应用高斯公式，有

$$\iint\limits_{\Sigma}x(y^2+z)\mathrm{d}y\mathrm{d}z + y(z^2+x)\mathrm{d}z\mathrm{d}x + z(x^2+y)\mathrm{d}x\mathrm{d}y$$

$$=\iiint\limits_{\Omega}(y^2+z+z^2+x+x^2+y)\mathrm{d}v$$

$$=\iiint\limits_{\Omega}(x^2+y^2+z^2)\mathrm{d}v + \iiint\limits_{\Omega}(x+y+z)\mathrm{d}v$$

$$=\int_0^{2\pi}\mathrm{d}\theta\int_0^{\frac{\pi}{2}}\mathrm{d}\varphi\int_0^{2\cos\varphi}r^4\sin\varphi\mathrm{d}r + 0 + 0 + \int_0^{2\pi}\mathrm{d}\theta\int_0^{\frac{\pi}{2}}\mathrm{d}\varphi\int_0^{2\cos\varphi}r^3\cos\varphi\sin\varphi\mathrm{d}r$$

$$=2\pi\int_0^{\frac{\pi}{2}}\sin\varphi\frac{32}{5}\cos^5\varphi\mathrm{d}\varphi + 2\pi\int_0^{\frac{\pi}{2}}\sin\varphi\cos\varphi\frac{16}{4}\cos^4\varphi\mathrm{d}\varphi$$

$$=\Big[2\pi\frac{52}{5}\Big(-\frac{1}{6}\Big)\cos^6\varphi\Big]_0^{\frac{\pi}{2}} = \frac{52}{15}\pi.$$

例 28（2013 年国家预赛）　设 Σ 是一个光滑封闭曲面，方向朝外.给定第二型的曲面积分

$$I = \iint\limits_{\Sigma}(x^3-x)\mathrm{d}y\mathrm{d}z + (2y^3-y)\mathrm{d}z\mathrm{d}x + (3z^3-z)\mathrm{d}x\mathrm{d}y,$$

确定曲面 Σ，使得积分 I 的值最小，并求该最小值.

解　记 Σ 围成的空间区域为 Ω，由高斯公式得

$$I = \iiint\limits_{\Omega}(3x^2+6y^2+9z^2-3)\mathrm{d}V$$

$$= 3\iiint\limits_{\Omega}(x^2+2y^2+3z^2-1)\mathrm{d}x\mathrm{d}y\mathrm{d}z,$$

为了使 I 达到最小，就要求 Ω 是 $x^2+2y^2+3z^2-1\leqslant0$ 的对应区域，即

$$\Omega=\{(x,y,z)\,|\,x^2+2y^2+3z^2\leqslant1\},$$

所以当 Ω 是一个椭球，Σ 是 Ω 的表面时，积分 I 最小.

为便于三重积分计算，作变换 $\begin{cases}x=u\\y=v/\sqrt2\\z=w/\sqrt3\end{cases}$，则 $\dfrac{\partial(x,y,z)}{\partial(u,v,w)}=\dfrac{1}{\sqrt6}$，有

$$I = \frac{3}{\sqrt6}\iiint\limits_{u^2+v^2+w^2\leqslant1}(u^2+v^2+w^2-1)\mathrm{d}u\mathrm{d}v\mathrm{d}w,$$

利用球面坐标，有

$$I = \frac{3}{\sqrt6}\int_0^{2\pi}\mathrm{d}\varphi\int_0^{\pi}\mathrm{d}\theta\int_0^1 (r^2-1)r^2\sin\theta\mathrm{d}r =-\frac{4\sqrt6}{15}\pi.$$

例 29　设函数 $y=y(x)$ 有连续的二阶导数，曲线 $y=y(x)$ 在点 $(0,1)$ 处的切线斜率等于

2,对于任意的位于 xOy 面上方的分片光滑闭曲面 Σ 的内侧,都有

$$\oiint\limits_{\Sigma} z^2 y' \mathrm{d}y\mathrm{d}z - 2z^2 y^{\frac{3}{2}} \mathrm{d}z\mathrm{d}x = 0,$$

求函数 $y = y(x)$.

解 应用高斯公式,有

$$\iiint\limits_{\Omega} (y'' - 3\sqrt{y}) z^2 \mathrm{d}v = 0,$$

其中,Ω 是曲面 Σ 围成的有界区域. 由 Ω 的任意性及 $z^2 > 0$,得到

$$y'' - 3\sqrt{y} = 0, \quad \text{且 } y|_{x=0} = 1, \quad y'|_{x=0} = 2.$$

令 $y' = p$,则 $y'' = p\dfrac{\mathrm{d}p}{\mathrm{d}y}$,代入上式,得 $p\dfrac{\mathrm{d}p}{\mathrm{d}y} = 3\sqrt{y}$. 解得 $p^2 = 4y^{\frac{3}{2}} + C_1$. 由初始条件,得 $C_1 = 0$,所以 $y' = 2y^{\frac{3}{4}}$,解得 $4y^{\frac{1}{4}} = 2x + C_2$. 再由初始条件,得 $C_2 = 4$,所以 $y = \dfrac{(x+2)^4}{16}$.

例 30 计算曲面积分 $\oiint\limits_{\Sigma} \dfrac{x\mathrm{d}y\mathrm{d}z + y\mathrm{d}z\mathrm{d}x + z\mathrm{d}x\mathrm{d}y}{(x^2 + y^2 + z^2)^{\frac{3}{2}}}$,其中 Σ 是椭球面 $\dfrac{x^2}{a^2} + \dfrac{y^2}{b^2} + \dfrac{z^2}{c^2} = 1$ 的外侧.

解 因为 Σ 内部有奇点,故需要挖洞. 选取适当小的 $r > 0$,作 $\Sigma_1 : x^2 + y^2 + z^2 = r^2$,取内侧.

设 Σ 和 Σ_1 所围成的闭区域为 Ω,Σ_1 所围成的闭区域为 Ω_1,应用高斯公式得

$$\oiint\limits_{\Sigma+\Sigma_1} \frac{x\mathrm{d}y\mathrm{d}z + y\mathrm{d}z\mathrm{d}x + z\mathrm{d}x\mathrm{d}y}{(x^2 + y^2 + z^2)^{\frac{3}{2}}} = \iiint\limits_{\Omega} \frac{y^2 + z^2 - 2x^2 + x^2 + z^2 - 2y^2 + x^2 + y^2 - 2z^2}{(x^2 + y^2 + z^2)^{\frac{5}{2}}} \mathrm{d}v$$
$$= 0,$$

所以

$$\oiint\limits_{\Sigma} \frac{x\mathrm{d}y\mathrm{d}z + y\mathrm{d}z\mathrm{d}x + z\mathrm{d}x\mathrm{d}y}{(x^2 + y^2 + z^2)^{\frac{3}{2}}} = 0 - \oiint\limits_{\Sigma_1} \frac{x\mathrm{d}y\mathrm{d}z + y\mathrm{d}z\mathrm{d}x + z\mathrm{d}x\mathrm{d}y}{(x^2 + y^2 + z^2)^{\frac{3}{2}}}$$
$$= -\frac{1}{r^3} \oiint\limits_{\Sigma_1} x\mathrm{d}y\mathrm{d}z + y\mathrm{d}z\mathrm{d}x + z\mathrm{d}x\mathrm{d}y$$
$$= \frac{1}{r^3} \iiint\limits_{\Omega} 3\mathrm{d}v = 4\pi.$$

注:若 Σ 是椭球面 $\dfrac{(x-x_0)^2}{a^2} + \dfrac{(y-y_0)^2}{b^2} + \dfrac{(z-z_0)^2}{c^2} = 1$ 的外侧,且

$$\max\{a,b,c\} < \sqrt{x_0^2 + y_0^2 + z_0^2},$$

这里的 x_0, y_0, z_0 为常数,a, b, c 为正常数,则由 $\max\{a,b,c\} < \sqrt{x_0^2 + y_0^2 + z_0^2}$ 可知,原点在该椭球面所包围的区域的外部,所以由高斯公式知

$$\oiint\limits_{\Sigma} \frac{x\mathrm{d}y\mathrm{d}z + y\mathrm{d}z\mathrm{d}x + z\mathrm{d}x\mathrm{d}y}{(x^2 + y^2 + z^2)^{\frac{3}{2}}} = 0.$$

例 31 计算曲面积分 $\iint\limits_{\Sigma} 2(1 - x^2)\mathrm{d}y\mathrm{d}z + 8xy\mathrm{d}z\mathrm{d}x - 4xz\mathrm{d}x\mathrm{d}y$,其中 Σ 是由曲线 $x = \mathrm{e}^y$ ($0 \leqslant y \leqslant a$) 绕 x 轴旋转而成的曲面的外侧.

解 添加 $\Sigma_1 : x = \mathrm{e}^a$,取前侧,则 $\Sigma + \Sigma_1$ 为一闭曲面,取外侧,围成的空间区域记为 Ω,应用高斯公式,得

$$\oiint\limits_{\Sigma+\Sigma_1} 2(1-x^2)\,\mathrm{d}y\mathrm{d}z + 8xy\,\mathrm{d}z\mathrm{d}x - 4xz\,\mathrm{d}x\mathrm{d}y = \iiint\limits_{\Omega}(-4x+8x-4x)\,\mathrm{d}v = 0,$$

所以

$$\iint\limits_{\Sigma} 2(1-x^2)\,\mathrm{d}y\mathrm{d}z + 8xy\,\mathrm{d}z\mathrm{d}x - 4xz\,\mathrm{d}x\mathrm{d}y$$

$$=-\iint\limits_{\Sigma_1} 2(1-x^2)\,\mathrm{d}y\mathrm{d}z + 8xy\,\mathrm{d}z\mathrm{d}x - 4xz\,\mathrm{d}x\mathrm{d}y$$

$$=-\iint\limits_{\Sigma_1} 2(1-\mathrm{e}^{2a})\,\mathrm{d}y\mathrm{d}z = 2\pi a^2(\mathrm{e}^{2a}-1).$$

例 32　记曲面积分 $I_t = \iint\limits_{\Sigma_t} P\,\mathrm{d}y\mathrm{d}z + Q\,\mathrm{d}z\mathrm{d}x + R\,\mathrm{d}x\mathrm{d}y$，其中 $P=Q=R=f((x^2+y^2)z)$，有向曲面 Σ_t 是圆柱体 $x^2+y^2 \leqslant t^2, 0\leqslant z \leqslant 1$ 的表面外侧.

(1)（2014 年全国决赛）若函数 $f(x)$ 连续可导，求极限 $\lim\limits_{t\to 0^+}\dfrac{I_t}{t^4}$；

(2) 若 $f(x)$ 仅在 $x=0$ 可导，在其余点连续，求 (1) 中的极限.

解　(1) 记 Σ_t 所围成的区域为 Ω，由高斯公式

$$I_t = \iiint\limits_{\Omega}\left(\frac{\partial P}{\partial x} + \frac{\partial Q}{\partial y} + \frac{\partial R}{\partial z}\right)\mathrm{d}x\mathrm{d}y\mathrm{d}z$$

$$= \iiint\limits_{\Omega}(2xz + 2yz + x^2 + y^2)f'((x^2+y^2)z)\mathrm{d}x\mathrm{d}y\mathrm{d}z,$$

由对称性 $\iiint\limits_{\Omega}(2xz+2yz)f'((x^2+y^2)z)\mathrm{d}x\mathrm{d}y\mathrm{d}z = 0$，从而

$$I_t = \iiint\limits_{\Omega}(x^2+y^2)f'((x^2+y^2)z)\mathrm{d}x\mathrm{d}y\mathrm{d}z$$

$$= \int_0^1\left[\int_0^{2\pi}\mathrm{d}\varphi\int_0^t f'(\rho^2 z)\rho^3\,\mathrm{d}\rho\right]\mathrm{d}z$$

$$= 2\pi\int_0^1\left[\int_0^t f'(\rho^2 z)\rho^3\,\mathrm{d}\rho\right]\mathrm{d}z,$$

所以

$$\lim_{t\to 0^+}\frac{I_t}{t^4} = \lim_{t\to 0^+}\frac{2\pi\int_0^1\left[\int_0^t f'(\rho^2 z)\rho^3\,\mathrm{d}\rho\right]\mathrm{d}z}{t^4}$$

$$= \lim_{t\to 0^+}\frac{2\pi\int_0^1 f'(t^2 z)t^3\,\mathrm{d}z}{4t^3}$$

$$= \lim_{t\to 0^+}\frac{\pi}{2}\int_0^1 f'(t^2 z)\mathrm{d}z = \frac{\pi}{2}f'(0).$$

(2) 若 $f(x)$ 仅在 $x=0$ 可导，在其余点连续，则不能用高斯公式，此时可分片计算曲面积分.

把 Σ_t 分为下底面、上底面和侧面，分别记为 Σ_t^{b}，Σ_t^{u} 和 Σ_t^{s}. 由于下底、上底在 yOz 面上投影面积为零，故

$$\iint\limits_{\Sigma_t^{\mathrm{b}}} P\,\mathrm{d}y\mathrm{d}z = \iint\limits_{\Sigma_t^{\mathrm{u}}} P\,\mathrm{d}y\mathrm{d}z = 0.$$

而函数 P 是关于变量 x 的偶函数，Σ_t^s 关于平面 $x=0$ 对称，故 $\iint\limits_{\Sigma_t^s} P\mathrm{d}y\mathrm{d}z=0$，从而 $\iint\limits_{\Sigma_t} P\mathrm{d}y\mathrm{d}z=0$.

类似地，$\iint\limits_{\Sigma_t} Q\mathrm{d}z\mathrm{d}x=0$.

由于侧面在 xOy 面上的投影面积为零，得 $\iint\limits_{\Sigma_t^s} R\mathrm{d}x\mathrm{d}y=0$，故 $\iint\limits_{\Sigma_t} R\mathrm{d}x\mathrm{d}y$ 等于在 Σ_t^b，Σ_t^u 上的积分之和，即有

$$
\begin{aligned}
I_t &= \iint\limits_{\Sigma_t^b} f((x^2+y^2)z)\mathrm{d}x\mathrm{d}y + \iint\limits_{\Sigma_t^u} f((x^2+y^2)z)\mathrm{d}x\mathrm{d}y \\
&= -\iint\limits_{(\Sigma_t^b)_{xy}} f(0)\mathrm{d}x\mathrm{d}y + \iint\limits_{(\Sigma_t^u)_{xy}} f(x^2+y^2)\mathrm{d}x\mathrm{d}y \\
&= -\pi f(0)t^2 + 2\pi\int_0^t f(\rho^2)\rho\mathrm{d}\rho,
\end{aligned}
$$

这里，$(\Sigma_t^b)_{xy}$ 与 $(\Sigma_t^u)_{xy}$ 是对应曲面在 xOy 面上的投影区域.

所以

$$
\begin{aligned}
\lim_{t\to 0^+}\frac{I_t}{t^4} &= \lim_{t\to 0^+}\frac{-\pi f(0)t^2+2\pi\int_0^t f(\rho^2)\rho\mathrm{d}\rho}{t^4} \\
&= \lim_{t\to 0^+}\frac{-2\pi f(0)t+2\pi f(t^2)t}{4t^3} = \frac{\pi}{2}\lim_{t\to 0^+}\frac{f(t^2)-f(0)}{t^2} = \frac{\pi}{2}f'(0).
\end{aligned}
$$

例 33　记空间曲线 Γ 由立方体 $0\leqslant x\leqslant 1,0\leqslant y\leqslant 1,0\leqslant z\leqslant 1$ 的表面与平面 $x+y+z=\dfrac{3}{2}$ 相截而成，从 z 轴正向看去，Γ 取逆时针方向，计算 $\left|\oint_\Gamma (z^2-y^2)\mathrm{d}x+(x^2-z^2)\mathrm{d}y+(y^2-x^2)\mathrm{d}z\right|$.

解　如图 4.4 所示，设截面上侧部分为曲面 Σ，它在 xOy 平面上的投影的面积为 $\dfrac{3}{4}$，Σ 的法向量为 $\boldsymbol{n}=(1,1,1)$，其方向余弦为 $\cos\alpha=\cos\beta=\cos\gamma=\dfrac{1}{\sqrt{3}}$.

令 $P=z^2-y^2,Q=x^2-z^2,R=y^2-x^2$，由斯托克斯公式有

$$
\begin{aligned}
&\oint_\Gamma (z^2-y^2)\mathrm{d}x+(x^2-z^2)\mathrm{d}y+(y^2-x^2)\mathrm{d}z \\
&= \iint\limits_\Sigma \left(\frac{\partial R}{\partial y}-\frac{\partial Q}{\partial z}\right)\mathrm{d}y\mathrm{d}z + \left(\frac{\partial P}{\partial z}-\frac{\partial R}{\partial x}\right)\mathrm{d}z\mathrm{d}x + \left(\frac{\partial Q}{\partial x}-\frac{\partial P}{\partial y}\right)\mathrm{d}x\mathrm{d}y \\
&= \iint\limits_\Sigma (2y+2z)\mathrm{d}y\mathrm{d}z+(2z+2x)\mathrm{d}z\mathrm{d}x+(2x+2y)\mathrm{d}x\mathrm{d}y \\
&= 2\iint\limits_\Sigma \left[(y+z)\frac{1}{\sqrt{3}}+(z+x)\frac{1}{\sqrt{3}}+(x+y)\frac{1}{\sqrt{3}}\right]\mathrm{d}S \\
&= \frac{4}{\sqrt{3}}\iint\limits_\Sigma (x+y+z)\mathrm{d}S = \frac{4}{\sqrt{3}}\iint\limits_\Sigma \frac{3}{2}\mathrm{d}S = 2\sqrt{3}\iint\limits_{D_{xy}}\frac{1}{\frac{1}{\sqrt{3}}}\mathrm{d}x\mathrm{d}y = \frac{9}{2},
\end{aligned}
$$

因此

$$
\left|\oint_\Gamma (z^2-y^2)\mathrm{d}x+(x^2-z^2)\mathrm{d}y+(y^2-x^2)\mathrm{d}z\right| = \frac{9}{2}.
$$

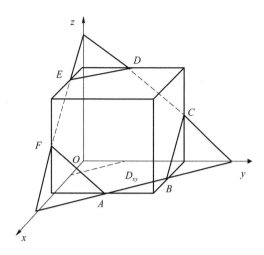

图 4.4

例 34　求 $I=\oint_L (y^2+z^2)\mathrm{d}x+(z^2+x^2)\mathrm{d}y+(x^2+y^2)\mathrm{d}z$，其中 L 是球面 $x^2+y^2+z^2=2bx$ 与柱面 $x^2+y^2=2ax(b>a>0)$ 的交线 $(z\geqslant 0)$，L 的方向规定为沿 L 的方向运动时，从 z 轴往下看，曲线 L 所围球面部分总在左边.

解　记 Σ 为曲线 L 所围球面部分的外侧. 因为按题意所规定 L 的方向及曲面与其边界的定向法则(右手系法则)知外侧为正侧. 由斯托克斯公式有

$$I=\iint_\Sigma \begin{vmatrix} \mathrm{d}y\mathrm{d}z & \mathrm{d}z\mathrm{d}x & \mathrm{d}x\mathrm{d}y \\ \dfrac{\partial}{\partial x} & \dfrac{\partial}{\partial y} & \dfrac{\partial}{\partial z} \\ y^2+z^2 & z^2+x^2 & x^2+y^2 \end{vmatrix}$$

$$=2\iint_\Sigma (y-z)\mathrm{d}y\mathrm{d}z+(z-x)\mathrm{d}z\mathrm{d}x+(x-y)\mathrm{d}x\mathrm{d}y$$

$$=2\iint_\Sigma [(y-z)\cos\alpha+(z-x)\cos\beta+(x-y)\cos\gamma]\mathrm{d}S,$$

其中，$\boldsymbol{n}=(\cos\alpha,\cos\beta,\cos\gamma)=\left(\dfrac{x-b}{b},\dfrac{y}{b},\dfrac{z}{b}\right)$ 是球面 $x^2+y^2+z^2=2bx$ 上每点处的单位法向量，从而

$$I=2\iint_\Sigma (z-y)\mathrm{d}S.$$

由于曲面关于平面 $y=0$ 对称，函数 $f(x,y,z)=y$ 关于 y 是奇函数，故

$$\iint_\Sigma y\mathrm{d}S=0,$$

因此

$$I=2\iint_\Sigma z\mathrm{d}S=2\iint_D \dfrac{z}{\cos\gamma}\mathrm{d}x\mathrm{d}y=2\iint_D b\mathrm{d}x\mathrm{d}y=2\pi a^2 b,$$

其中，D 是曲面 Σ 在 xOy 平面上的投影区域：$x^2+y^2\leqslant 2ax$.

例 35　设 S 是光滑的封闭曲面，Ω 是 S 所包围的空间有界闭区域，V 是 Ω 的体积. 向量 $\boldsymbol{r}=(x,y,z)$，$r=|\boldsymbol{r}|$，θ 是 S 的法向量(指向 Ω 外)与 $\boldsymbol{r}$ 的夹角，原点 $O(0,0,0)$ 不在 S 上. 试证

明：$\dfrac{1}{3}\oiint\limits_{S} r\cos\theta \mathrm{d}S = V$.

解 设 S 指向 Ω 外的单位法向量为 $\boldsymbol{n}^0 = (\cos\alpha, \cos\beta, \cos\gamma)$, $r\cos\theta = \boldsymbol{r}\cdot\boldsymbol{n}^0 = x\cos\alpha + y\cos\beta + z\cos\gamma$, 于是

$$\frac{1}{3}\oiint\limits_{S} r\cos\theta\, \mathrm{d}S = \frac{1}{3}\oiint\limits_{S}(x\cos\alpha + y\cos\beta + z\cos\gamma)\mathrm{d}S$$

$$= \frac{1}{3}\oiint\limits_{S} x\,\mathrm{d}y\mathrm{d}z + y\mathrm{d}z\mathrm{d}x + z\mathrm{d}x\mathrm{d}y$$

$$= \frac{1}{3}\iiint\limits_{\Omega} 3\mathrm{d}V = V.$$

例 36 计算 $\displaystyle\iint\limits_{\Sigma}[f(x,y,z)+x]\mathrm{d}y\mathrm{d}z + [2f(x,y,z)+y]\mathrm{d}z\mathrm{d}x + [f(x,y,z)+z]\mathrm{d}x\mathrm{d}y$, 其中, $f(x,y,z)$ 连续, Σ: $x-y+z=1$ 在 IV 卦限部分的上侧.

解 曲面 Σ: $x-y+z=1$ 在 xOy 平面上的投影为 D_{xy}: $x-y\leqslant 1$, Σ 法向量 $\boldsymbol{n}=\{1,-1,1\}$, 故 $\cos\alpha = \dfrac{1}{\sqrt{3}}$, $\cos\beta = -\dfrac{1}{\sqrt{3}}$, $\cos\gamma = \dfrac{1}{\sqrt{3}}$, 于是

$$I = \iint\limits_{\Sigma}\left\{\frac{1}{\sqrt{3}}[f(x,y,z)+x] - \frac{1}{\sqrt{3}}[2f(x,y,z)+y] + \frac{1}{\sqrt{3}}[f(x,y,z)+z]\right\}\mathrm{d}S$$

$$= \frac{1}{\sqrt{3}}\iint\limits_{\Sigma}(x-y+z)\mathrm{d}S = \frac{1}{\sqrt{3}}\iint\limits_{\Sigma}\mathrm{d}S = \frac{1}{\sqrt{3}}\iint\limits_{D_{xy}}\sqrt{3}\mathrm{d}x\mathrm{d}y = \frac{1}{2}.$$

例 37 设 $P(x,y,z), Q(x,y,z), R(x,y,z)$ 在 $\mathbf{R}^3$ 上有连续的一阶偏导数, $\Sigma \subset \mathbf{R}^3$ 是一个光滑闭区面, 曲面面积为 S, L_+ 是其光滑的边界曲线, 证明:

$$\left|\int_{L_+} P\mathrm{d}x + Q\mathrm{d}y + R\mathrm{d}z\right| \leqslant \max_{(x,y,z)\in\Sigma}\left\{\left(\frac{\partial Q}{\partial x} - \frac{\partial P}{\partial y}\right)^2 + \left(\frac{\partial R}{\partial y} - \frac{\partial Q}{\partial z}\right)^2 + \left(\frac{\partial P}{\partial z} - \frac{\partial R}{\partial x}\right)^2\right\}^{\frac{1}{2}} \cdot S$$

证明 根据斯托克斯公式及柯西-施瓦茨不等式, 有

$$I = \left|\iint\limits_{\Sigma}\left[\left(\frac{\partial R}{\partial y} - \frac{\partial Q}{\partial z}\right)\cos\alpha + \left(\frac{\partial P}{\partial z} - \frac{\partial R}{\partial x}\right)\cos\beta + \left(\frac{\partial Q}{\partial x} - \frac{\partial P}{\partial y}\right)\cos\gamma\right]\mathrm{d}S\right|$$

$$\leqslant \left|\iint\limits_{\Sigma}\left\{\left[\left(\frac{\partial R}{\partial y} - \frac{\partial Q}{\partial z}\right)^2 + \left(\frac{\partial P}{\partial z} - \frac{\partial R}{\partial x}\right)^2 + \left(\frac{\partial Q}{\partial x} - \frac{\partial P}{\partial y}\right)^2\right]^{\frac{1}{2}}(\cos^2\alpha + \cos^2\beta + \cos^2\gamma)^{\frac{1}{2}}\right\}\mathrm{d}S\right|$$

$$\leqslant \max_{(x,y,z)\in\Sigma}\left[\left(\frac{\partial Q}{\partial x} - \frac{\partial P}{\partial y}\right)^2 + \left(\frac{\partial R}{\partial y} - \frac{\partial Q}{\partial z}\right)^2 + \left(\frac{\partial P}{\partial z} - \frac{\partial R}{\partial x}\right)^2\right]^{\frac{1}{2}} \cdot S.$$

4.3 模拟题目自测

1. 设 L 为椭圆 $\dfrac{x^2}{4} + \dfrac{y^2}{3} = 1$, 其周长记为 a, 则 $\displaystyle\oint_L (2xy + 3x^2 + 4y^2)\mathrm{d}s = $ _____.

2. 求 $\displaystyle\oint_{\Gamma}(x^2+y^2)^2\mathrm{d}s$, 其中 Γ 由方程组 $\Gamma:\begin{cases} x^2+y^2+z^2=1 \\ x=y \end{cases}$ 给定.

3. 求曲线 $L:\begin{cases}(x-y)^2 = a(x+y) \\ x^2 - y^2 = \dfrac{9z^2}{8}\end{cases}$ ($a>0$) 从点 $(0,0,0)$ 到 (x_0, y_0, z_0) 一段的弧长.

4. 利用曲线的参数方程计算 $\oint_{\Gamma} y^2 \mathrm{d}x + z^2 \mathrm{d}y + x^2 \mathrm{d}z$，其中 Γ 是球面 $x^2 + y^2 + z^2 = R^2$ 和 $x^2 + y^2 = Rx$ 的交线 $(z \geqslant 0, R > 0)$，其方向由 z 轴正向看去是逆时针的.

5. 在变力 $\boldsymbol{F} = (\mathrm{e}^x \sin y - x - y)\boldsymbol{i} + (\mathrm{e}^x \cos y - ax)\boldsymbol{j}(a > 0)$ 的作用下，质点由点 $A(2a, 0)$ 沿曲线 $L: y = \sqrt{2ax - x^2}$ 运动到点 $O(0, 0)$，求变力 $\boldsymbol{F}$ 所做的功，并问参数 a 为何值时，$\boldsymbol{F}$ 所做的功最大.

6. 已知 L 是 $y = a \sin x (a > 0)$ 上从 $(0, 0)$ 到 $(\pi, 0)$ 的一段曲线，$a = $ _____ 时，曲线积分 $\int_L (x^2 + y)\mathrm{d}x + (2xy + \mathrm{e}^{y^2})\mathrm{d}y$ 取最大值.

7. 计算 $I = \oint_L \dfrac{-y\mathrm{d}x + x\mathrm{d}y}{|x| + |x+y|}$，其中 L 为 $|x| + |x+y| = 1$ 正向一周.

8. 设 $\varphi(x), \psi(x)$ 有连续的导数，对平面上任意一条分段光滑的曲线 L，积分
$$I = \int_L 2[x\varphi(y) + \psi(y)]\mathrm{d}x + [x^2\psi(y) + 2xy^2 - 2x\varphi(y)]\mathrm{d}y$$
与路径无关.

(1) 当 $\varphi(0) = -2, \psi(0) = 1$ 时，求 $\varphi(x), \psi(x)$ 的表达式；

(2) 设 L 是从点 $O(0, 0)$ 到点 $B\left(\pi, \dfrac{\pi}{2}\right)$ 的分段光滑曲线，计算 I.

9. 计算积分 $I = \iint_S |z| \mathrm{d}S$，其中 S 为柱体 $x^2 + y^2 \leqslant ax$ 被球体 $x^2 + y^2 + z^2 \leqslant a^2$ 截取部分的表面 $(a > 0)$.

10. 设 $\varphi(x, y, z)$ 为原点到椭球面 $\Sigma: \dfrac{x^2}{a^2} + \dfrac{y^2}{b^2} + \dfrac{z^2}{c^2} = 1 (a > 0, b > 0, c > 0)$ 上点 (x, y, z) 处的切平面的距离，求 $\iint_{\Sigma} \varphi(x, y, z) \mathrm{d}S$.

11. 一半径为 R(米)的球，完全置于水中，求球面所受水的压力.

12. 计算 $I = \iint_{\Sigma} xy \sqrt{1 - x^2} \mathrm{d}y\mathrm{d}z + \mathrm{e}^x \cos y \mathrm{d}x\mathrm{d}y$，其中 Σ 是圆柱体 $x^2 + z^2 = 1$ 被平面 $y = 0$ 和 $y = 2$ 截取部分的外侧.

13. 设封闭曲面 Σ 为 $x^2 + y^2 + z^2 = R^2 (R > 0)$，法向量向外，则 $\oiint_{\Sigma} \dfrac{x^3\mathrm{d}y\mathrm{d}z + y^3\mathrm{d}z\mathrm{d}x + z^3\mathrm{d}x\mathrm{d}y}{x^2 + y^2 + z^2} = $ _____.

14. 设 Σ 为 $x^2 + y^2 + z^2 = 1 (z \geqslant 0)$ 的外侧，连续函数 $f(x, y)$ 满足
$$f(x, y) = 2(x - y)^2 + \iint_{\Sigma} x(z^2 + \mathrm{e}^z)\mathrm{d}y\mathrm{d}z + y(z^2 + \mathrm{e}^z)\mathrm{d}z\mathrm{d}x + [zf(x, y) - 2\mathrm{e}^z]\mathrm{d}x\mathrm{d}y$$
求 $f(x, y)$.

15. 计算曲面积分 $\iint_{\Sigma} (x + 1)\mathrm{d}y\mathrm{d}z + y\mathrm{d}z\mathrm{d}x + \mathrm{d}x\mathrm{d}y$，其中 $\Sigma: x + y + z = 1$，法向量指向原点.

16. 计算 $I = \iint_{\Sigma} x^3\mathrm{d}y\mathrm{d}z + y^2\mathrm{d}z\mathrm{d}x$，其中 Σ 是椭球面 $\dfrac{x^2}{a^2} + \dfrac{y^2}{b^2} + \dfrac{z^2}{c^2} = 1$ 的上半个的外侧.

17. 计算 $I = \oiint_{\Sigma} |xy| z^2 \mathrm{d}x\mathrm{d}y + |x| y^2 z \mathrm{d}y\mathrm{d}z$，其中 Σ 是曲面 $z = x^2 + y^2$ 与 $z = 1$ 所围成

的封闭区面的外侧.

18. （2014 年国家预赛）

(1) 设一球缺的高为 h，所在球半径为 R，证明该球缺的体积为 $\frac{\pi}{3}(3R-h)h^2$，球冠的面积为 $2\pi Rh$.

(2) 设球体 $(x-1)^2+(y-1)^2+(z-1)^2\leqslant 12$ 被平面 P：$x+y+z=6$ 所截的小球缺为 Ω. 记球缺上的球冠为 Σ，方向指向球外，求第二型曲面积分

$$I = \iint\limits_{\Sigma} x\,\mathrm{d}y\mathrm{d}z + y\,\mathrm{d}z\mathrm{d}x + z\,\mathrm{d}x\mathrm{d}y.$$

19. 求抛物面壳 $z=\frac{1}{2}(x^2+y^2)(0\leqslant z\leqslant 1)$ 的质量，此壳的密度按规律 $\rho=z$ 而变化.

20. 利用斯托克斯公式计算曲线积分

$$I = \oint_{\Gamma} (y^2 - z^2)\mathrm{d}x + (z^2 - x^2)\mathrm{d}y + (x^2 - y^2)\mathrm{d}z,$$

其中，Γ 是由平面 $x+y+z=\frac{3}{2}$ 截立方体：$0\leqslant x\leqslant 1, 0\leqslant y\leqslant 1, 0\leqslant z\leqslant 1$ 的表面所得的截痕，若从 x 轴的正向看去取逆时针方向.

答案及提示

1. L 关于 x 轴对称，$2xy$ 关于 y 为奇的，所以 $\oint_L 2xy\,\mathrm{d}s = 0$. 故

$$\oint_L (2xy + 3x^2 + 4y^2)\mathrm{d}s = \oint_L 2xy\,\mathrm{d}s + \oint_L (3x^2 + 4y^2)\mathrm{d}s$$

$$= \oint_L (3x^2 + 4y^2)\mathrm{d}s = \oint_L 12\mathrm{d}s = 12a.$$

2. Γ：$\begin{cases} x^2+y^2+z^2=1 \\ x=y \end{cases}$ 变为参数方程为

$$\begin{cases} x=\dfrac{1}{\sqrt{2}}\cos\theta \\ y=\dfrac{1}{\sqrt{2}}\cos\theta, \\ z=\sin\theta \end{cases} \quad 0\leqslant\theta\leqslant 2\pi.$$

所以

$$\oint_{\Gamma} (x^2 + y^2)^2\,\mathrm{d}s = \int_0^{2\pi} \cos^4\theta\,\mathrm{d}\theta = \int_0^{2\pi} \left(\frac{1+\cos 2\theta}{2}\right)^2\mathrm{d}\theta$$

$$= \frac{1}{4}\int_0^{2\pi}(1+2\cos 2\theta)\mathrm{d}\theta + \frac{1}{8}\int_0^{2\pi}(1+\cos 4\theta)\mathrm{d}\theta = \frac{3}{4}\pi.$$

3. 令 $x+y=t(x-y)$，$x-y=at$，得到曲线的 L 的参数方程为

$$x=\frac{a(t^2+t)}{2}, \quad y=\frac{a(t^2-t)}{2}, \quad z=\frac{2\sqrt{2}at^{\frac{3}{2}}}{3},$$

而点 $(0,0,0)$ 对应于 $t=0$，点 (x_0,y_0,z_0) 对应于 $t_0=\left(\frac{3}{a}\right)^{\frac{2}{3}}\dfrac{z_0^{\frac{2}{3}}}{2}$，所以

$$s = \int_L \mathrm{d}s = \int_0^{t_0} \sqrt{[x'(t)]^2 + [y'(t)]^2 + [z'(t)]^2}\, \mathrm{d}t$$

$$= \sqrt{2}\,a \int_0^{t_0} \left(t + \frac{1}{2}\right) \mathrm{d}t = \frac{3}{4\sqrt{2}} \left(\sqrt[3]{\frac{3z_0^4}{a}} + 2\sqrt[3]{\frac{az_0^2}{3}}\right).$$

4. 曲线的参数方程为 $\begin{cases} x = \dfrac{R}{2} + \dfrac{R}{2}\cos t \\[2mm] y = \dfrac{R}{2}\sin t \\[2mm] z = \sqrt{R^2 - Rx} = R\sin\dfrac{t}{2} \end{cases}$ $(t:0\to 2\pi)$，计算得 $I = -\dfrac{R^3\pi}{4}$.

5. 变力所做的功为

$$W = \int_L (\mathrm{e}^x \sin y - x - y)\mathrm{d}x + (\mathrm{e}^x \cos y - ax)\mathrm{d}y,$$

添加从 $O(0,0)$ 沿 x 轴到点 $A(2a,0)$ 的有向线段 L_1，则

$$W = \int_{L+L_1} (\mathrm{e}^x \sin y - x - y)\mathrm{d}x + (\mathrm{e}^x \cos y - ax)\mathrm{d}y -$$

$$\int_{L_1} (\mathrm{e}^x \sin y - x - y)\mathrm{d}x + (\mathrm{e}^x \cos y - ax)\mathrm{d}y.$$

对于前一部分用格林公式，后一部分直接积分得

$$W = \frac{\pi}{2}a^2(1-a) - (-2a^2) = \left(\frac{\pi}{2} + 2\right)a^2 - \frac{\pi}{2}a^3,$$

易得 $a = \dfrac{2\pi+8}{3\pi}$ 时，W 取得最大值.

6. 设 L 与 $\overrightarrow{AO}$ 所围区域为 D，在 D 上应用格林公式，则

$$\int_{L+\overrightarrow{AO}} (x^2 + y)\mathrm{d}x + (2xy + \mathrm{e}^{y^2})\mathrm{d}y$$

$$= -\iint_D (2y - 1)\mathrm{d}x\mathrm{d}y$$

$$= \int_0^\pi \mathrm{d}x \int_0^{a\sin x} (1 - 2y)\mathrm{d}y$$

$$= a\int_0^\pi \sin x\, \mathrm{d}x - a^2\int_0^\pi \frac{1-\cos 2x}{2}\mathrm{d}x = 2a - \frac{\pi}{2}a^2,$$

所以

$$I = \int_L (x^2 + y)\mathrm{d}x + (2xy + \mathrm{e}^{y^2})\mathrm{d}y$$

$$= 2a - \frac{a^2}{2}\pi - \int_{\overrightarrow{AO}} (x^2 + y)\mathrm{d}x + (2xy + \mathrm{e}^{y^2})\mathrm{d}y$$

$$= 2a - \frac{a^2}{2}\pi + \int_0^\pi x^2\, \mathrm{d}x = 2a - \frac{a^2}{2}\pi + \frac{1}{3}\pi^3.$$

令 $\dfrac{\mathrm{d}I}{\mathrm{d}a} = 2 - a\pi = 0$ 得唯一驻点 $a = \dfrac{2}{\pi}$，由于 $\dfrac{\mathrm{d}^2 I}{\mathrm{d}a^2} = -\pi < 0$，所以 $I\left(\dfrac{2}{\pi}\right)$ 为极大值，即最大值，故 $a = \dfrac{2}{\pi}$.

7. 因为 L 为 $|x|+|x+y|=1$，故

$$
\begin{aligned}
I &= \oint_L \frac{-y\mathrm{d}x+x\mathrm{d}y}{|x|+|x+y|} \\
&= \oint_L -y\mathrm{d}x+x\mathrm{d}y \\
&= \iint_D [1-(-1)]\mathrm{d}\sigma = 2\iint_D \mathrm{d}\sigma,
\end{aligned}
$$

其中，D 为 L 所围区域，故 $\iint_D \mathrm{d}\sigma$ 为 D 的面积，为此对 L 加以讨论，用以搞清 D 的面积：

当 $x \geqslant 0$ 且 $x+y \geqslant 0$ 时，$|x|+|x+y|-1=2x+y-1=0$；

当 $x \geqslant 0$ 且 $x+y \leqslant 0$ 时，$|x|+|x+y|-1=-y-1=0$；

当 $x \leqslant 0$ 且 $x+y \geqslant 0$ 时，$|x|+|x+y|-1=y-1=0$；

当 $x \leqslant 0$ 且 $x+y \leqslant 0$ 时，$|x|+|x+y|-1=-2x-y-1=0$.

故 D 的面积为 $2 \times 1 = 2$，从而 $I = \oint_L \dfrac{-y\mathrm{d}x+x\mathrm{d}y}{|x|+|x+y|} = 4$.

8. (1) 由 $\dfrac{\partial P}{\partial y} = \dfrac{\partial Q}{\partial x}$ 得 $2x\psi(y)+2y^2-2\varphi(y)=2x\varphi'(y)+2\psi'(y)$，对任何 (x,y) 都成立，令 $x=0$，得 $\varphi(y)+\psi'(y)=y^2$，代入上式得 $\psi(y)=\varphi'(y)$，则

$$
\varphi''(y)+\varphi(y)=y^2, \quad \varphi(0)=-2, \quad \varphi'(0)=\psi(0)=1,
$$

于是 $\varphi(x)=\sin x+x^2-2, \psi(x)=\varphi'(x)=\cos x+2x$.

(2) 取折线 OAB 为积分曲线，其中点 $A\left(0, \dfrac{\pi}{2}\right)$，计算得 $I=\pi^2\left(1+\dfrac{\pi^2}{4}\right)$.

9. 用 S_1 表示 S 在第一卦限的部分.用 S_{11}, S_{12} 分别表示 S_1 的柱面和球面部分，则由对称性知

$$
I = 4\iint_{S_1} z\mathrm{d}S = 4\iint_{S_{11}} z\mathrm{d}S + 4\iint_{S_{12}} z\mathrm{d}S,
$$

球面与柱面的交线方程为 $\begin{cases} x^2+y^2=ax \\ x^2+y^2+z^2=a^2 \end{cases}$，消去 y 得 $S_{11}: y=\sqrt{ax-x^2}$ 在 xOz 平面上的投影区域为 $D_1: 0 \leqslant z \leqslant \sqrt{a^2-ax}, 0 \leqslant x \leqslant a$，从而

$$
\iint_{S_{11}} z\mathrm{d}S = \iint_{D_1} z \frac{a}{2\sqrt{ax-x^2}}\mathrm{d}z\mathrm{d}x = \int_0^a \mathrm{d}x \int_0^{\sqrt{ax-x^2}} \frac{az}{2\sqrt{ax-x^2}}\mathrm{d}z = \frac{\pi}{8}a^3,
$$

$S_{12}: z=\sqrt{a^2-x^2-y^2}$ 在 xOy 平面上的投影区域为 $D_2: 0 \leqslant y \leqslant \sqrt{a^2-ax}, 0 \leqslant x \leqslant a$，从而

$$
\iint_{S_{12}} z\mathrm{d}S = \iint_{D_2} \sqrt{a^2-x^2-y^2} \frac{a}{\sqrt{a^2-x^2-y^2}}\mathrm{d}x\mathrm{d}y = \frac{\pi}{8}a^3,
$$

故 $I = \pi a^3$.

10. 方法一：椭球面 $\dfrac{x^2}{a^2}+\dfrac{y^2}{b^2}+\dfrac{z^2}{c^2}=1$ 上任一点 $P(x,y,z)$ 处的切平面方程为 $\dfrac{xX}{a^2}+\dfrac{yY}{b^2}+\dfrac{zZ}{c^2}=1$，坐标原点到切平面的距离

$$
\varphi(x,y,z) = \frac{1}{\sqrt{\dfrac{x^2}{a^4}+\dfrac{y^2}{b^4}+\dfrac{z^2}{c^4}}}.
$$

设 Σ 位于 xOy 面上方的部分曲面为 Σ_1：$z=c\sqrt{1-\dfrac{x^2}{a^2}-\dfrac{y^2}{b^2}}$，$\Sigma_1$ 在 xOy 平面的投影 D_{xy}：$\dfrac{x^2}{a^2}+\dfrac{y^2}{b^2}\leqslant 1$. 由对称性可得

$$\iint\limits_{\Sigma}\varphi(x,y,z)\mathrm{d}S=2\iint\limits_{\Sigma_1}\varphi(x,y,z)\mathrm{d}S, \tag{4.2}$$

由于 $z_x=\dfrac{-cx}{a^2\sqrt{1-\dfrac{x^2}{a^2}-\dfrac{y^2}{b^2}}}$，$z_y=\dfrac{-cy}{b^2\sqrt{1-\dfrac{x^2}{a^2}-\dfrac{y^2}{b^2}}}$，故

$$\mathrm{d}S=\sqrt{1+z_x^2+z_y^2}\,\mathrm{d}x\mathrm{d}y=\frac{c^2}{z}\sqrt{\frac{x^2}{a^4}+\frac{y^2}{b^4}+\frac{z^2}{c^4}}\,\mathrm{d}x\mathrm{d}y,$$

代入式(4.2)，并令 $x=a\rho\cos\varphi,y=b\rho\sin\varphi$，则

$$\iint\limits_{\Sigma}\varphi(x,y,z)\mathrm{d}S=2c\iint\limits_{D_{xy}}\frac{1}{\sqrt{1-\dfrac{x^2}{a^2}-\dfrac{y^2}{b^2}}}\,\mathrm{d}x\mathrm{d}y$$

$$=2c\int_0^{2\pi}\mathrm{d}\varphi\int_0^1\frac{1}{\sqrt{1-\rho^2}}ab\rho\,\mathrm{d}\rho=4\pi abc.$$

方法二：求 $\varphi(x,y,z)=\dfrac{1}{\sqrt{\dfrac{x^2}{a^4}+\dfrac{y^2}{b^4}+\dfrac{z^2}{c^4}}}$ 的方法同方法一.

记 $u=\dfrac{x^2}{a^4}+\dfrac{y^2}{b^4}+\dfrac{z^2}{c^4}$，则 $\varphi(x,y,z)=\dfrac{1}{\sqrt{u}}$. 于是

$$\iint\limits_{\Sigma}\varphi(x,y,z)\mathrm{d}S=\iint\limits_{\Sigma}\frac{1}{\sqrt{u}}\mathrm{d}S=\iint\limits_{\Sigma}\frac{1}{\sqrt{u}}\left(\frac{x^2}{a^2}+\frac{y^2}{b^2}+\frac{z^2}{c^2}\right)\mathrm{d}S, \tag{4.3}$$

因椭球面 Σ 上 P 点处外侧法向量的方向余弦为

$$\cos\alpha=\frac{x}{\sqrt{u}a^2},\quad\cos\beta=\frac{y}{\sqrt{u}b^2},\quad\cos\gamma=\frac{z}{\sqrt{u}c^2},$$

由此化简式(4.3)得

$$\iint\limits_{\Sigma}\varphi(x,y,z)\mathrm{d}S=\iint\limits_{\Sigma}(x\cos\alpha+y\cos\beta+z\cos\gamma)\mathrm{d}S$$

$$=\iint\limits_{\Sigma}x\,\mathrm{d}y\mathrm{d}z+y\,\mathrm{d}z\mathrm{d}x+z\,\mathrm{d}x\mathrm{d}y=\iiint\limits_{\Omega}3\mathrm{d}V=4\pi abc.$$

11. 建立坐标系，球心为坐标原点，向上为 z 轴正向，水平面为 $z=h\geqslant R$. 取球面面积元素 $\mathrm{d}S$，在其上取一点 $M(x,y,z)$，认为作用于 $\mathrm{d}S$ 上的水压力作用于点 M，其大小为 $g(h-z)\mathrm{d}S$，方向为 $-\boldsymbol{r}^0$，$\boldsymbol{r}=\{x,y,z\}$，于是作用在 $\mathrm{d}S$ 上的力的微元 $\mathrm{d}F=-\boldsymbol{r}^0 g(h-z)\mathrm{d}S$，所以

$$F=-g\iint\limits_{S}\boldsymbol{r}^0(h-z)\mathrm{d}S.$$

由对称性，知 $F_x=0$，$F_y=0$，

$$F_z=-g\iint\limits_{S}\frac{z(h-z)}{\sqrt{x^2+y^2+z^2}}\mathrm{d}S=g\iint\limits_{S}\frac{z^2}{\sqrt{x^2+y^2+z^2}}\mathrm{d}S,$$

S 分上、下两块，在 xOy 平面上的投影均为 $D=\{(x,y)\mid x^2+y^2\leqslant R^2\}$，于是

$$\mathrm{d}S=\frac{R}{\sqrt{R^2-x^2-y^2}}\mathrm{d}x\mathrm{d}y,$$

所以 $F_z = 2g\iint\limits_{D}\sqrt{R^2-x^2-y^2}\,dxdy$，由被积函数的几何意义，可知

$$F_z = 2g\iint\limits_{D}\sqrt{R^2-x^2-y^2}\,dxdy = \frac{4}{3}\pi R^3 g \quad (N),$$

等于同体积的水重，方向指向上.

12. 积分曲面 Σ 关于 xOy 面对称，分成上、下两块 Σ_1 和 Σ_2，于是

$$I = \iint\limits_{\Sigma} e^x\cos y\,dxdy = \iint\limits_{\Sigma_1} e^x\cos y\,dxdy + \iint\limits_{\Sigma_2} e^x\cos y\,dxdy$$

$$= \iint\limits_{D_{xy}} e^x\cos y\,dxdy - \iint\limits_{D_{xy}} e^x\cos y\,dxdy = 0,$$

其中，D_{xy} 是 Σ_1，Σ_2 在 xOy 面的投影区域.

Σ 关于 yOz 面对称，分为前、后两块 Σ_3 和 Σ_4，它们的方程依次为 $x=\sqrt{1-z^2}$ 及 $x=-\sqrt{1-z^2}$，它们在 yOz 面上的投影区域都是 $D_{yz}：-1\leqslant z\leqslant1, 0\leqslant y\leqslant 2$. 于是

$$I = \iint\limits_{\Sigma} xy\sqrt{1-x^2}\,dydz = \iint\limits_{\Sigma_3} xy\sqrt{1-x^2}\,dydz + \iint\limits_{\Sigma_4} xy\sqrt{1-x^2}\,dydz$$

$$= \iint\limits_{D_{yz}} \sqrt{1-z^2}\,y\sqrt{1-(1-z^2)}\,dydz - \iint\limits_{D_{yz}} -\sqrt{1-z^2}\,y\sqrt{1-(1-z^2)}\,dydz = \frac{8}{3}.$$

13. 以 Σ 的方程代入被积函数，得

$$\oiint\limits_{\Sigma} \frac{x^3\,dydz + y^3\,dzdx + z^3\,dxdy}{x^2+y^2+z^2} = \frac{1}{R^2}\oiint\limits_{\Sigma} x^3\,dydz + y^3\,dzdx + z^3\,dxdy$$

$$= \frac{1}{R^2}\iiint\limits_{\Omega}(3x^2+3y^2+3z^2)\,dv$$

$$= \frac{3}{R^2}\int_0^{2\pi}d\theta\int_0^{\pi}d\varphi\int_0^R r^2\cdot r^2\sin\varphi\,dr = \frac{12}{5}\pi R^3.$$

14. 设 $\iint\limits_{\Sigma} x(z^2+e^z)\,dydz + y(z^2+e^z)\,dzdx + [zf(x,y)-2e^z]\,dxdy = a$，则 $f(x,y)=2(x-y)^2+a$，记 Σ_1 为 xOy 平面上的圆 $x^2+y^2\leqslant1$，取下侧，$D_{xy}：x^2+y^2\leqslant1$，Ω 为 Σ 和 Σ_1 包围的区域，应用高斯公式，有

$$a = \iint\limits_{\Sigma+\Sigma_1} x(z^2+e^z)\,dydz + y(z^2+e^z)\,dzdx + [zf(x,y)-2e^z]\,dxdy -$$

$$\iint\limits_{\Sigma_1} x(z^2+e^z)\,dydz + y(z^2+e^z)\,dzdx + [zf(x,y)-2e^z]\,dxdy$$

$$= \iiint\limits_{\Omega}[2z^2+2(x-y)^2+a]\,dv + \iint\limits_{D_{xy}}(-2)\,dxdy$$

$$= \iiint\limits_{\Omega}[2(x^2+y^2+z^2)-4xy+a]\,dv - 2\pi$$

$$= 2\int_0^{2\pi}d\theta\int_0^{\frac{\pi}{2}}\sin\varphi\,d\varphi\int_0^1 r^4\,dr - 0 + \frac{2}{3}\pi a - 2\pi$$

$$= -\frac{6}{5}\pi + \frac{2}{3}\pi a,$$

所以 $a = \dfrac{18\pi}{5(2\pi-3)}$，于是 $f(x,y)=2(x-y)^2+\dfrac{18\pi}{5(2\pi-3)}$.

15. 曲面 Σ：$x+y+z=1$ 在 xOy 平面上的投影为 D_{xy}：$x+y\leqslant 1$，Σ 的法向量 $\boldsymbol{n}=\{-1,-1,-1\}$，所以 $\cos\alpha=-\dfrac{1}{\sqrt{3}}$，$\cos\beta=-\dfrac{1}{\sqrt{3}}$，$\cos\gamma=-\dfrac{1}{\sqrt{3}}$，

$$I=\iint_{\Sigma}\left[(x+1)\frac{\cos\alpha}{\cos\beta}+y\frac{\cos\gamma}{\cos\beta}+1\right]\mathrm{d}x\mathrm{d}y$$
$$=\iint_{\Sigma}(x+y+2)\mathrm{d}x\mathrm{d}y=-\iint_{D_{xy}}(x+y+2)\mathrm{d}x\mathrm{d}y=-\frac{4}{3}.$$

16. 添加 $\Sigma_1=\left\{(x,y,z)\,\Big|\,z=0,\dfrac{x^2}{a^2}+\dfrac{y^2}{b^2}\leqslant 1\right\}$，取下侧，则 $\Sigma+\Sigma_1$ 为一闭曲面，取外侧。围成的空间区域记为 Ω，应用高斯公式，得

$$I=\oiint_{\Sigma+\Sigma_1}x^3\mathrm{d}y\mathrm{d}z+y^2\mathrm{d}z\mathrm{d}x-\iint_{\Sigma_1}x^3\mathrm{d}y\mathrm{d}z+y^2\mathrm{d}z\mathrm{d}x$$
$$=\iiint_{\Omega}(3x^2+2y)\mathrm{d}v-0=\iiint_{\Omega}3x^2\mathrm{d}v=3\int_{-a}^{a}x^2\mathrm{d}x\iint_{D_x}\mathrm{d}y\mathrm{d}z,$$

其中，$D_x=\left\{(y,z)\,\Big|\,\dfrac{y^2}{b^2}+\dfrac{z^2}{c^2}\leqslant 1-\dfrac{x^2}{a^2},z\geqslant 0\right\}$，从而

$$I=3\int_{-a}^{a}x^2\mathrm{d}x\iint_{D_x}\mathrm{d}y\mathrm{d}z=3\int_{-a}^{a}x^2\cdot\frac{\pi}{2}b\sqrt{1-\frac{x^2}{a^2}}\cdot c\sqrt{1-\frac{x^2}{a^2}}\mathrm{d}x$$
$$=3bc\pi\int_0^a x^2\left(1-\frac{x^2}{a^2}\right)\mathrm{d}x=3bc\pi\left(\frac{a^3}{3}-\frac{a^5}{5a^2}\right)=\frac{2}{5}\pi a^3bc.$$

17. 对所求 I 的第一个积分式使用高斯公式

$$\iint_{\Sigma}|xy|z^2\mathrm{d}x\mathrm{d}y=\iiint_{\Omega}2|xy|z\mathrm{d}x\mathrm{d}y\mathrm{d}z=4\iiint_{\Omega_1}2xyz\mathrm{d}x\mathrm{d}y\mathrm{d}z,$$
$$=8\int_0^{\frac{\pi}{2}}\mathrm{d}\theta\int_0^1 r^3\cos\theta\sin\theta\mathrm{d}r\int_{r^2}^1 z\mathrm{d}z$$
$$=4\int_0^{\frac{\pi}{2}}\mathrm{d}\theta\int_0^1 r^3(1-r^4)\cos\theta\sin\theta\mathrm{d}r=\frac{1}{4},$$

其中，Ω 是 Σ 所围的空间区域，Ω_1 是位于 Ω 第一卦限的部分。

设 Σ_1 是平面 $z=1$ 上 $x^2+y^2\leqslant 1$ 的部分上侧，Σ_2 是 $z=x^2+y^2(z\leqslant 1)$ 的外侧，对称于 yOz 面，$|x|y^2z$ 是 x 的偶函数，故 I 右端的第二个积分

$$\oiint_{\Sigma}|x|y^2z\mathrm{d}y\mathrm{d}z=\oiint_{\Sigma_1}|x|y^2z\mathrm{d}y\mathrm{d}z+\oiint_{\Sigma_2}|x|y^2z\mathrm{d}y\mathrm{d}z=0+0=0,$$

所以 $I=\dfrac{1}{4}+0=\dfrac{1}{4}.$

18.（1）设球缺所在球表面方程为 $x^2+y^2+z^2\leqslant R^2$，球缺中心线为 z 轴，且设球缺所在圆锥顶角为 2α，记球缺的区域为 Ω，则其体积为

$$\iiint_{\Omega}\mathrm{d}V=\int_{R-h}^{R}\mathrm{d}z\iint_{D_z}\mathrm{d}x\mathrm{d}y=\int_{R-h}^{R}\pi(R^2-z^2)\mathrm{d}z=\frac{\pi}{3}(3R-h)h^2.$$

由于球面的面积微元为 $\mathrm{d}S=R^2\sin\theta\mathrm{d}\theta$，故球冠的面积为

$$\int_0^{2\pi}\mathrm{d}\varphi\int_0^{\alpha}R^2\sin\theta\mathrm{d}\theta=2\pi R^2(1-\cos\alpha)=2\pi Rh.$$

（2）记球缺 Ω 的底面圆为 P_1，方向指向球缺外，且记

$$J = \iint\limits_{P_1} x\mathrm{d}y\mathrm{d}z + y\mathrm{d}z\mathrm{d}x + z\mathrm{d}x\mathrm{d}y,$$

由高斯公式，有 $I + J = \iiint\limits_{\Omega} 3\mathrm{d}V = 3V_{\Omega}$，这里 V_{Ω} 为 Ω 的体积.

由于平面 P 的正向单位法向量为 $\dfrac{-1}{\sqrt{3}}(1,1,1)$，故

$$J = \frac{-1}{\sqrt{3}}\iint\limits_{P_1}(x+y+z)\mathrm{d}S = \frac{-6}{\sqrt{3}}\sigma_{P_1} = -2\sqrt{3}\sigma_{P_1},$$

其中，σ_{P_1} 为 P_1 的面积. 故 $I = 3V_{\Omega} - J = 3V_{\Omega} + 2\sqrt{3}\sigma_{P_1}$.

因为球缺底面圆心为 $Q(2,2,2)$，而球缺的顶点为 $D(3,3,3)$，故球缺的高度为 $h = |QD| = \sqrt{3}$. 由（1）所证并代入 $h = \sqrt{3}$ 和 $R = 2\sqrt{3}$ 得

$$I = 3V_{\Omega} + 2\sqrt{3}\sigma_{P_1} = 3 \cdot \frac{\pi}{3}(3R-h)h^2 + 2\sqrt{3}\pi(2Rh - h^2) = 33\sqrt{3}\pi.$$

19. $m = \iint\limits_{\Sigma} z\mathrm{d}S = \iint\limits_{D_{xy}} \frac{1}{2}(x^2+y^2)\sqrt{1+x^2+y^2}\mathrm{d}x\mathrm{d}y = \dfrac{2\pi}{15}(6\sqrt{3}+1)$.

20. 取 Σ 为平面 $x+y+z = \dfrac{3}{2}$ 的上侧被 Γ 所围成的部分，Σ 的单位法向量 $\boldsymbol{n} = \dfrac{1}{\sqrt{3}}(1, 1, 1)$，

即 $\cos\alpha = \cos\beta = \cos\gamma = \dfrac{1}{\sqrt{3}}$.

根据斯托克斯公式，有

$$I = \iint\limits_{\Sigma} \begin{vmatrix} \dfrac{1}{\sqrt{3}} & \dfrac{1}{\sqrt{3}} & \dfrac{1}{\sqrt{3}} \\ \dfrac{\partial}{\partial x} & \dfrac{\partial}{\partial y} & \dfrac{\partial}{\partial z} \\ y^2-x^2 & z^2-x^2 & x^2-y^2 \end{vmatrix} \mathrm{d}S$$

$$= -\frac{4}{\sqrt{3}}\iint\limits_{\Sigma}(x+y+z)\mathrm{d}S$$

$$= -\frac{4}{\sqrt{3}} \cdot \frac{3}{2}\iint\limits_{\Sigma}\mathrm{d}S = -2\sqrt{3}\iint\limits_{D_{xy}}\sqrt{3}\mathrm{d}x\mathrm{d}y,$$

其中，D_{xy} 为 Σ 在 xOy 平面上的投影区域，于是 $I = -6\iint\limits_{D_{xy}}\mathrm{d}x\mathrm{d}y = -6 \cdot \dfrac{3}{4} = -\dfrac{9}{2}$.

第 5 章　无穷级数

5.1　知识概要介绍

5.1.1　数项级数

1. 数项级数的概念与性质

$$\sum_{n=1}^{\infty} u_n = u_1 + u_2 + \cdots + u_n + \cdots,$$

$$s_n = u_1 + u_2 + \cdots + u_n.$$

若 $\lim_{n \to \infty} s_n = s$,则称级数是收敛的,否则为发散.

两个重要的级数:

等比级数 $\sum_{n=1}^{\infty} q^n$,当 $|q| < 1$ 时级数收敛,而当 $|q| \geqslant 1$ 时级数发散.

p -级数 $\sum_{n=1}^{\infty} \dfrac{1}{n^p} (p > 0)$,当 $p > 1$ 时级数收敛,而当 $0 < p \leqslant 1$ 时级数发散. 当 $p = 1$ 时, p - 级数也称为调和级数.

2. 数项级数收敛的相关概念

正项级数: $\sum_{n=1}^{\infty} u_n (u_n \geqslant 0)$;

交错级数: $\sum_{n=1}^{\infty} (-1)^n u_n (u_n \geqslant 0)$;

绝对收敛: $\sum_{n=1}^{\infty} |u_n|$ 收敛;

条件收敛: $\sum_{n=1}^{\infty} u_n$ 收敛, $\sum_{n=1}^{\infty} |u_n|$ 发散.

基本性质:

① 如果 $\sum_{n=1}^{\infty} u_n = s, \sum_{n=1}^{\infty} v_n = \sigma$,则 $\sum_{n=1}^{\infty} (k_1 u_n \pm k_2 v_n) = k_1 s \pm k_2 \sigma$.

② 如果级数 $\sum_{n=1}^{\infty} u_n$ 收敛于和 s,则级数 $\sum_{n=k+1}^{\infty} u_n (k \geqslant 1)$ 也收敛.

③ 收敛级数加括弧后所成的级数仍然收敛,且其和不变.

④ (交换律)如果级数 $\sum\limits_{n=1}^{\infty} u_n$ 绝对收敛,则级数改变项的位置后构成的级数也收敛,且与原级数有相同的和.

⑤ 如果 $\sum\limits_{n=1}^{\infty} u_n$ 收敛,则 $\lim\limits_{n\to 0} u_n = 0$.

⑥ 如果 $\sum\limits_{n=1}^{\infty} |u_n|$ 收敛,则 $\sum\limits_{n=1}^{\infty} u_n$ 收敛.

3. 数项级数的审敛程序

数项级数的审敛程序如图 5.1 所示.

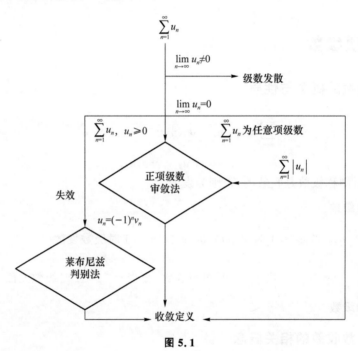

图 5.1

(1) 部分和有界必收敛

正项级数收敛的充分必要条件:正项级数收敛当且仅当部分和数列有界.

(2) 比较判别法及其极限形式

(a) 比较判别法

设 $\sum\limits_{n=1}^{\infty} u_n$ 和 $\sum\limits_{n=1}^{\infty} v_n$ 都是正项级数,∃ **N**,当 $n > $ **N** 时有 $u_n \leqslant k v_n (k > 0)$,则

级数 $\sum\limits_{n=1}^{\infty} v_n$ 收敛 ⇒ 级数 $\sum\limits_{n=1}^{\infty} u_n$ 收敛;

级数 $\sum\limits_{n=1}^{\infty} u_n$ 发散 ⇒ 级数 $\sum\limits_{n=1}^{\infty} v_n$ 发散.

(b) 比较判别法的极限形式

设 $\sum\limits_{n=1}^{\infty} u_n$ 和 $\sum\limits_{n=1}^{\infty} v_n$ 都是正项级数,则

$$\lim_{n \to \infty} \frac{u_n}{v_n} = l (0 < l < +\infty) \Rightarrow 级数 \sum_{n=1}^{\infty} v_n 与级数 \sum_{n=1}^{\infty} u_n 敛散性一致;$$

$$\lim_{n \to \infty} \frac{u_n}{v_n} = 0, 且级数 \sum_{n=1}^{\infty} v_n 收敛 \Rightarrow 级数 \sum_{n=1}^{\infty} u_n 收敛;$$

$$\lim_{n \to \infty} \frac{u_n}{v_n} = +\infty, 且级数 \sum_{n=1}^{\infty} u_n 收敛 \Rightarrow 级数 \sum_{n=1}^{\infty} v_n 收敛.$$

（3）比值判别法

如果正项级数 $\sum_{n=1}^{\infty} u_n$ 满足 $\lim_{n \to \infty} \frac{u_{n+1}}{u_n} = \rho$，则

当 $\rho < 1$ 时，级数 $\sum_{n=1}^{n} u_n$ 收敛;

当 $\rho > 1$（或 $\rho = +\infty$）时，级数 $\sum_{n=1}^{\infty} u_n$ 发散;

当 $\rho = 1$ 时，级数 $\sum_{n=1}^{\infty} u_n$ 可能收敛也可能发散.

（4）根值判别法

如果正项级数 $\sum_{n=1}^{\infty} u_n$ 满足 $\lim_{n \to \infty} \sqrt[n]{u_n} = \rho$，则

当 $\rho < 1$ 时，级数 $\sum_{n=1}^{\infty} u_n$ 收敛;

当 $\rho > 1$（或 $\rho = +\infty$）时，级数 $\sum_{n=1}^{\infty} u_n$ 发散;

当 $\rho = 1$ 时，级数 $\sum_{n=1}^{\infty} u_n$ 可能收敛也可能发散.

（5）柯西积分判别法

设 $f(x)$ 为 $[1, +\infty)$ 上的非负的递减函数，则正项级数 $\sum_{n=1}^{\infty} f(n)$ 与反常积分 $\int_{0}^{+\infty} f(x) \mathrm{d}x$ 敛散性一致.

莱布尼茨判（Leibniz）别法：

如果交错级数 $\sum_{n=1}^{\infty} (-1)^n u_n (u_n \geqslant 0)$ 满足条件：①$u_n \geqslant u_{n+1} (n = 1, 2, 3, \cdots)$；②$\lim_{n \to \infty} u_n = 0$，则级数收敛.

5.1.2　函数项级数

1. 函数项级数收敛定义

给定一个定义在区间 I 上的函数列 $\{u_n(x)\}$，由这函数列构成的表达式

$$u_1(x) + u_2(x) + \cdots + u_n(x) + \cdots$$

称为定义在区间 I 上的函数项级数，记为 $\sum_{n=1}^{\infty} u_n(x)$.

对于区间 I 内的一定点 x_0，若数项级数 $\sum_{n=1}^{\infty} u_n(x_0)$ 收敛，则称点 x_0 是级数 $\sum_{n=1}^{\infty} u_n(x)$ 的收

敛点. 若数项级数 $\sum\limits_{n=1}^{\infty} u_n(x_0)$ 发散,则称点 x_0 是级数 $\sum\limits_{n=1}^{\infty} u_n(x)$ 的发散点.

函数项级数 $\sum\limits_{n=1}^{\infty} u_n(x)$ 的所有收敛点构成的集合称为它的收敛域,所有发散点构成的集合称为它的发散域.

在收敛域上,函数项级数 $\sum\limits_{n=1}^{\infty} u_n(x)$ 的和是 x 的函数 $s(x)$,$s(x)$ 称为函数项级数 $\sum\limits_{n=1}^{\infty} u_n(x)$ 的和函数,并写成 $s(x) = \sum\limits_{n=1}^{\infty} u_n(x)$.

2. 幂级数

(1) 定 义

形如 $\sum\limits_{n=0}^{\infty} a_n(x-x_0)^n = a_0 + a_1(x-x_0) + \cdots + a_n(x-x_0)^n + \cdots$ 的级数称为幂级数,其中常数 a_n 叫做幂级数的系数.

(2) 幂级数收敛域

对于幂级数 $\sum\limits_{n=0}^{\infty} a_n x^n$,有一个完全确定的正数 R 存在,使得

当 $|x| < R$ 时,幂级数绝对收敛;

当 $|x| > R$ 时,幂级数发散;

当 $x = R$ 与 $x = -R$ 时,幂级数可能收敛也可能发散.

正数 R 称为幂级数 $\sum\limits_{n=0}^{\infty} a_n x^n$ 的收敛半径. 故幂级数 $\sum\limits_{n=0}^{\infty} a_n x^n$ 收敛域有 4 种情形: $(-R, R), [-R, R], (-R, R], [-R, R)$.

如果 $\lim\limits_{n\to\infty} \left| \dfrac{a_{n+1}}{a_n} \right| = \rho$,其中 a_n、a_{n+1} 是幂级数 $\sum\limits_{n=0}^{\infty} a_n x^n$ 的相邻两项的系数,则幂级数的收敛半径为

$$R = \begin{cases} +\infty, & \rho = 0, \\ \dfrac{1}{\rho}, & \rho \neq 0, \\ 0, & \rho = +\infty. \end{cases}$$

(3) 幂级数在收敛区间内的运算性质

性质 1:幂级数 $\sum\limits_{n=0}^{\infty} a_n x^n$ 的和函数 $s(x)$ 在其收敛域 I 上连续;

性质 2:幂级数 $\sum\limits_{n=0}^{\infty} a_n x^n$ 的和函数 $s(x)$ 在其收敛域 I 上可积,且有逐项积分公式

$$\int_0^x s(x) \mathrm{d}x = \int_0^x \left(\sum\limits_{n=0}^{\infty} a_n x^n \right) \mathrm{d}x = \sum\limits_{n=0}^{\infty} \int_0^x a_n x^n \mathrm{d}x = \sum\limits_{n=0}^{\infty} \frac{a_n}{n+1} x^{n+1}, \quad |x| < R,$$

逐项积分后所得到的幂级数和原级数有相同的收敛半径 R.

性质 3:幂级数 $\sum\limits_{n=0}^{\infty} a_n x^n$ 的和函数 $s(x)$ 在其收敛区间 $(-R, R)$ 内可导,并且有逐项求导公式

$$s'(x) = \left(\sum_{n=0}^{\infty} a_n x^n \right)' = \sum_{n=0}^{\infty} (a_n x^n)' = \sum_{n=1}^{\infty} n a_n x^{n-1}, \quad |x| < R,$$

逐项求导后所得到的幂级数和原级数有相同的收敛半径 R.

（4）函数的幂级数展开及求和

如果 $f(x)$ 在点 x_0 的某邻域内具有各阶导数 $f'(x),f''(x),\cdots,f^{(n)}(x),\cdots$,并且 $\lim\limits_{n\to\infty} R_n(x) = 0$,则有

$$f(x) = f(x_0) + f'(x_0)(x-x_0) + \frac{f''(x_0)}{2!}(x-x_0)^2 +$$

$$\frac{f'''(x_0)}{3!}(x-x_0)^3 + \cdots + \frac{f^{(n)}(x_0)}{n!}(x-x_0)^n + \cdots,$$

这一幂级数称为函数 $f(x)$ 的泰勒级数. 显然,当 $x = x_0$ 时,$f(x)$ 的泰勒级数收敛于 $f(x_0)$.

常用的泰勒级数（$x_0 = 0$）有

$$\sum_{n=0}^{\infty} x^n = \frac{1}{1-x}, \quad |x| < 1;$$

$$e^x = \sum_{n=0}^{\infty} \frac{x^n}{n!}, \quad x \in \mathbf{R};$$

$$\sin x = \sum_{n=0}^{\infty} (-1)^{n-1} \frac{x^{2n-1}}{(2n-1)!}, \quad x \in \mathbf{R};$$

$$\ln(1+x) = \sum_{n=0}^{\infty} (-1)^n \frac{x^{n+1}}{n+1}, \quad -1 < x \leqslant 1.$$

泰勒级数表达式从左到右为函数展开为泰勒级数,从右到左为求幂级数收敛到和函数. 函数的幂级数展开及求和常用间接法,根据泰勒展开式的唯一性,利用常见展开式,通过变量代换、四则运算、恒等变形、逐项求导、逐项积分等方法来求得.

如对 $\sin x$ 的泰勒展开式两边求导,可以得到 $\cos x$ 的泰勒展开式为

$$\cos x = 1 - \frac{x^2}{2!} + \frac{x^4}{4!} - \cdots + (-1)^n \frac{x^{2n}}{(2n)!} + \cdots, \quad -\infty < x < +\infty.$$

3. 傅里叶(Fourier)级数

（1）三角函数系的正交性

$$\{1, \sin x, \cos x, \sin 2x, \cos 2x, \cdots, \sin nx, \cos nx, \cdots\}$$

满足三角函数系中任何两个不同的函数的乘积在区间 $[-\pi,\pi]$ 上的积分等于零,即

$$\int_{-\pi}^{\pi} \cos nx \, dx = 0, \quad \int_{-\pi}^{\pi} \sin nx \, dx = 0, \quad n = 1,2,\cdots,$$

$$\int_{-\pi}^{\pi} \sin kx \cos nx \, dx = 0, \quad k,n = 1,2,\cdots,$$

$$\int_{-\pi}^{\pi} \sin kx \sin nx \, dx = 0, \quad \int_{-\pi}^{\pi} \cos kx \cos nx \, dx = 0, \quad k,n = 1,2,\cdots,k \neq n.$$

而任何两个相同的函数的乘积在区间 $[-\pi,\pi]$ 上的积分不等于零,且

$$\int_{-\pi}^{\pi} 1^2 \, dx = 2\pi, \quad \int_{-\pi}^{\pi} \cos^2 nx \, dx = \pi, \quad \int_{-\pi}^{\pi} \sin^2 nx \, dx = \pi, \quad n = 1,2,\cdots.$$

（2）函数展开为傅里叶级数

周期为 $2l$ 的周期函数 $f(x)$ 的傅里叶级数展开式为

$$f(x) = \frac{a_0}{2} + \sum_{n=1}^{\infty} \left(a_n \cos \frac{n\pi x}{l} + b_n \sin \frac{n\pi x}{l} \right),$$

其中,系数 a_n, b_n 为

$$a_0 = \frac{1}{l} \int_{-l}^{l} f(x) \, \mathrm{d}x,$$

$$a_n = \frac{1}{l} \int_{-l}^{l} f(x) \cos \frac{n\pi x}{l} \, \mathrm{d}x, \quad n = 1, 2, \cdots,$$

$$b_n = \frac{1}{l} \int_{-l}^{l} f(x) \sin \frac{n\pi x}{l} \, \mathrm{d}x, \quad n = 1, 2, \cdots.$$

特例,当 $l = \pi$ 时,$f(x)$ 的周期为 2π,它的傅里叶级数展开式简化为

$$f(x) = \frac{a_0}{2} + \sum_{n=1}^{\infty} (a_n \cos nx + b_n \sin nx),$$

其中,

$$a_0 = \frac{1}{\pi} \int_{-\pi}^{\pi} f(x) \, \mathrm{d}x,$$

$$a_n = \frac{1}{\pi} \int_{-\pi}^{\pi} f(x) \cos nx \, \mathrm{d}x, \quad n = 1, 2, \cdots,$$

$$b_n = \frac{1}{\pi} \int_{-\pi}^{\pi} f(x) \sin nx \, \mathrm{d}x, \quad n = 1, 2, \cdots.$$

对于周期函数 $f(x)$ 的傅里叶级数而言,当 $f(x)$ 为奇函数时,$a_n \equiv 0$;当 $f(x)$ 为偶函数时,$b_n \equiv 0$.

收敛定理(狄利克雷(Dirichlet)充分条件):设 $f(x)$ 是周期函数,如果它在一个周期内连续或只有有限个第一类间断点,且至多有有限个极值点,则 $f(x)$ 的傅里叶级数收敛,并且

当 x 是 $f(x)$ 的连续点时,级数收敛于 $f(x)$;

当 x 是 $f(x)$ 的间断点时,级数收敛于 $\frac{1}{2}[f(x-0) + f(x+0)]$.

5.2　典型例题分析

例 1　判别级数 $\sum_{n=1}^{\infty} \left(\frac{1}{n} \right)^{\frac{1}{n}}$ 的敛散性.

解　因 $\left(\frac{1}{n} \right)^{\frac{1}{n}} = \frac{1}{\sqrt[n]{n}} \geqslant \frac{1}{n}$,而 $\sum_{n=1}^{\infty} \frac{1}{n}$ 发散,故 $\sum_{n=1}^{\infty} \left(\frac{1}{n} \right)^{\frac{1}{n}}$ 发散.

例 2　判别级数 $\sum_{n=1}^{\infty} \frac{n!}{n^n}$ 的敛散性.

解　方法一:比值法.

$$\lim_{n \to \infty} \frac{u_{n+1}}{u_n} = \lim_{n \to \infty} \frac{1}{\left(1 + \frac{1}{n} \right)^n} = \frac{1}{e} < 1, 收敛.$$

方法二:比较法.

$\frac{n!}{n^n} < \frac{2}{n^2}$,而 $\sum_{n=1}^{\infty} \frac{2}{n^2}$ 收敛,故 $\sum_{n=1}^{\infty} \frac{n!}{n^n}$ 收敛.

例 3　指出级数 $\sum\limits_{n=1}^{\infty} \dfrac{\sqrt{n+1}-\sqrt{n-1}}{n^{\alpha}}$ 何时收敛、何时发散，其中 α 为任意实数.

解　$u_n=\dfrac{\sqrt{n+1}-\sqrt{n-1}}{n^{\alpha}}=\dfrac{2}{n^{\alpha}(\sqrt{n+1}+\sqrt{n-1})}$，所以

$$\frac{1}{n^{\alpha}\sqrt{n+1}}<u_n<\frac{1}{n^{\alpha}\sqrt{n-1}}. \tag{5.1}$$

① $\dfrac{1}{n^{\alpha}\sqrt{n+1}}\geqslant\dfrac{1}{n^{\alpha}\sqrt{2n}}=\dfrac{1}{n^{\alpha+\frac12}\sqrt{2}}$，$\alpha+\dfrac12\leqslant1$ 即 $\alpha\leqslant\dfrac12$ 时，$\sum\limits_{n=1}^{\infty}\dfrac{1}{n^{\alpha+\frac12}\sqrt{2}}$ 发散，由式(5.1)，原级数发散.

② $\dfrac{1}{n^{\alpha}\sqrt{n-1}}\leqslant\dfrac{1}{n^{\alpha}\sqrt{\frac{n}{2}}}=\dfrac{\sqrt{2}}{n^{\alpha+\frac12}}$，$\alpha+\dfrac12>1$ 即 $\alpha>\dfrac12$ 时，$\sum\limits_{n=1}^{\infty}\dfrac{\sqrt{2}}{n^{\alpha+\frac12}}$ 收敛，由式(5.1)，原级数收敛.

例 4　已知 $\sum\limits_{n=1}^{\infty}a_n(a_n>0)$ 收敛，$\sum\limits_{n=1}^{\infty}b_n$ 绝对收敛，证明：$\sum\limits_{n=1}^{\infty}a_n^2b_n$ 收敛且为绝对收敛.

证明　$\lim\limits_{n\to\infty}\dfrac{a_n^2}{a_n}=0<1$，由比较判别法知，$\sum\limits_{n=1}^{\infty}a_n^2$ 收敛. 又因为

$$(a_n-\sqrt{|b_n|})^2\geqslant0\Rightarrow2a_n\sqrt{|b_n|}\leqslant a_n^2+|b_n|,$$

所以 $\sum a_n\sqrt{|b_n|}$ 收敛，故 $\sum\limits_{n=1}^{\infty}a_n^2|b_n|$ 收敛且为绝对收敛.

例 5　证明：若级数 $\sum\limits_{n=1}^{\infty}a_n^2$ 及 $\sum\limits_{n=1}^{\infty}b_n^2$ 收敛，则 $\sum\limits_{n=1}^{\infty}|a_nb_n|$，$\sum\limits_{n=1}^{\infty}(a_n+b_n)^2$，$\sum\limits_{n=1}^{\infty}\dfrac{|a_n|}{n}$ 都收敛.

解　由于

$$|a_nb_n|\leqslant\frac{1}{2}(a_n^2+b_n^2),$$
$$(a_n+b_n)^2\leqslant a_n^2+b_n^2+2a_nb_n\leqslant2(a_n^2+b_n^2),$$
$$\frac{|a_n|}{n}\leqslant a_n^2+\frac{1}{n^2},$$

故由级数 $\sum\limits_{n=1}^{\infty}a_n^2$、$\sum\limits_{n=1}^{\infty}b_n^2$ 与 $\sum\limits_{n=1}^{\infty}\dfrac{1}{n^2}$ 均收敛知结论成立.

例 6　设级数 $\sum\limits_{n=1}^{\infty}n(a_n-a_{n-1})$ 收敛，$\lim\limits_{n\to\infty}na_n=s$(有限值)，证明：$\sum\limits_{n=0}^{\infty}a_n$ 收敛.

证明　定义法.

$$S_n=\sum_{k=0}^{n-1}a_k=a_0+\cdots+a_{n-1},$$

已知级数的部分和

$$T_n=\sum_{k=1}^{n}k(a_k-a_{k-1})=-S_n+na_n,$$

所以 $S_n=na_n-T_n$，故 $\lim\limits_{n\to\infty}S_n=\lim\limits_{n\to\infty}na_n-\lim\limits_{n\to\infty}T_n=s-A$(其中 A 为已知收敛级数的和). 故结论成立.

例 7 设级数 $\sum_{n=1}^{\infty} \ln n(n+1)^a(n+2)^b$，问 a、b 取何值时该级数收敛.

解 方法一：

若级数收敛，则 $a_n = \ln n(n+1)^a(n+2)^b \rightarrow 0 (n \rightarrow \infty)$，必有 $a+b=-1$. 于是

$$\sum_{n=1}^{\infty} \ln n(n+1)^a(n+2)^b = \sum_{n=1}^{\infty} \ln \frac{n}{n+1}\left(\frac{n+2}{n+1}\right)^b$$
$$= \lim_{n \to \infty} \ln \left(\frac{1}{2} \cdot \frac{2}{3} \cdot \cdots \cdot \frac{n}{n+1}\right)\left(\frac{3}{2} \cdot \frac{4}{3} \cdot \cdots \cdot \frac{n+2}{n+1}\right)^b$$
$$= \lim_{n \to \infty} \ln \left(\frac{1}{n+1}\right)\left(\frac{n+2}{2}\right)^b,$$

则上面极限存在的充分必要条件为 $b=1$，从而 $a=-2$.

方法二：将级数通项变形，并由泰勒公式得

$$u_n = \ln n(n+1)^a(n+2)^b$$
$$= \ln n + a\ln(n+1) + b\ln(n+2)$$
$$= (1+a+b)\ln n + a\ln\left(1+\frac{1}{n}\right) + b\ln\left(1+\frac{2}{n}\right)$$
$$= (1+a+b)\ln n + a\left[\frac{1}{n} - \frac{1}{2}\left(\frac{1}{n^2}\right) + o\left(\frac{1}{n^2}\right)\right] + b\left[\frac{2}{n} - \frac{1}{2}\left(\frac{4}{n^2}\right) + o\left(\frac{1}{n^2}\right)\right]$$
$$= (1+a+b)\ln n + (a+2b)\frac{1}{n} - \frac{1}{2}(a+4b)\frac{1}{n^2} + o\left(\frac{1}{n^2}\right),$$

则级数收敛当且仅当 $1+a+b=0, a+2b=0$，即 $a=-2, b=1$.

例 8 设正数列 $\{a_n\}$ 单调增加，证明：级数 $\sum_{n=1}^{\infty} \frac{1}{a_n}$ 收敛的充分必要条件是级数 $\sum_{n=1}^{\infty} \frac{n}{a_1+a_2+\cdots+a_n}$ 收敛.

证明 充分性.

因为正数列 $\{a_n\}$ 单调增加，则 $0 < \frac{1}{a_n} = \frac{n}{na_n} \leqslant \frac{n}{a_1+a_2+\cdots+a_n}$，既然级数 $\sum_{n=1}^{\infty} \frac{n}{a_1+a_2+\cdots+a_n}$ 收敛，由正项级数比较判别法知级数 $\sum_{n=1}^{\infty} \frac{1}{a_n}$ 收敛.

必要性.

因为正数列 $\{a_n\}$ 单调增加，记 $u_n = \frac{n}{a_1+a_2+\cdots+a_n}$，则

$$0 < u_{2n} \leqslant \frac{2n}{a_{n+1}+a_{n+2}+\cdots+a_{2n}} \leqslant \frac{2n}{na_n} = \frac{2}{a_n},$$
$$0 < u_{2n+1} \leqslant \frac{2n+1}{a_{n+1}+a_{n+2}+\cdots+a_{2n}} \leqslant \frac{2n+1}{na_n} \leqslant \frac{3}{a_n}.$$

由于级数 $\sum_{n=1}^{\infty} \frac{1}{a_n}$ 收敛，由正项级数比较判别法知级数 $\sum_{n=1}^{\infty} u_{2n}$ 与 $\sum_{n=1}^{\infty} u_{2n+1}$ 收敛，从而级数 $\sum_{n=1}^{\infty} (u_{2n}+u_{2n+1})$ 收敛，因此级数 $\sum_{n=2}^{\infty} u_n$ 收敛.

例 9(2012 年全国预赛) 设 $\sum_{n=1}^{+\infty} a_n, \sum_{n=1}^{+\infty} b_n$ 为正项级数，那么

（1）若 $\lim\limits_{n\to\infty}\left(\dfrac{a_n}{a_{n+1}b_n}-\dfrac{1}{b_{n+1}}\right)>0$，则级数 $\sum\limits_{n=1}^{\infty}a_n$ 收敛.

（2）若 $\lim\limits_{n\to\infty}\left(\dfrac{a_n}{a_{n+1}b_n}-\dfrac{1}{b_{n+1}}\right)<0$，且级数 $\sum\limits_{n=1}^{+\infty}b_n$ 发散，则级数 $\sum\limits_{n=1}^{+\infty}a_n$ 发散.

证明　（1）设 $\lim\limits_{n\to\infty}\left(\dfrac{a_n}{a_{n+1}b_n}-\dfrac{1}{b_{n+1}}\right)=2\delta>\delta>0$，则存在 N 使得对于任意 $n>N$ 有 $\dfrac{a_n}{b_na_{n+1}}-\dfrac{1}{b_{n+1}}>\delta$，变形为 $\dfrac{a_n}{b_n}-\dfrac{a_{n+1}}{b_{n+1}}>a_{n+1}\delta$，从而 $a_{n+1}<\dfrac{1}{\delta}\left(\dfrac{a_n}{b_n}-\dfrac{a_{n+1}}{b_{n+1}}\right)$，于是

$$\sum_{n=N}^{m}a_{n+1}<\frac{1}{\delta}\sum_{n=N}^{m}\left(\frac{a_n}{b_n}-\frac{a_{n+1}}{b_{n+1}}\right)=\frac{1}{\delta}\left(\frac{a_N}{b_N}-\frac{a_{m+1}}{b_{m+1}}\right)\leqslant\frac{1}{\delta}\frac{a_N}{b_N},$$

因此正项级数 $\sum\limits_{n=1}^{+\infty}a_n$ 部分和有界，从而该级数收敛.

（2）设 $\lim\limits_{n\to\infty}\left(\dfrac{a_n}{a_{n+1}b_n}-\dfrac{1}{b_{n+1}}\right)=2\delta<0$，则存在 N 使得对于任意 $n>N$ 有 $\dfrac{a_n}{b_na_{n+1}}-\dfrac{1}{b_{n+1}}<\delta<0$，变形为 $a_{n+1}>\dfrac{a_n}{b_n}b_{n+1}$，从而

$$a_{n+1}>\frac{a_n}{b_n}b_{n+1}>\frac{1}{b_n}\left(\frac{a_{n-1}}{b_{n-1}}b_n\right)b_{n+1}=\frac{a_{n-1}}{b_{n-1}}b_{n+1}>\cdots>\frac{a_N}{b_N}b_{n+1},$$

因为 $\sum\limits_{n=1}^{+\infty}b_n$ 是发散的，由比较审敛法知级数 $\sum\limits_{n=1}^{+\infty}a_n$ 发散.

例 10　讨论下列级数是否收敛？若收敛是条件收敛还是绝对收敛？

（1）$\sum\limits_{n=2}^{\infty}(-1)^n\dfrac{1}{n-\ln n}$；

（2）$\sum\limits_{n=1}^{\infty}\sin(\pi\sqrt{n^2+a^2})\ (a\neq0)$.

解　（1）既然一个级数绝对收敛那么它必然收敛，因此首先判定是否绝对收敛. 因为 $n-\ln n>0,\dfrac{1}{n-\ln n}>\dfrac{1}{n}$，而级数 $\sum\limits_{n=1}^{\infty}\dfrac{1}{n}$ 发散，由比较审敛法知级数 $\sum\limits_{n=2}^{\infty}\dfrac{1}{n-\ln n}$ 发散，从而原级数不绝对收敛.

由于级数是交错级数. 因为 $\lim\limits_{n\to\infty}\dfrac{1}{n-\ln n}=\lim\limits_{n\to\infty}\dfrac{1}{n}\left(\dfrac{1}{1-\dfrac{\ln n}{n}}\right)=0$，令 $f(x)=x-\ln x,f'(x)=1-\dfrac{1}{x}>0(x>1)$，$f(x)$ 在 $(1,+\infty)$ 内单调增加，从而 $\dfrac{1}{x-\ln x}$ 在 $(1,+\infty)$ 内单调减少，即 $\dfrac{1}{n-\ln n}$ 单调减少. 故级数 $\sum\limits_{n=2}^{\infty}(-1)^n\dfrac{1}{n-\ln n}$ 条件收敛.

（2）级数是交错级数. 因为

$$\begin{aligned}u_n&=\sin(\pi\sqrt{n^2+a^2})\\&=\sin[n\pi-\pi(\sqrt{n^2+a^2}-n)]\\&=(-1)^{n-1}\sin\frac{\pi a^2}{\sqrt{n^2+a^2}+n},\end{aligned}$$

所以该级数是交错级数.

$$|u_n| = \sin \frac{\pi a^2}{\sqrt{n^2 + a^2} + n},$$

$$\lim_{n \to \infty} \frac{|u_n|}{\frac{1}{n}} = \lim_{n \to \infty} \frac{\sin \dfrac{\pi a^2}{\sqrt{n^2 + a^2} + n}}{\dfrac{1}{n}}$$

$$= \pi a^2 \lim_{n \to \infty} \frac{\dfrac{1}{\sqrt{n^2 + a^2} + n}}{\dfrac{1}{n}} = \frac{\pi a^2}{2},$$

级数 $\sum\limits_{n=1}^{\infty} \dfrac{1}{n}$ 发散,由比较审敛法知级数 $\sum\limits_{n=2}^{\infty} |u_n|$ 发散,从而原级数不绝对收敛.

因为 $\lim\limits_{n \to \infty} \sin \dfrac{\pi a^2}{\sqrt{n^2 + a^2} + n} = 0$, $\sin \dfrac{\pi a^2}{\sqrt{n^2 + a^2} + n} = 0$ 单调减少,故级数 $\sum\limits_{n=1}^{\infty} \sin(\pi \sqrt{n^2 + a^2})$ 条件收敛.

例 11(2013 年国家预赛) 设 $f(x)$ 在 $x=0$ 的某个邻域内具有二阶连续导数,且 $\lim\limits_{x \to 0} \dfrac{f(x)}{x} = 0$,证明:级数 $\sum\limits_{n=1}^{\infty} f\left(\dfrac{1}{n}\right)$ 绝对收敛.

证明 方法一:

$f(x)$ 在 $x=0$ 的某个邻域内具有二阶连续导数,且 $\lim\limits_{x \to 0} \dfrac{f(x)}{x} = 0$,所以

$$f(0) = 0, \quad f'(0) = 0.$$

由洛必达法则知

$$\lim_{x \to 0} \frac{f(x)}{x^2} = \lim_{x \to 0} \frac{f'(x)}{2x} = \frac{f'(0)}{2},$$

所以由求极限的归结原则可知

$$\lim_{n \to \infty} \frac{\left| f\left(\dfrac{1}{n}\right) \right|}{\dfrac{1}{n^2}} = \frac{|f'(0)|}{2},$$

由比较判别法知 $\sum\limits_{n=1}^{\infty} f\left(\dfrac{1}{n}\right)$ 绝对收敛.

方法二:利用泰勒公式.

$f(x)$ 在 $x=0$ 的某个邻域内具有二阶连续导数,$f''(x)$ 在该邻域的某个闭区间 $[-a, a]$ 上有界,即存在 $M > 0$,当 $x \in [-a, a]$ 时,有 $|f''(x)| \leqslant M$.

由泰勒公式可知

$$f(x) = f(0) + f'(0)x + \frac{f''(\theta x)}{2}x^2, \quad 0 < \theta < 1,$$

既然 $f(0) = 0$,$f'(0) = 0$,从而

$$|f(x)| \leqslant \left| \frac{f''(\theta x)}{2}x^2 \right| \leqslant \frac{M}{2}x^2, \quad x \in [-a, a],$$

即存在 $N > 0$,当 $n > N$ 时,$\left| f\left(\dfrac{1}{n}\right) \right| \leqslant \dfrac{M}{2}\left(\dfrac{1}{n}\right)^2$,由比较判别法知 $\sum\limits_{n=1}^{\infty} f\left(\dfrac{1}{n}\right)$ 绝对收敛.

例 12（北京理工大学试题）　证明：对于任一正整数 k，$\sum\limits_{n=1}^{\infty} \dfrac{n^k}{n!}$ 是 e 的整数倍.

证明　要证明 $\sum\limits_{n=1}^{\infty} \dfrac{n^k}{n!}$ 是 e 的整数倍，关键在于求级数的和.

考虑级数 $f(x) = \sum\limits_{n=1}^{\infty} \dfrac{n^k}{n!} x^n$，则

$$\int_0^x \frac{1}{t} f(t)\,\mathrm{d}t = \int_0^x \sum_{n=1}^{\infty} \frac{n^k}{n!} t^{n-1}\,\mathrm{d}t = \sum_{n=1}^{\infty} \frac{n^k}{n!} \int_0^x t^{n-1}\,\mathrm{d}t = \sum_{n=1}^{\infty} \frac{n^{k-1}}{n!} x^n,$$

反复这样做 k 次，得

$$\int_0^x \frac{1}{t_{k-1}}\mathrm{d}t_{k-1} \int_0^{t_{k-1}} \frac{1}{t_{k-2}}\mathrm{d}t_{k-2} \cdots \int_0^{t_1} \frac{1}{t} f(t)\,\mathrm{d}t = \sum_{n=1}^{\infty} \frac{1}{n!} x^n = \mathrm{e}^x - 1.$$

于是

$$f(x) = (\cdots(((\mathrm{e}^x - 1)'x)'x)'x\cdots)'x = p_k(x)\mathrm{e}^x,$$

这里 $p_k(x)$ 为整数系数的 k 次多项式，由此知道原式 $= f(1) = p(1)\mathrm{e}$，即为 e 的整数倍.

例 13　求 $\sum\limits_{n=1}^{\infty} \dfrac{n+1}{n!} x^n$ 的和函数.

解　方法一：

$$\sum_{n=1}^{\infty} \frac{n+1}{n!} x^n = \sum_{n=1}^{\infty} \frac{x^n}{(n-1)!} + \sum_{n=1}^{\infty} \frac{x^n}{n!}$$
$$= x \sum_{n=1}^{\infty} \frac{x^{n-1}}{(n-1)!} + \sum_{n=1}^{\infty} \frac{x^n}{n!} = x\mathrm{e}^x + \mathrm{e}^x - 1.$$

方法二：

$$\sum_{n=1}^{\infty} \frac{n+1}{n!} x^n = \sum_{n=1}^{\infty} \frac{1}{n!} (x^{n+1})' = \left(\sum_{n=1}^{\infty} \frac{1}{n!} x^{n+1} \right)'$$
$$= \left[x(\mathrm{e}^x - 1) \right]' = x\mathrm{e}^x + \mathrm{e}^x - 1.$$

例 14　已知 $a_1 = a_2 = 1, a_{n+2} = a_{n+1} + a_n (n = 1, 2, \cdots)$，求幂级数 $\sum\limits_{n=1}^{\infty} a_n x^n$ 的收敛半径.

解　令 $b_n = \dfrac{a_{n+1}}{a_n}$，则 $b_{n+1} = \dfrac{a_{n+2}}{a_{n+1}} = \dfrac{a_{n+1} + a_n}{a_{n+1}} = 1 + \dfrac{1}{b_n}$.

取 $b_0 = \dfrac{1 + \sqrt{5}}{2}$，即有 $b_0 = 1 + \dfrac{1}{b_0}$. 下证 $\lim\limits_{n \to \infty} b_n = b_0$. 注意，$b_n \geqslant 1$，因此 $\dfrac{1}{b_n} \leqslant 1$.

$$|b_{n+1} - b_0| = \left| 1 + \frac{1}{b_n} - 1 - \frac{1}{b_0} \right| = \frac{1}{b_n b_0} |b_n - b_0| \leqslant \frac{2}{1 + \sqrt{5}} |b_n - b_0|$$
$$\leqslant \left(\frac{2}{1 + \sqrt{5}} \right)^2 |b_{n-1} - b_0| \leqslant \cdots \leqslant \left(\frac{2}{1 + \sqrt{5}} \right)^n |b_1 - b_0|.$$

注意，$\lim\limits_{n \to \infty} \left(\dfrac{2}{1 + \sqrt{5}} \right)^n = 0$，所以 $\lim\limits_{n \to \infty} b_n = b_0$，因此收敛半径 $R = \dfrac{1}{b_0} = \dfrac{2}{1 + \sqrt{5}} = \dfrac{\sqrt{5} - 1}{2}$.

例 15　对实数 p，试讨论级数 $\sum\limits_{n=2}^{\infty} \dfrac{x^n}{n^p \ln n}$ 的收敛域.

解　记 $a_n = \dfrac{1}{n^p \ln n}$，由 $\lim\limits_{n \to \infty} \dfrac{a_{n+1}}{a_n} = 1$ 知该幂级数的收敛半径为 $R = 1$，收敛区间为 $(-1, 1)$.

另外,还需要讨论端点的收敛性.

当 $p<0$ 时,$\lim\limits_{n\to\infty}a_n=\infty$ 以及 $\lim\limits_{n\to\infty}(-1)^n a_n=\infty$,所以该幂级数在 $x=\pm1$ 处发散,级数收敛域为 $(-1,1)$.

当 $0\leqslant p<1$ 时,$\lim\limits_{n\to\infty}\dfrac{a_n}{\frac{1}{n}}=+\infty$,所以该幂级数在 $x=1$ 处发散,$\lim\limits_{n\to\infty}a_n=0$,$a_n>a_{n+1}$ 所以由

莱布尼茨判别法知幂级数 $\sum\limits_{n=2}^{\infty}\dfrac{(-1)^n}{n^p\ln n}$ 在 $x=-1$ 处收敛,级数收敛域为 $[-1,1)$.

当 $p>1$ 时,$\lim\limits_{n\to\infty}\dfrac{a_n}{\frac{1}{n^{\frac{1+p}{2}}}}=0$ 以及 $\lim\limits_{n\to\infty}\dfrac{|(-1)^n a_n|}{\frac{1}{n^{\frac{1+p}{2}}}}=0$,所以该幂级数在 $x=\pm1$ 处收敛,级数收

敛域为 $[-1,1]$.

例 16 设 $a_0=4$,$a_1=1$,$a_{n-2}=n(n-1)a_n$,$n\geqslant2$,试求幂级数 $\sum\limits_{n=0}^{\infty}a_n x^n$ 的和函数.

解 设幂级数 $\sum\limits_{n=0}^{\infty}a_n x^n$ 的收敛区间为 $(-R,R)$,和函数为 $S(x)$,逐项求导得

$$S'(x)=\sum_{n=1}^{\infty}na_n x^{n-1},\quad S''(x)=\sum_{n=2}^{\infty}n(n-1)a_n x^{n-2},\quad x\in(-R,R).$$

根据题意,得

$$S''(x)=\sum_{n=2}^{\infty}n(n-1)a_n x^{n-2}=\sum_{n=2}^{\infty}a_{n-2}x^{n-2}=\sum_{n=0}^{\infty}a_n x^n,\quad x\in(-R,R).$$

所以有 $S''(x)-S(x)=0$,解此微分方程,得 $S(x)=C_1\mathrm{e}^x+C_2\mathrm{e}^{-x}$,代入初始条件 $S(0)=a_0=4$,$S'(0)=a_1=1$,得 $C_1=\dfrac{5}{2}$,$C_2=\dfrac{3}{2}$,于是 $S(x)=\dfrac{5}{2}\mathrm{e}^x+\dfrac{3}{2}\mathrm{e}^{-x}$,$x\in(-\infty,+\infty)$.

例 17(2016 年全国预赛) 设 $f(x)$ 在区间 $(-\infty,+\infty)$ 内可导,且 $f(x+2)=f(x+\sqrt{3})=f(x)$,用 Fourier 级数理论证明 $f(x)$ 为常数.

证明 因为 $f(x+2)=f(x)$,所以 $f(x)$ 的 Fourier 系数为

$$a_n=\int_{-1}^{1}f(x)\cos n\pi x\mathrm{d}x,$$

$$b_n=\int_{-1}^{1}f(x)\cos n\pi x\mathrm{d}x.$$

又由于 $f(x+\sqrt{3})=f(x)$,所以有

$$
\begin{aligned}
a_n &= \int_{-1}^{1}f(x+\sqrt{3})\cos n\pi x\mathrm{d}x\\
&= \int_{-1+\sqrt{3}}^{1+\sqrt{3}}f(t)\cos n\pi(t-\sqrt{3})\mathrm{d}t\\
&= \int_{-1+\sqrt{3}}^{1+\sqrt{3}}f(t)(\cos n\pi t\cos\sqrt{3}n\pi+\sin n\pi t\sin\sqrt{3}n\pi)\mathrm{d}t\\
&= \cos\sqrt{3}n\pi\int_{-1+\sqrt{3}}^{1+\sqrt{3}}f(t)\cos n\pi t\mathrm{d}t+\sin\sqrt{3}n\pi\int_{-1+\sqrt{3}}^{1+\sqrt{3}}f(t)\sin n\pi t\mathrm{d}t\\
&= \cos\sqrt{3}n\pi\int_{-1}^{1}f(t)\cos n\pi t\mathrm{d}t+\sin\sqrt{3}n\pi\int_{-1}^{1}f(t)\sin n\pi t\mathrm{d}t.
\end{aligned}
$$

所以 $a_n=a_n\cos\sqrt{3}n\pi+b_n\sin\sqrt{3}n\pi$.

同理可得 $b_n = b_n \cos \sqrt{3} n\pi - a_n \sin \sqrt{3} n\pi$.

上面两方程联立得二元一次方程组,解得 $a_n = b_n = 0, n = 1, 2, \cdots$. 而 $f(x)$ 可导,其 Fourier 级数处处收敛于 $f(x)$,所以有

$$f(x) = \frac{a_0}{2} + \sum_{n=1}^{\infty} (a_n \cos nx + b_n \sin nx) = \frac{a_0}{2}.$$

例 18　$f(x)$ 在区间 $(-\pi, \pi)$ 内可积,$f(x)$ 可展开为 Fourier 级数 $\frac{a_0}{2} + \sum_{n=1}^{\infty} (a_n \cos nx + b_n \sin nx)$,求证:

(1) 若 $f(x)$ 在区间 $[-\pi, \pi]$ 上有连续导数,则 $\lim_{n \to \infty} a_n = \lim_{n \to \infty} b_n = 0$.

(2) 若 $f(x)$ 在区间 $[-\pi, \pi]$ 上有二阶连续导数,则 $\sum_{n=1}^{\infty} a_n$ 绝对收敛.

证明　(1) 因为 $f(x)$ 的 Fourier 系数

$$a_n = \frac{1}{\pi} \int_{-\pi}^{\pi} f(x) \cos nx \, dx,$$

$$b_n = \frac{1}{\pi} \int_{-\pi}^{\pi} f(x) \sin nx \, dx.$$

要利用导数来估计 Fourier 系数,做分部积分是可行的方法,即

$$a_n = \frac{1}{\pi} \int_{-\pi}^{\pi} f(x) \cos nx \, dx = -\frac{1}{n\pi} \int_{-\pi}^{\pi} f'(x) \sin nx \, dx,$$

因为 $|\sin nx| \leqslant 1$,$f'(x)$ 在区间 $[-\pi, \pi]$ 上连续,必有界 $|f'(x)| \leqslant M_1$,于是 $|a_n| \leqslant \frac{2M_1}{n}$,从而 $\lim_{n \to \infty} a_n = 0$. 同理 $\lim_{n \to \infty} b_n = 0$.

(2) 再做一次分部积分,有

$$a_n = -\frac{1}{n\pi} \int_{-\pi}^{\pi} f'(x) \sin nx \, dx$$

$$= \frac{(-1)^n}{n^2 \pi} [f'(\pi) - f'(-\pi)] - \frac{1}{n^2 \pi} \int_{-\pi}^{\pi} f''(x) \cos nx \, dx,$$

因为 $|\cos nx| \leqslant 1$,$f''(x)$ 在区间 $[-\pi, \pi]$ 上连续,必有界 $|f''(x)| \leqslant M_2$,于是

$$|a_n| \leqslant \frac{1}{n^2} \left| \frac{(-1)^n}{\pi} [f'(\pi) - f'(-\pi)] + 2M_2 \right|,$$

从而 $\sum_{n=1}^{\infty} a_n$ 绝对收敛.

例 19　设函数 $f(x)$ 在 $[-\pi, \pi]$ 上可积,a_n、b_n 为 $f(x)$ 以 2π 为周期的 Fourier 系数,证明贝塞尔不等式:

$$\frac{a_0^2}{2} + \sum_{n=1}^{\infty} (a_n^2 + b_n^2) \leqslant \frac{1}{\pi} \int_{-\pi}^{\pi} f^2(x) \, dx.$$

解　因为 $f(x)$ 在 $[-\pi, \pi]$ 上可积,所以 $f^2(x)$ 在 $[-\pi, \pi]$ 上也可积. 对任意正整数 n,令

$$s_n(x) = \frac{a_0}{2} + \sum_{k=1}^{n} (a_k \cos kx + b_k \sin kx),$$

则

$$0 \leqslant \int_{-\pi}^{\pi} [f(x) - s_n(x)]^2 \, dx$$

$$= \int_{-\pi}^{\pi} f^2(x) \, dx - 2 \int_{-\pi}^{\pi} f(x) s_n(x) \, dx + \int_{-\pi}^{\pi} s_n^2(x) \, dx,$$

由三角函数系的正交性及 Fourier 系数计算公式得

$$\int_{-\pi}^{\pi} s_n^2(x)\mathrm{d}x = \int_{-\pi}^{\pi}\left[\frac{a_0}{2} + \sum_{k=1}^{n}(a_k\cos kx + b_k\sin kx)\right]^2 \mathrm{d}x$$

$$= \pi\left[\frac{a_0^2}{2} + \sum_{k=1}^{n}(a_k^2 + b_k^2)\right],$$

$$\int_{-\pi}^{\pi} f(x)s_n(x)\mathrm{d}x = \int_{-\pi}^{\pi} f(x)\left[\frac{a_0}{2} + \sum_{k=1}^{n}(a_k\cos kx + b_k\sin kx)\right]\mathrm{d}x$$

$$= \frac{a_0}{2}\int_{-\pi}^{\pi} f(x)\mathrm{d}x + \sum_{k=1}^{n}\left[a_k\int_{-\pi}^{\pi} f(x)\cos kx\,\mathrm{d}x + b_k\int_{-\pi}^{\pi} f(x)\sin kx\,\mathrm{d}x\right]$$

$$= \pi\left[\frac{a_0^2}{2} + \sum_{k=1}^{n}(a_k^2 + b_k^2)\right],$$

于是

$$\int_{-\pi}^{\pi} f^2(x)\mathrm{d}x \geqslant \pi\left[\frac{a_0^2}{2} + \sum_{k=1}^{n}(a_k^2 + b_k^2)\right],$$

由令 $n\to\infty$ 即得贝塞尔不等式.

5.3　模拟题目自测

1. 研究级数 $\sqrt{2} + \sqrt{2-\sqrt{2}} + \sqrt{2-\sqrt{2+\sqrt{2}}} + \sqrt{2-\sqrt{2+\sqrt{2+\sqrt{2}}}} + \cdots$ 的敛散性.

2. 设 $m\geqslant 1$ 为正整数,a_n 是 $(1+x)^{n+m}$ 中 x^n 的系数,证明:$\sum\limits_{n=0}^{\infty}\dfrac{1}{a_n}$ 收敛,并求其和.

3. 判别级数 $\sum\limits_{n=1}^{\infty}\dfrac{1}{\ln n}\sin\dfrac{1}{n}$ 的收敛性.

4. 设 $a>0$,讨论级数 $\sum\limits_{n=1}^{\infty}\dfrac{n}{1^a + 2^a + \cdots + n^a}$ 的敛散性.

5. 已知正项级数 $\sum\limits_{n=1}^{\infty}a_n$ 收敛,证明:级数 $\sum\limits_{n=1}^{\infty}\sqrt[n]{a_1 a_2\cdots a_n}$ 收敛.

6. 对常数 p,讨论级数 $\sum\limits_{n=1}^{\infty}(-1)^{n+1}\dfrac{\sqrt{n+1}-\sqrt{n}}{n^p}$ 何时绝对收敛,何时发散.

7. 证明:$\int_0^1 x^{-x}\mathrm{d}x = \sum\limits_{n=1}^{\infty}\dfrac{1}{n^n}$.

8. 设正项级数 $\sum\limits_{n=1}^{\infty}a_n$ 收敛,且和为 S.试求:

(1) $\lim\limits_{n\to\infty}\dfrac{a_1 + 2a_2 + \cdots + na_n}{n}$;

(2) $\sum\limits_{n=1}^{\infty}\dfrac{a_1 + 2a_2 + \cdots + na_n}{n(n+1)}$.

9. 求幂级数 $\sum\limits_{n=1}^{\infty}\dfrac{1}{n(3^n + 2^n)}x^n$ 的收敛域.

10. 求级数 $\sum\limits_{n=1}^{\infty}\left(2^{\frac{n}{2}}\dfrac{\sin\dfrac{n\pi}{4}}{n!}\right)x^n\ (-\infty < x < +\infty)$ 的和函数.

11. 求级数 $\displaystyle\sum_{n=1}^{\infty} \frac{2n-1}{2^n}$ 的和.

12. 求幂级数 $\displaystyle\sum_{n=0}^{\infty} \frac{n^3+2}{(n+1)!}(x-1)^n$ 的收敛域与和函数.

13. 将函数 $f(x)=x^2(0<x<2\pi)$ 展成以 2π 为周期的 Fourier 级数,并求级数 $\displaystyle\sum_{n=1}^{\infty} \frac{1}{(2n-1)^2}$ 的和.

14. 设函数 $f(x)$ 为以 2π 为周期的连续函数,证明贝塞尔恒等式:

$$\frac{a_0^2}{2}+\sum_{n=1}^{\infty}(a_n^2+b_n^2) = \frac{1}{\pi}\int_{-\pi}^{\pi} f^2(x)\,\mathrm{d}x.$$

15. 设幂级数 $\displaystyle\sum_{n=0}^{\infty} a_n x^n$ 在 $(-\infty,+\infty)$ 内收敛,其和函数 $S(x)$ 满足 $S''-2xS'-4S=0$, $S(0)=0, S'(0)=1$.

(1) 证明:$a_{n+2}=\dfrac{2}{n+1}a_n, n=1,2,\cdots$;

(2) 求 $S(x)$ 的表达式.

答案与提示

1. 令 $A_1=\sqrt{2}, A_n=\sqrt{2+A_{n-1}}$,则原级数可以表示为 $\sqrt{2}+\displaystyle\sum_{n=1}^{\infty}\sqrt{2-A_n}$.

容易证明 A_n 单调递增有上界 2,则存在极限,设 $\lim\limits_{n\to\infty}A_n=a$,在 $A_n=\sqrt{2+A_{n-1}}$ 两边取极限得到 $a=\sqrt{2+a}$,解得 $a=2$.

由于 $\lim\limits_{n\to\infty}\dfrac{\sqrt{2-A_{n+1}}}{\sqrt{2-A_n}}=\lim\limits_{n\to\infty}\dfrac{\sqrt{2-\sqrt{2+A_n}}}{\sqrt{2-A_n}}=\lim\limits_{n\to\infty}\dfrac{1}{\sqrt{2+\sqrt{2+A_n}}}=\dfrac{1}{2}<1$,因此根据比较审敛法知原级数收敛.

2. $a_n=\mathrm{C}_{n+m}^n=\dfrac{(n+1)\cdots(n+m)}{m!}$,

$$\sum_{n=0}^{\infty}\frac{1}{a_n}=m!\sum_{n=0}^{\infty}\frac{1}{(n+1)\cdots(n+m)},$$

$$S_{n-1}=\sum_{k=0}^{n-1}\frac{1}{(k+1)(k+2)\cdots(k+m)}$$

$$=\frac{1}{m-1}\sum_{k=0}^{n-1}\left[\frac{1}{(k+1)\cdots(k+m-1)}-\frac{1}{(k+2)\cdots(k+m)}\right]$$

$$=\frac{1}{m-1}\left[\frac{1}{1\cdot2\cdots\cdot(m-1)}-\frac{1}{(n+1)\cdots(n+m-1)}\right],$$

所以 $\lim\limits_{n\to\infty}S_{n-1}=\dfrac{1}{(m-1)(m-1)!}$,即 $\displaystyle\sum_{n=0}^{\infty}\frac{1}{a_n}=\frac{m}{m-1}$.

3. $\lim\limits_{n\to\infty}\dfrac{\dfrac{1}{\ln n}\sin\dfrac{1}{n}}{\dfrac{1}{n\ln n}}=1$,考虑级数 $\displaystyle\sum_{n=1}^{\infty}\frac{1}{n\ln n}$.

由于 $\dfrac{1}{x\ln x}$ 单调递减，且 $\displaystyle\int_2^{+\infty}\dfrac{1}{x\ln x}=+\infty$，由柯西积分判别法可知级数 $\displaystyle\sum_{n=1}^{\infty}\dfrac{1}{n\ln n}$ 发散，从而原级数发散.

4.
$$\lim_{n\to\infty}\dfrac{\dfrac{n}{1^{\alpha}+2^{\alpha}+\cdots+n^{\alpha}}}{\dfrac{1}{n^{\alpha}}}=\lim_{n\to\infty}\dfrac{1}{\dfrac{1}{n}\left[\left(\dfrac{1}{n}\right)^{\alpha}+\left(\dfrac{2}{n}\right)^{\alpha}+\cdots+\left(\dfrac{n}{n}\right)^{\alpha}\right]}$$
$$=\lim_{n\to\infty}\dfrac{1}{\displaystyle\sum_{k=1}^{n}\left(\dfrac{k}{n}\right)^{\alpha}\dfrac{1}{n}}=\dfrac{1}{\displaystyle\int_0^1 x^{\alpha}\,\mathrm{d}x}=\dfrac{1}{\dfrac{1}{\alpha+1}}=\alpha+1.$$

级数 $\displaystyle\sum_{n=1}^{\infty}\dfrac{n}{1^{\alpha}+2^{\alpha}+\cdots+n^{\alpha}}$ 与 $\displaystyle\sum_{n=1}^{\infty}\dfrac{1}{n^{\alpha}}$ 同敛散. 因此当 $\alpha>1$ 时，级数 $\displaystyle\sum_{n=1}^{\infty}\dfrac{1}{n^{\alpha}}$ 收敛，原级数 $\displaystyle\sum_{n=1}^{\infty}\dfrac{n}{1^{\alpha}+2^{\alpha}+\cdots+n^{\alpha}}$ 也收敛，当 $0<\alpha\leqslant 1$ 时，级数 $\displaystyle\sum_{n=1}^{\infty}\dfrac{1}{n^{\alpha}}$ 发散，原级数 $\displaystyle\sum_{n=1}^{\infty}\dfrac{n}{1^{\alpha}+2^{\alpha}+\cdots+n^{\alpha}}$ 也发散.

5.
$$\sqrt[k]{a_1 a_2\cdots a_k}=\dfrac{\sqrt[k]{a_1\cdot 2a_2\cdot 3a_3\cdot\cdots\cdot ka_k}}{\sqrt[k]{k!}}\leqslant\dfrac{\displaystyle\sum_{i=1}^{k}ia_i}{k}\cdot\dfrac{1}{\sqrt[k]{\left(\dfrac{k}{2}\right)^k}},$$

于是
$$\sum_{k=1}^{n}\sqrt[k]{a_1 a_2\cdots a_k}\leqslant\sum_{k=1}^{n}\dfrac{2}{k}\sum_{i=1}^{k}\dfrac{ia_i}{k}=2\sum_{i=1}^{n}ia_i\left(\sum_{k=i}^{n}\dfrac{1}{k^2}\right),$$

由于
$$i\sum_{k=i}^{n}\dfrac{1}{k^2}=i\left[\dfrac{1}{i^2}+\dfrac{1}{(i+1)^2}+\cdots+\dfrac{1}{n^2}\right]$$
$$\leqslant i\left[\dfrac{1}{i^2}+\dfrac{1}{i(i+1)}+\cdots+\dfrac{1}{(n-1)n}\right]$$
$$=i\left(\dfrac{1}{i^2}+\dfrac{1}{i}-\dfrac{1}{i+1}+\cdots+\dfrac{1}{n-1}-\dfrac{1}{n}\right)$$
$$=i\left(\dfrac{1}{i^2}+\dfrac{1}{i}-\dfrac{1}{n}\right)\leqslant 2.$$

所以 $\displaystyle\sum_{n=1}^{\infty}\sqrt[n]{a_1 a_2\cdots a_n}\leqslant 2\sum_{i=1}^{\infty}a_i\left(i\sum_{k=i}^{n}\dfrac{1}{k^2}\right)\leqslant 4\sum_{i=1}^{\infty}a_i$，而正项级数 $\displaystyle\sum_{n=1}^{\infty}a_n$ 收敛，因此它的部分和有界，所以 $\displaystyle\sum_{n=1}^{\infty}\sqrt[n]{a_1 a_2\cdots a_n}$ 部分和也有界，从而 $\displaystyle\sum_{n=1}^{\infty}\sqrt[n]{a_1 a_2\cdots a_n}$ 收敛.

6. $a_n=\dfrac{\sqrt{n+1}-\sqrt{n}}{n^p}=\dfrac{1}{(\sqrt{n+1}+\sqrt{n})n^p}=\dfrac{1}{n^{p+\frac{1}{2}}\left(\sqrt{1+\dfrac{1}{n}}+1\right)}.$

由于 $\displaystyle\lim_{n\to 0}\dfrac{a_n}{\dfrac{1}{2n^{p+\frac{1}{2}}}}=1$，因此当 $p>\dfrac{1}{2}$ 时，级数收敛，原级数绝对收敛. 当 $p\leqslant\dfrac{1}{2}$ 时，级数发散，原级数非绝对收敛.

当 $0<p+\dfrac{1}{2}\leqslant 1$ 时,$\lim\limits_{n\to 0}a_n=0$. 记 $f(x)=x^p(\sqrt{x+1}+\sqrt{x})$,$x>0$,根据

$$f'(x)=x^{p-1}(\sqrt{x+1}+\sqrt{x})\left(p+\dfrac{\sqrt{x}}{2\sqrt{x+1}}\right),$$

注意,$f'(x)>0$,故 $f(x)$ 单调增加,相应地,$a_n=\dfrac{1}{f(n)}$ 单调减少,由莱布尼茨判别法知道原级数条件收敛.

当 $p+\dfrac{1}{2}\leqslant 0$ 时,$\lim\limits_{n\to 0}a_n\neq 0$,原级数发散.

7. 因为 $x^{-x}=e^{-x\ln x}(x>0)$,于是

$$x^{-x}=e^{-x\ln x}=\sum_{n=0}^{\infty}\dfrac{1}{n!}(-x\ln x)^n=\sum_{n=0}^{\infty}\dfrac{(-1)^n}{n!}x^n(\ln x)^n,$$

所以 $\displaystyle\int_0^1 x^{-x}dx=\sum_{n=0}^{\infty}\dfrac{(-1)^n}{n!}\int_0^1 x^n(\ln x)^n dx=\sum_{n=0}^{\infty}\dfrac{(-1)^n}{n!}\dfrac{(-1)^n n!}{(n+1)^{n+1}}=\sum_{n=1}^{\infty}\dfrac{1}{n^n}.$

8. (1)
$$\dfrac{a_1+2a_2+\cdots+na_n}{n}=\dfrac{S_n+S_n-S_1+S_n-S_2+\cdots+S_n-S_{n-1}}{n}$$
$$=S_n-\dfrac{S_1+S_2+\cdots+S_{n-1}}{n-1}\dfrac{n-1}{n},$$

所以 $\lim\limits_{n\to\infty}\dfrac{a_1+2a_2+\cdots+na_n}{n}=S-S=0.$

(2) $\dfrac{a_1+2a_2+\cdots+na_n}{n(n+1)}=\dfrac{a_1+2a_2+\cdots+na_n}{n}-\dfrac{a_1+2a_2+\cdots+na_n}{n+1}$
$$=\dfrac{a_1+2a_2+\cdots+na_n}{n}-\dfrac{a_1+2a_2+\cdots+na_n+(n+1)a_{n+1}}{n+1}+a_{n+1},$$

记 $b_n=\dfrac{a_1+2a_2+\cdots+na_n}{n}$,则 $\dfrac{a_1+2a_2+\cdots+na_n}{n(n+1)}=b_n-b_{n+1}+a_{n+1}$,于是

$$\sum_{n=1}^{\infty}\dfrac{a_1+2a_2+\cdots+na_n}{n(n+1)}=b_1+\sum_{n=1}^{\infty}a_{n+1}=\sum_{n=1}^{\infty}a_n=S.$$

9. 记 $a_n=\dfrac{1}{n(3^n+2^n)}$,则 $\lim\limits_{n\to\infty}\left|\dfrac{a_{n+1}}{a_n}\right|=\lim\limits_{n\to\infty}\dfrac{n}{n+1}\cdot\dfrac{3^n+2^n}{3^{n+1}+2^{n+1}}=\dfrac{1}{3}$,所以收敛半径为3,收敛区间为 $(-3,3)$.

当 $x=3$ 时,由于 $\dfrac{3^n}{n(3^n+2^n)}=\dfrac{1}{n\left[1+\left(\frac{2}{3}\right)^n\right]}>\dfrac{1}{2n}$,所以 $\displaystyle\sum_{n=1}^{\infty}\dfrac{3^n}{n(3^n+2^n)}$ 发散.

当 $x=-3$ 时,由于 $\displaystyle\sum_{n=1}^{\infty}\dfrac{(-3)^n}{n(3^n+2^n)}=\sum_{n=1}^{\infty}\dfrac{(-1)^n}{n}+\sum_{n=1}^{\infty}(-1)^n\dfrac{1}{n\left[\left(\frac{3}{2}\right)^n+1\right]}$,由莱布尼茨判别法知 $\displaystyle\sum_{n=1}^{\infty}\dfrac{(-1)^n}{n}$ 与 $\displaystyle\sum_{n=1}^{\infty}(-1)^n\dfrac{1}{n\left[\left(\frac{3}{2}\right)^n+1\right]}$ 均为收敛级数,从而级数 $\displaystyle\sum_{n=1}^{\infty}\dfrac{(-3)^n}{n(3^n+2^n)}$ 收敛.

总之,级数 $\displaystyle\sum_{n=1}^{\infty}\dfrac{1}{n(3^n+2^n)}x^n$ 的收敛域为 $[-3,3)$.

10. 由欧拉公式得

$$e^x(\cos x + i\sin x) = e^{(1+i)x} = \sum_{n=1}^{\infty} \frac{1}{n!}[(1+i)x]^n = \sum_{n=1}^{\infty} \frac{x^n}{n!}(1+i)^n$$

$$= \sum_{n=1}^{\infty} \frac{x^n}{n!}\left[\sqrt{2}\left(\cos\frac{\pi}{4} + i\sin\frac{\pi}{4}\right)\right]^n$$

$$= \sum_{n=1}^{\infty} \frac{x^n 2^{\frac{n}{2}}}{n!}\left(\cos\frac{n\pi}{4} + i\sin\frac{n\pi}{4}\right).$$

比较两边的虚实部,有

$$\sum_{n=1}^{\infty}\left(2^{\frac{n}{2}}\frac{\sin\dfrac{n\pi}{4}}{n!}\right)x^n = e^x\sin x.$$

11. $\displaystyle\sum_{n=1}^{\infty}\frac{2n-1}{2^n} = \sum_{n=1}^{\infty}\frac{n}{2^{n-1}} - \sum_{n=1}^{\infty}\left(\frac{1}{2}\right)^n,\ \sum_{n=1}^{\infty}\left(\frac{1}{2}\right)^n = \frac{\dfrac{1}{2}}{1-\dfrac{1}{2}} = 1.$

令 $f(x) = \displaystyle\sum_{n=1}^{\infty} nx^{n-1},\ |x| < 1$,逐项积分得

$$\int_0^1 f(x)\mathrm{d}x = \sum_{n=1}^{\infty} x^n = \frac{x}{1-x}, \quad |x| < 1,$$

两边求导,得

$$f(x) = \frac{1}{(1-x)^2}, \quad |x| < 1.$$

令 $x = \dfrac{1}{2}$,得 $f\left(\dfrac{1}{2}\right) = \dfrac{1}{(1-x)^2}\Big|_{x=\frac{1}{2}} = 4$. 因此 $\displaystyle\sum_{n=1}^{\infty}\frac{2n-1}{2^n} = 4 - 1 = 3.$

12. 记 $a_n = \dfrac{n^3+2}{(n+1)!}$,则 $\displaystyle\lim_{n\to\infty}\frac{a_{n+1}}{a_n} = \lim_{n\to\infty}\frac{(n+1)^3+2}{(n+2)(n^3+2)} = 0$,所以收敛半径为 $+\infty$,收敛域为 $(-\infty, +\infty)$.

注意,$\dfrac{n^3+2}{(n+1)!} = \dfrac{1}{(n-2)!} + \dfrac{1}{n!} + \dfrac{1}{(n+1)!}.$

注意,

$$\sum_{n=0}^{\infty} \frac{n^3+2}{(n+1)!}(x-1)^n = \sum_{n=2}^{\infty}\frac{(x-1)^n}{(n-2)!} + \sum_{n=0}^{\infty}\frac{(x-1)^n}{n!} + \sum_{n=0}^{\infty}\frac{(x-1)^n}{(n+1)!},$$

$$\sum_{n=2}^{\infty}\frac{(x-1)^n}{(n-2)!} = (x-1)^2\sum_{n=0}^{\infty}\frac{(x-1)^n}{n!} = (x-1)^2 e^{x-1},$$

$$\sum_{n=0}^{\infty}\frac{(x-1)^n}{n!} = e^{x-1},$$

$$(x-1)\sum_{n=0}^{\infty}\frac{(x-1)^n}{(n+1)!} = \sum_{n=1}^{\infty}\frac{(x-1)^n}{n!} = e^{x-1} - 1.$$

当 $x \neq 1$ 时,$S_3(x) = \displaystyle\sum_{n=0}^{\infty}\frac{(x-1)^n}{(n+1)!} = \frac{e^{x-1}-1}{x-1}$;当 $x = 1$ 时,$S_3(1) = 1.$

于是,$\displaystyle\sum_{n=0}^{\infty}\frac{n^3+2}{(n+1)!}(x-1)^n = \begin{cases} (x^2-2x+2)e^{x-1} + \dfrac{1}{x-1}(e^{x-1}-1), & x \neq 1, \\ 2, & x = 1. \end{cases}$

13. 将函数在 $(-\infty,+\infty)$ 内周期延拓,其分段光滑,满足狄利克雷条件,由系数公式得

$$a_0 = \frac{1}{\pi}\int_0^{2\pi} f(x)\mathrm{d}x = \frac{8\pi^2}{3},$$

$$a_n = \frac{1}{\pi}\int_0^{2\pi} f(x)\cos nx\,\mathrm{d}x = \frac{4}{n^2},$$

$$b_n = \frac{1}{\pi}\int_0^{2\pi} f(x)\sin x\,\mathrm{d}x = -\frac{4\pi}{n},$$

所以 Fourier 展开式为

$$f(x) = \frac{4\pi^2}{3} + 4\sum_{n=1}^{\infty}\left(\frac{\cos nx}{n^2} - \frac{\pi\sin nx}{n}\right).$$

令 $x=0,\pi$,得

$$f(0) = \frac{4\pi^2}{3} + 4\sum_{n=1}^{\infty}\frac{1}{n^2} = \frac{f(0+0)+f(2\pi-0)}{2} = 2\pi^2,$$

$$f(\pi) = \frac{4\pi^2}{3} + 4\sum_{n=1}^{\infty}\frac{(-1)^n}{n^2} = \pi^2,$$

两式联立,得 $\displaystyle\sum_{n=1}^{\infty}\frac{1}{(2n-1)^2} = \frac{\pi^2}{8}$.

14. 考虑下面卷积函数 $F(x) = \dfrac{1}{\pi}\displaystyle\int_{-\pi}^{\pi} f(t)f(x+t)\mathrm{d}t$ 的 Fourier 级数.注意 $F(x)$ 为偶函数,可设 $F(x) = \dfrac{A_0}{2} + \displaystyle\sum_{n=1}^{\infty} A_n\cos nx$.

计算得 $A_0 = a_0^2, A_n = a_n^2 + b_n^2, n=1,2,\cdots$.

于是 $F(x) = \dfrac{a_0^2}{2} + \displaystyle\sum_{n=1}^{\infty}(a_n^2+b_n^2)\cos nx$.

在上式中令 $x=0$,得 $\displaystyle\int_{-\pi}^{\pi} f^2(x)\mathrm{d}x = F(0) = \dfrac{a_0^2}{2} + \displaystyle\sum_{n=1}^{\infty}(a_n^2+b_n^2)$.

15. (1) $S(x) = \displaystyle\sum_{n=0}^{\infty} a_n x^n, S'(x) = \displaystyle\sum_{n=1}^{\infty} na_n x^{n-1}, S''(x) = \displaystyle\sum_{n=2}^{\infty} n(n-1)a_n x^{n-2}$,代入微分方程 $S''-2xS'-4S=0$ 中,整理得

$$\sum_{n=0}^{\infty}\left[(n+2)(n+1)a_{n+2} - 2na_n - 4a_n\right]x^n = 0,$$

故有 $(n+2)(n+1)a_{n+2}-2na_n-4a_n=0$,从而 $a_{n+2} = \dfrac{2}{n+1}a_n, n=1,2,\cdots$.

(2) 由初始条件 $S(0)=0, S'(0)=1$ 知 $a_0=0, a_1=1$.根据递推关系 $a_{n+2} = \dfrac{2}{n+1}a_n$ 有 $a_{2n}=0$,

$a_{2n+1} = \dfrac{1}{n!}$,于是 $S(x) = \displaystyle\sum_{n=0}^{\infty}\frac{1}{n!}x^{2n+1} = x\sum_{n=0}^{\infty}\frac{1}{n!}(x^2)^n = x\mathrm{e}^{x^2}$.

第6章　常微分方程

6.1　知识概要介绍

1. 微分方程基本概念

（1）微分方程定义

凡表示未知函数，未知函数的导数（或微分）与自变量之间的关系的方程，叫微分方程.

（2）微分方程的阶

方程中未知函数的最高阶导数的阶数.

（3）微分方程的通解

微分方程的解中含有任意常数，且任意常数的个数与微分方程的阶数相同（任意常数不能合并）.

（4）初值问题

求微分方程满足初始条件的解的问题称为初值问题.

（5）积分曲线

微分方程的解的图形是一条曲线，叫做微分方程的积分曲线.

2. 一阶微分方程

（1）可分离变量的微分方程

标准形式为 $y' = f(x)g(y)$.

当 $g(y) \neq 0$ 时，将方程写为 $\dfrac{\mathrm{d}y}{g(y)} = f(x)\mathrm{d}x$，然后方程两边积分，得通解 $\displaystyle\int f(x)\mathrm{d}x = \int \dfrac{1}{g(y)}\mathrm{d}y + C$，其中 C 为任意常数.

（2）齐次微分方程

标准形式为 $y' = f\left(\dfrac{y}{x}\right)$，其中 f 有连续的导数.

令 $u = \dfrac{y}{x}$，即 $y = ux$，两边同时对 x 求导，得到 $y' = xu' + u$，代入原方程变为可分离变量的方程 $xu' + u = f(u)$，分离变量得

$$\frac{\mathrm{d}u}{f(u) - u} = \frac{\mathrm{d}x}{x},$$

求出积分后,再用 $\dfrac{y}{x}$ 代替 u,便得原齐次方程的通解.

（3）一阶线性微分方程

标准形式为 $\dfrac{\mathrm{d}y}{\mathrm{d}x}+P(x)y=Q(x)$,其中 $P(x),Q(x)$ 均为已知函数.

如果 $Q(x)\equiv 0$,则方程称为齐次线性微分方程,否则方程称为非齐次线性微分方程.该方程的通解为 $y=\mathrm{e}^{-\int P(x)\mathrm{d}x}\left(\int Q(x)\mathrm{e}^{\int P(x)\mathrm{d}x}\mathrm{d}x+C\right)$.

（4）伯努利方程

标准形式为 $\dfrac{\mathrm{d}y}{\mathrm{d}x}+P(x)y=Q(x)y^{a}$,$a\neq 0,1$,其中 $P(x),Q(x)$ 均为连续函数.

对 $y\neq 0$,方程两端同乘以 y^{-a},令 $z=y^{1-a}$,可化为一阶线性方程

$$\frac{\mathrm{d}z}{\mathrm{d}x}+(1-a)P(x)z=(1-a)Q(x),$$

得出通解后将 $z=y^{1-a}$ 代入,即得原伯努利方程的通解.此外,当 $a>0$ 时,方程还有解 $y=0$.

（5）全微分方程

若一阶方程 $M(x,y)\mathrm{d}x+N(x,y)\mathrm{d}y=0$ 的左端恰好为某个二元函数 $u(x,y)$ 的全微分,即 $\mathrm{d}u(x,y)=M(x,y)\mathrm{d}x+N(x,y)\mathrm{d}y$,则称该方程为全微分方程（或恰当方程）.此时它的通解为 $u(x,y)=C$.

如果 $M(x,y),N(x,y)$ 在某个单连通区域 G 内具有一阶连续偏导数,上述方程成为全微分方程的充分必要条件是 $\dfrac{\partial M}{\partial y}=\dfrac{\partial N}{\partial x}$ 在 G 内恒成立,此时全微分方程的通解中的原函数可用曲线积分表示,即

$$u(x,y)=\int_{(x_0,y_0)}^{(x,y)}M(x,y)\mathrm{d}x+N(x,y)\mathrm{d}y$$
$$=\int_{x_0}^{x}M(x,y_0)\mathrm{d}x+\int_{y_0}^{y}N(x,y)\mathrm{d}y=C,$$

其中,(x_0,y_0) 是区域 G 内适当选定的点 $M_0(x_0,y_0)$ 的坐标.

另外,还可以用微分公式的逆运算凑成原函数,例如,

$$\frac{x\mathrm{d}x+y\mathrm{d}y}{x^2+y^2}=\frac{1}{2}\frac{\mathrm{d}x^2+\mathrm{d}y^2}{x^2+y^2}=\frac{1}{2}\frac{\mathrm{d}(x^2+y^2)}{x^2+y^2}=\frac{1}{2}\mathrm{d}\left[\ln(x^2+y^2)\right].$$

如果 $M(x,y)\mathrm{d}x+N(x,y)\mathrm{d}y=0$ 不是全微分方程,但能找到一个适当的连续可微函数 $\mu=\mu(x,y)\neq 0$,使该方程乘以 $\mu(x,y)$ 后得到的方程

$$\mu(x,y)M(x,y)\mathrm{d}x+\mu(x,y)N(x,y)\mathrm{d}y=0$$

是全微分方程,则称 $\mu(x,y)$ 为该方程的积分因子.若此时 $\mu M\mathrm{d}x+\mu N\mathrm{d}y=\mathrm{d}U$,则 $U(x,y)=C$ 即为该方程的通解.

3. 可降阶的高阶微分方程

（1）形如 $y^{(n)}=f(x)$ 的方程（右端仅含有自变量 x）

通过 n 次积分即可求出含有 n 个任意常数的通解.

（2）形如 $y''=f(x,y')$ 的方程（不显含未知函数 y）

令 $y'=p(x)$,则该方程可化为一阶方程 $p'=f(x,p)$,设该方程的通解为 $p=\varphi(x,C_1)$,则

原方程的通解为 $y = \int \varphi(x, C_1) \mathrm{d}x + C_2$.

（3）形如 $y'' = f(y, y')$ 的方程（不显含自变量 x）

将 y 看成自变量，令 $y' = p(x)$，则 $y'' = \dfrac{\mathrm{d}p}{\mathrm{d}x} = \dfrac{\mathrm{d}p}{\mathrm{d}y} \cdot \dfrac{\mathrm{d}y}{\mathrm{d}x} = y' \dfrac{\mathrm{d}p}{\mathrm{d}y}$，该方程化为一阶方程 $p\dfrac{\mathrm{d}p}{\mathrm{d}y} = f(y, p)$. 设该方程的通解为 $p = \varphi(y, C_1)$，分离变量并积分，得原方程的通解为

$$\int \frac{\mathrm{d}y}{\varphi(y, C_1)} = x + C_2.$$

4. n 阶线性微分方程

形如

$$\frac{\mathrm{d}^n y}{\mathrm{d}x^n} + p_1(x)\frac{\mathrm{d}^{n-1} y}{\mathrm{d}x^{n-1}} + \cdots + p_{n-1}(x)\frac{\mathrm{d}y}{\mathrm{d}x} + p_n(x) y = f(x)$$

的方程称为 n 阶线性微分方程，其中系数 $p_i(x)(i=1,2,\cdots,n)$ 及自由项 $f(x)$ 均为定义在区间 I 上的连续函数. 当 $f(x) \equiv 0$ 时，称为 n 阶齐次线性微分方程，否则称为 n 阶非齐次线性微分方程.

① 设 $y_1(x), y_2(x), \cdots, y_k(x)$ 都为齐次线性微分方程的解，则线性组合

$$y = C_1 y_1(x) + C_2 y_2(x) + \cdots + C_k y_k(x)$$

也是该齐次线性微分方程的解，这里 $C_1, C_2, \cdots, C_k$ 为任意常数.

② n 阶齐次线性微分方程一定存在 n 个线性无关的解 $y_1(x), y_2(x), \cdots, y_n(x)$ 并且其通解可以表示为 $y = C_1 y_1(x) + C_2 y_2(x) + \cdots + C_n y_n(x)$，其中 $C_1, C_2, \cdots, C_n$ 为任意常数.

③ 如果 $y^*(x)$ 是非齐次线性微分方程的某个特解，$y(x)$ 是对应的齐次线性方程的通解，则 $Y(x) = y^*(x) + y(x)$ 为非齐次线性方程的通解.

④ 非齐次线性方程的任意两个解之差一定为对应的齐次线性方程的解.

5. n 阶常系数线性微分方程

（1）n 阶常系数齐次线性微分方程

$$\frac{\mathrm{d}^n y}{\mathrm{d}x^n} + p_1 \frac{\mathrm{d}^{n-1} y}{\mathrm{d}x^{n-1}} + \cdots + p_{n-1}\frac{\mathrm{d}y}{\mathrm{d}x} + p_n y = 0,$$

其中，$p_i(i=1,2,\cdots,n)$ 为实常数. n 次方程

$$\lambda^n + p_1 \lambda^{n-1} + \cdots + p_{n-1}\lambda + p_n = 0$$

称为方程的特征方程；它的根称为特征根. 根据特征根，可写出其对应的微分方程的解，如表 6.1 所列.

表 6.1 特征根与 n 阶常系数齐次线性微分方程的解

特征方程的根	齐次方程对应的解
单实根 λ	有一个解 $\mathrm{e}^{\lambda x}$
一对单复根 $\lambda_{1,2} = \alpha \pm \beta \mathrm{i}$	有两个线性无关解 $y_1 = \mathrm{e}^{\alpha x}\cos \beta x, y_2 = \mathrm{e}^{\alpha x}\sin \beta x$
k 重实根 λ	有 k 个线性无关解 $y_1 = \mathrm{e}^{\lambda x}, y_2 = x\mathrm{e}^{\lambda x}, \cdots, y_k = x^{k-1}\mathrm{e}^{\lambda x}$

特征方程的根	齐次方程对应的解
一对 k 重复根 $\lambda_{1,2}=\alpha\pm\beta\mathrm{i}$	有 $2k$ 个线性无关解 $y_1=\mathrm{e}^{\alpha x}\cos\beta x, y_2=x\mathrm{e}^{\alpha x}\cos\beta x,\cdots, y_k=x^{k-1}\mathrm{e}^{\alpha x}\cos\beta x;$ $\overline{y}_1=\mathrm{e}^{\alpha x}\sin\beta x, \overline{y}_2=x\mathrm{e}^{\alpha x}\sin\beta x,\cdots,\overline{y}_k=x^{k-1}\mathrm{e}^{\alpha x}\sin\beta x$

（2）二阶常系数非齐次线性微分方程

标准形式：$y''+py'+qy=f(x)$.

① 当 $f(x)=\mathrm{e}^{\lambda x}P_m(x)$ 时，二阶常系数非齐次线性微分方程的特解形式为

$$y^*=x^kQ_m(x)\mathrm{e}^{\lambda x},$$

其中，$Q_m(x)$ 是与 $P_m(x)$ 同次的多项式，而 k 按 λ 不是特征方程的根、是特征方程的单根或是特征方程的重根依次取为 $0,1$ 或 2.

② 当 $f(x)=\mathrm{e}^{\lambda x}[P_l(x)\cos\omega x+P_n(x)\sin\omega x]$ 时，二阶常系数非齐次线性微分方程的特解形式为

$$y^*=x^k\mathrm{e}^{\lambda x}[R_1^m(x)\cos\omega x+R_2^m(x)\sin\omega x],$$

其中，$R_1^m(x),R_2^m(x)$ 是 m 次多项式，$m=\max(l,n)$，而 k 按 $\lambda+\mathrm{i}\omega$（或 $\lambda-\mathrm{i}\omega$）不是特征方程的根或是特征方程的单根依次取 0 或 1.

6. 欧拉(Euler)方程

欧拉方程为

$$x^ny^{(n)}+p_1x^{n-1}y^{(n-1)}+\cdots+p_{n-1}xy'+p_ny=f(x),$$

其中，$p_1,p_2\cdots,p_n$ 都是常数. 对于欧拉方程可取代换 $x=\mathrm{e}^t$，记 $D=\dfrac{\mathrm{d}}{\mathrm{d}t}$，称 D 为微分算子，表示对 t 求导的运算，则有

$$x^ky^{(k)}=D(D-1)\cdots(D-k+1)y,\quad k=1,2,\cdots,n,$$

代入欧拉方程，便得到一个以 t 为自变量的常系数线性微分方程，求出它的通解后，将 $t=\ln x$ 代入，即得原方程的通解.

6.2　典型例题分析

例 1　求下列常微分方程的通解：

（1）$(1-xy+x^2y^2)\mathrm{d}x+(x^3y-x^2)\mathrm{d}y=0$；

（2）$(x+y-3)\mathrm{d}y-(x-y+1)\mathrm{d}x=0$；

（3）$\dfrac{\mathrm{d}y}{\mathrm{d}x}=\dfrac{y^2}{4}+\dfrac{1}{x^2}$；

（4）$x\dfrac{\mathrm{d}y}{\mathrm{d}x}-4y=x^2\sqrt{y},y\big|_{x=1}=2$.

解　（1）原微分方程两边同时乘以 xy 得

$$xy(1-xy+x^2y^2)\mathrm{d}x+x^2(x^2y^2-xy)\mathrm{d}y=0.$$

令 $z=xy$，则 $\mathrm{d}y=\dfrac{x\mathrm{d}z-z\mathrm{d}x}{x^2}$，代入上式化简整理得

$$z\mathrm{d}x+x(z^2-z)\mathrm{d}z=0,\quad \text{即}\quad \frac{\mathrm{d}x}{x}+(z-1)\mathrm{d}z=0,$$

积分得其通解为 $\ln|x|+\dfrac{1}{2}(z-1)^2=C$,从而原微分方程的通解为

$$\ln|x|+\frac{1}{2}x^2y^2-xy=C.$$

(2) 原方程可变形为 $\dfrac{\mathrm{d}y}{\mathrm{d}x}=\dfrac{x-y+1}{x+y-3}$,为了将方程转化为齐次方程,解方程组

$$\begin{cases}x-y+1=0\\x+y-3=0\end{cases}\Rightarrow\begin{cases}x=1,\\y=2.\end{cases}$$

令 $\begin{cases}x=X+1,\\y=Y+2,\end{cases}$ 原方程可化为齐次方程

$$\frac{\mathrm{d}Y}{\mathrm{d}X}=\frac{X-Y}{X+Y}=\frac{1-\dfrac{Y}{X}}{1+\dfrac{Y}{X}}.$$

令 $u=\dfrac{Y}{X}$,代入上式得 $\dfrac{1+u}{1-2u-u^2}\mathrm{d}u=\dfrac{\mathrm{d}X}{X}$,两边积分得

$$-\frac{1}{2}\ln(1-2u-u^2)=\ln X+\ln C_1,$$

再将 $u=\dfrac{Y}{X}$ 代入,得

$$X^2-2XY-Y^2=C,$$

由此可得原微分方程的通解为 $x^2-2xy-y^2+2x+6y=C$.

(3) 原微分方程两边同除以 y^2 得

$$\frac{1}{y^2}\frac{\mathrm{d}y}{\mathrm{d}x}=\frac{1}{4}+\frac{1}{x^2y^2}\Rightarrow\frac{\mathrm{d}\left(\dfrac{1}{y}\right)}{\mathrm{d}x}=-\frac{1}{4}-\frac{1}{x^2y^2},$$

令 $u=\dfrac{1}{y}$,则上式化为

$$\frac{\mathrm{d}u}{\mathrm{d}x}=-\frac{1}{4}-\left(\frac{u}{x}\right)^2.$$

令 $v=\dfrac{u}{x}$,则上述方程化为 $v+x\dfrac{\mathrm{d}v}{\mathrm{d}x}=-\left(\dfrac{1}{4}+v^2\right)$,得 $x=C\mathrm{e}^{\left(v+\frac{1}{2}\right)^{-1}}$,即 $x=C\mathrm{e}^{\left(\frac{u}{x}+\frac{1}{2}\right)^{-1}}$,

从而原微分方程的通解为 $x=C\mathrm{e}^{\left(\frac{1}{xy}+\frac{1}{2}\right)^{-1}}=C\mathrm{e}^{\frac{2xy}{2+xy}}$.

(4) 原微分方程可化为

$$\frac{\mathrm{d}y}{\mathrm{d}x}-\frac{4}{x}y=x\sqrt{y},$$

这是一个 $n=\dfrac{1}{2}$ 的伯努利方程. 令 $z=y^{\frac{1}{2}}$,则上述方程化为 $\dfrac{\mathrm{d}z}{\mathrm{d}x}-\dfrac{2}{x}z=\dfrac{1}{2}x$,它是一个一阶线性

非齐次微分方程,其通解为 $z=x^2\left(\dfrac{1}{2}\ln x+C\right)=Cx^2+\dfrac{1}{2}x^2\ln x$,则原微分方程的通解为

$$y=x^4\left(\frac{1}{2}\ln x+C\right)^2.$$

由初始条件得 $C=\sqrt{2}$，于是微分方程的解为 $y=x^4\left(\dfrac{1}{2}\ln x+\sqrt{2}\right)^2$.

例 2　设 $y(x)$ 在区间 $[0,+\infty)$ 上存在连续的一阶导数，且 $\lim\limits_{x\to+\infty}[y'(x)+y(x)]=0$，求 $\lim\limits_{x\to+\infty}y(x)$.

解　记 $y'(x)+y(x)=q(x)$，由题设知 $q(x)$ 连续. 解此一阶微分方程，并以 $y(x_0)=y_0$ 为初始条件，于是其唯一解就是 $y(x)$：

$$y(x)=\mathrm{e}^{-\int_{x_0}^{x}\mathrm{d}x}\left[\int_{x_0}^{x}q(x)\mathrm{e}^{\int_{x_0}^{x}\mathrm{d}x}\mathrm{d}x+y_0\right]=\mathrm{e}^{-x}\left[\int_{x_0}^{x}q(x)\mathrm{e}^{x}\mathrm{d}x+y_0\mathrm{e}^{x_0}\right],$$

则

$$\lim_{x\to+\infty}y(x)=\lim_{x\to+\infty}\frac{\displaystyle\int_{x_0}^{x}q(x)\mathrm{e}^{x}\mathrm{d}x+y_0\mathrm{e}^{x_0}}{\mathrm{e}^{x}}=\lim_{x\to+\infty}\frac{q(x)\mathrm{e}^{x}}{\mathrm{e}^{x}}=\lim_{x\to+\infty}q(x)=0.$$

例 3（2011 年国家决赛）　求微分方程 $(2x+y-4)\mathrm{d}x+(x+y-1)\mathrm{d}y=0$ 的通解.

解　设 $M=2x+y-4$，$N=x+y-1$，则 $M\mathrm{d}x+N\mathrm{d}y=0$，因为 $\dfrac{\partial M}{\partial y}=\dfrac{\partial N}{\partial x}=1$，所以 $M\mathrm{d}x+N\mathrm{d}y=0$ 是一个全微分方程，设 $\mathrm{d}z=M\mathrm{d}x+N\mathrm{d}y$，该曲线积分与积分路径无关，得

$$z=\int_0^x(2x-4)\mathrm{d}x+\int_0^y(x+y-1)\mathrm{d}y=x^2-4x+xy+\frac{y^2}{2}-y.$$

例 4（2013 年国家决赛）　设 $f(u,v)$ 具有连续偏导数，且满足 $f'_u(u,v)+f'_v(u,v)=uv$，求 $y(x)=\mathrm{e}^{-2x}f(x,x)$ 所满足的一阶微分方程，并求其通解.

解　因为

$$y'=-2\mathrm{e}^{-2x}f(x,x)+\mathrm{e}^{-2x}f'_u(x,x)+\mathrm{e}^{-2x}f'_v(x,x)=-2y+x^2\mathrm{e}^{-2x},$$

所以，所求的微分方程为 $y'+2y=x^2\mathrm{e}^{-2x}$，解得

$$y=\mathrm{e}^{-\int 2\mathrm{d}x}\left(\int x^2\mathrm{e}^{-2x}\mathrm{e}^{\int 2\mathrm{d}x}\mathrm{d}x+C\right)=\left(\frac{x^3}{3}+C\right)\mathrm{e}^{-2x},\quad C \text{ 为任意常数.}$$

例 5　求微分方程 $x^3y'''+x^2y''-4xy'=3x^2$ 的通解.

解　令 $x=\mathrm{e}^t$，则原方程可化为

$$D(D-1)(D-2)y+D(D-1)y-4Dy=3\mathrm{e}^{2t},$$

得 $(D^3-2D^2-3D)y=3\mathrm{e}^{2t}$. 对应齐次方程的特征方程为 $r^3-2r^2-3r=0$，特征根为 $r_1=0$，$r_2=-1$，$r_3=3$，对应齐次方程的通解为

$$Y=C_1+C_2\mathrm{e}^{-t}+C_3\mathrm{e}^{3t},$$

设特解 $y^*=A\mathrm{e}^{2t}$，可得 $A=-\dfrac{1}{2}$，从而原方程的通解为

$$y=C_1+C_2\mathrm{e}^{-t}+C_3\mathrm{e}^{3t}-\frac{1}{2}\mathrm{e}^{2t}=C_1+\frac{C_2}{x}+C_3x^3-\frac{1}{2}x^2.$$

例 6　设实数 $a\neq 0$，求微分方程 $\begin{cases}y''(x)-a(y'(x))^2=0\\y(0)=0,\ y'(0)=-1\end{cases}$ 的解.

解　记 $p=y'$，则 $p'-ap^2=0$，从而 $-\dfrac{1}{p}=ax+C_1$，由 $p(0)=-1$ 得 $C_1=1$，故有

$$\frac{\mathrm{d}y}{\mathrm{d}x}=-\frac{1}{ax+1},$$

$$y=-\frac{1}{a}\ln(ax+1)+C_2,$$

再有 $y(0)=0$,得 $C_2=0$,从而

$$y=-\frac{1}{a}\ln(ax+1).$$

例 7 设当 $x>1$ 时,可微函数 $f(x)$ 满足条件:

$$f'(x)+f(x)-\frac{1}{x+1}\int_0^x f(t)\mathrm{d}t=0,$$

且 $f(0)=1$,试证:当 $x\geqslant 0$ 时,有 $\mathrm{e}^{-x}\leqslant f(x)\leqslant 1$.

证明 将题中所给等式改写为

$$(x+1)[f'(x)+f(x)]-\int_0^x f(t)\mathrm{d}t=0,$$

上式两边求导得

$$f'(x)+f(x)+(x+1)[f'(x)+f''(x)]-f(x)=0,$$

即 $f''(x)+\frac{x+2}{x+1}f'(x)=0$.

它的通解为 $f'(x)=C\mathrm{e}^{-\int\frac{x+2}{x+1}\mathrm{d}x}=\dfrac{C\mathrm{e}^{-x}}{x+1}$,将 $f(0)=1$ 代入

$$f'(x)+f(x)-\frac{1}{x+1}\int_0^x f(t)\mathrm{d}t=0,$$

得 $f'(0)=-1$,从而得 $C=-1$,因此,$f'(x)=-\dfrac{\mathrm{e}^{-x}}{x+1}<0$,所以 $f(x)$ 为单调减函数,而 $f(0)=1$,

所以当 $x\geqslant 0$ 时,$f(x)\leqslant 1$,对于 $f'(t)=-\dfrac{\mathrm{e}^{-t}}{t+1}<0$ 在 $[0,x]$ 上积分得

$$f(x)=f(0)-\int_0^x\frac{\mathrm{e}^{-t}}{t+1}\mathrm{d}t\geqslant 1-\int_0^x\mathrm{e}^{-t}\mathrm{d}t=\mathrm{e}^{-x}.$$

证毕.

例 8 已知 $y_1=x\mathrm{e}^x+\mathrm{e}^{2x}$,$y_2=x\mathrm{e}^x+\mathrm{e}^{-x}$,$y_3=x\mathrm{e}^x+\mathrm{e}^{2x}-\mathrm{e}^{-x}$ 是某二阶常系数线性非齐次微分方程的 3 个解,试求此微分方程.

解 设 $y_1=x\mathrm{e}^x+\mathrm{e}^{2x}$,$y_2=x\mathrm{e}^x+\mathrm{e}^{-x}$,$y_3=x\mathrm{e}^x+\mathrm{e}^{2x}-\mathrm{e}^{-x}$ 是二阶常系数线性非齐次微分方程 $y''+by'+cy=f(x)$ 的 3 个解,则 $y_2-y_1=\mathrm{e}^{-x}-\mathrm{e}^{2x}$ 和 $y_3-y_1=-\mathrm{e}^{-x}$ 都是二阶常系数线性齐次微分方程 $y''+by'+cy=0$ 的解,因此 $y''+by'+cy=0$ 的特征多项式是 $(\lambda-2)(\lambda+1)=0$,而 $y''+by'+cy=0$ 的特征多项式是 $\lambda^2+b\lambda+c=0$,因此二阶常系数线性齐次微分方程为 $y''-y'-2y=0$. 由 $y_1''-y_1'-2y_1=f(x)$ 和 $y_1'=\mathrm{e}^x+x\mathrm{e}^x+2\mathrm{e}^{2x}$,$y_1''=2\mathrm{e}^x+x\mathrm{e}^x+4\mathrm{e}^{2x}$ 知

$$\begin{aligned}f(x)&=y_1''-y_1'-2y_1\\&=2\mathrm{e}^x+x\mathrm{e}^x+4\mathrm{e}^{2x}-(\mathrm{e}^x+x\mathrm{e}^x+2\mathrm{e}^{2x})-2(x\mathrm{e}^x+\mathrm{e}^{2x})\\&=(1-2x)\mathrm{e}^x.\end{aligned}$$

二阶常系数线性非齐次微分方程为

$$y''-y'-2y=(1-2x)\mathrm{e}^x.$$

例 9 设 $y=f(x)(x\geqslant 0)$ 为连续函数,且 $f(0)=1$,现已知曲线 $y=f(x)$、x 轴、y 轴及过点 $(0,1)$ 且垂直于 y 轴的直线所围成的图形的面积与曲线 $y=f(x)$ 在 $[0,x]$ 上的一段弧长值相等,求 $f(x)$.

解 所围成图形的面积为 $\int_0^x f(t)\mathrm{d}t$,弧长为 $\int_0^x\sqrt{1+[f'(t)]^2}\mathrm{d}t$,因而

$$\int_0^x f(t)\,\mathrm{d}t = \int_0^x \sqrt{1+[f'(t)]^2}\,\mathrm{d}t,$$

两端对 x 求导得

$$f(x) = \sqrt{1+[f'(x)]^2},$$

于是得

$$\ln C\left[f(x)\pm\sqrt{f(x)^2-1}\right] = x,$$

将 $f(0)=1$ 代入上式得 $C=1$. 故所求的解为

$$f(x) = \frac{\mathrm{e}^x+\mathrm{e}^{-x}}{2}.$$

例 10　设 $u_0=0, u_1=1, u_{n+1}=au_n+bu_{n-1}, n=1,2,\cdots, f(x)=\sum_{n=1}^{\infty}\frac{u_n}{n!}x^n$，试导出 $f(x)$ 满足的微分方程.

解　已知 $f(x)=\sum_{n=1}^{\infty}\frac{u_n}{n!}x^n$，对 x 求导得

$$\begin{aligned}
f'(x) &= \sum_{n=1}^{\infty}\frac{u_n}{(n-1)!}x^{n-1} = 1+\sum_{n=2}^{\infty}\frac{u_n}{(n-1)!}x^{n-1}\\
&= 1+\sum_{n=2}^{\infty}\frac{au_{n-1}+bu_{n-2}}{(n-1)!}x^{n-1}\\
&= 1+a\sum_{n=2}^{\infty}\frac{u_{n-1}}{(n-1)!}x^{n-1}+b\sum_{n=2}^{\infty}\frac{u_{n-2}}{(n-1)!}x^{n-1}\\
&= 1+af(x)+b\sum_{n=1}^{\infty}\frac{u_{n-1}}{n!}x^n,
\end{aligned}$$

再求导得

$$\begin{aligned}
f''(x) &= af'(x)+b\sum_{n=1}^{\infty}\frac{u_{n-1}}{(n-1)!}x^{n-1}\\
&= af'(x)+b\sum_{n=0}^{\infty}\frac{u_n}{n!}x^n\\
&= af'(x)+bf(x),
\end{aligned}$$

$f(x)$ 满足微分方程

$$\begin{cases} f''(x)-af'(x)-bf(x)=0,\\ f(0)=0,\quad f'(0)=1.\end{cases}$$

例 11　设一阶线性齐次微分方程 $\dfrac{\mathrm{d}y}{\mathrm{d}x}+p(x)y=0$ 的系数 $p(x)$ 是以 ω 为周期的连续函数，证明：该方程的非零解以 ω 为周期的充分必要条件为 $\int_0^{\omega}p(x)\,\mathrm{d}x=0$.

解　必要性.

设 $\dfrac{\mathrm{d}y}{\mathrm{d}x}+p(x)y=0$ 的任意一个满足初始条件 $y(x_0)=y_0$ 的解为 $y=y(x)$，则有 $y=y_0\mathrm{e}^{-\int_{x_0}^x p(t)\mathrm{d}t}$. 若 $y(x)=y(x+\omega)$，则 $y_0\mathrm{e}^{-\int_{x_0}^x p(t)\mathrm{d}t}=y_0\mathrm{e}^{-\int_{x_0}^{x+\omega} p(t)\mathrm{d}t}$，有 $\mathrm{e}^{-\int_x^{x+\omega}p(t)\mathrm{d}t}=1$.

注意，$p(x)$ 是以 ω 为周期的连续函数，于是 $\int_x^{x+\omega}p(t)\,\mathrm{d}t=\int_0^{\omega}p(t)\,\mathrm{d}t$，$\mathrm{e}^{-\int_0^{\omega}p(t)\mathrm{d}t}=1$，即

$$\int_0^\omega p(t)\,\mathrm{d}t = 0.$$

充分性.

若 $\int_0^\omega p(x)\,\mathrm{d}x = 0$,则

$$y(x+\omega) = y_0 \mathrm{e}^{\int_{x_0}^{x+\omega} p(t)\mathrm{d}t} = y_0 \mathrm{e}^{\int_{x_0}^{x} p(t)\mathrm{d}t} \mathrm{e}^{\int_{x}^{x+\omega} p(t)\mathrm{d}t}$$
$$= y_0 \mathrm{e}^{\int_{x_0}^{x} p(t)\mathrm{d}t} \mathrm{e}^{\int_0^\omega p(t)\mathrm{d}t} = y_0 \mathrm{e}^{\int_{x_0}^{x} p(t)\mathrm{d}t} = y(x).$$

例 12 设 $u=u(\sqrt{x^2+y^2})$ 具有连续二阶偏导数,且满足

$$\frac{\partial^2 u}{\partial x^2}+\frac{\partial^2 u}{\partial y^2}-\frac{1}{x}\frac{\partial u}{\partial x}+u=x^2+y^2,$$

求函数 u 的表达式.

解 令 $r=\sqrt{x^2+y^2}$,则有

$$\frac{\partial^2 u}{\partial x^2}=\frac{x^2}{r^2}\frac{\mathrm{d}^2 u}{\mathrm{d}r^2}+\frac{1}{r}\frac{\mathrm{d}u}{\mathrm{d}r}-\frac{x^2}{r^3}\frac{\mathrm{d}u}{\mathrm{d}r},$$
$$\frac{\partial^2 u}{\partial y^2}=\frac{y^2}{r^2}\frac{\mathrm{d}^2 u}{\mathrm{d}r^2}+\frac{1}{r}\frac{\mathrm{d}u}{\mathrm{d}r}-\frac{y^2}{r^3}\frac{\mathrm{d}u}{\mathrm{d}r},$$

代入 $\frac{\partial^2 u}{\partial x^2}+\frac{\partial^2 u}{\partial y^2}-\frac{1}{x}\frac{\partial u}{\partial x}+u=x^2+y^2$,得

$$\frac{\mathrm{d}^2 u}{\mathrm{d}r^2}+u=r^2,$$

解该微分方程,得

$$u=C_1\cos r+C_2\sin r+r^2-2$$
$$=C_1\cos\sqrt{x^2+y^2}+C_2\sin\sqrt{x^2+y^2}+x^2+y^2-2.$$

6.3 模拟题目自测

1. 求微分方程 $\frac{\mathrm{d}y}{\mathrm{d}x}+\frac{y}{x}=y^2\ln x$ 的通解.

2. 求微分方程 $(x+y^2)\mathrm{d}x-2xy\mathrm{d}y=0$ 的通解.

3. 求微分方程 $y'\cos y=(1+\cos x\sin y)\sin y$ 的通解.

4. 求微分方程 $y''(3y'^2-x)=y'$ 满足初值条件 $y(1)=y'(1)=1$ 的特解.

5. 设 $f(x),g(x)$ 满足条件:$f'(x)=g(x),f(x)=g'(x),f(x)=0,g(x)\neq 0$,又有 $F(x)=\frac{f(x)}{g(x)}$,试求 $F(x)$ 满足的微分方程,并且求解.

6. 设函数 $y(x)$ 满足 $y(x)=x^3-x\int_1^x\frac{y(t)}{t^2}\mathrm{d}t+y'(x)(x>0)$,并且 $\lim_{x\to+\infty}\frac{y(x)}{x^3}$ 存在,求 $y(x)$.

7. 设 $f(x)$ 在 $[1,+\infty)$ 上二阶连续可导,$f(1)=0,f'(1)=1$,函数 $z=(x^2+y^2)f(x^2+y^2)$ 满足 $\frac{\partial^2 z}{\partial x^2}+\frac{\partial^2 z}{\partial y^2}=0$,求 $f(x)$ 在 $[1,+\infty)$ 上的最大值.

8. 利用微分方程求级数 $1+\sum_{k=1}^\infty\frac{(2k-1)!!}{(2k)!!}x^k$ 的和.

9. 函数 $y(x)$ 在 $[0,+\infty)$ 上二阶可导，$y'(x)>0$，$y(0)=0$. 过 $y=y(x)$ 上任意一点 $P(x,y)$ 作该曲线的切线及其在 x 轴的垂线，这两直线与 x 轴所围图形的面积为 S_1，区间 $[0,x]$ 上以 $y=y(x)$ 为曲边的曲边梯形的面积为 S_2，已知 $2S_1-S_2=1$，求此曲线的方程.

答案与提示

1. 令 $z=\dfrac{1}{y}$，原方程化为 $\dfrac{\mathrm{d}z}{\mathrm{d}x}-\dfrac{z}{x}=-\ln x$，通解为 $y=\dfrac{1}{x\left[C-\dfrac{1}{2}(\ln x)^2\right]}$.

2. 若方程 $M(x,y)\mathrm{d}x+N(x,y)\mathrm{d}y=0$ 不满足 $\dfrac{\partial M}{\partial y}=\dfrac{\partial N}{\partial x}$，可用简单积分因子法：若 $\dfrac{1}{N}\left(\dfrac{\partial M}{\partial y}-\dfrac{\partial N}{\partial x}\right)$ 与 y 无关，则有积分因子 $u(x)=\mathrm{e}^{\int\frac{1}{N}\left(\frac{\partial M}{\partial y}-\frac{\partial N}{\partial x}\right)\mathrm{d}x}$；若 $\dfrac{1}{M}\left(\dfrac{\partial M}{\partial y}-\dfrac{\partial N}{\partial x}\right)$ 与 x 无关，则有积分因子 $u(y)=\mathrm{e}^{-\int\frac{1}{M}\left(\frac{\partial M}{\partial y}-\frac{\partial N}{\partial x}\right)\mathrm{d}y}$.

积分因子 $u(x)=\mathrm{e}^{\int-\frac{2}{x}\mathrm{d}x}=\dfrac{1}{x^2}$，通解为 $x=C\mathrm{e}^{\frac{y^2}{x}}$.

3. 作变量代换 $u=\sin y$，此方程化为伯努利方程，再令 $z=\dfrac{1}{u}$ 化为一阶线性方程，解为 $\csc y=C\mathrm{e}^{-x}-\dfrac{1}{2}(\cos x+\sin x)$.

4. 令 $y'=p$，该方程化为 $3p^2\mathrm{d}p-(x\mathrm{d}p+p\mathrm{d}x)=0$，这是关于 x 与 p 的全微分方程. 特解为 $y=\dfrac{2}{3}x^{\frac{3}{2}}+\dfrac{1}{3}$.

5. $F'(x)=1-F^2(x)$，$F(x)=-\dfrac{2}{1+\mathrm{e}^{2x}}+1$.

6. $y(x)=2x-\dfrac{y}{x^2}+\dfrac{xy''-y'}{x^2}$.

7. 令 $u=x^2+y^2$，则 $z=uf(u)$，$u'_x=2x$，$u'_y=2y$，计算可得
$$\frac{\partial^2 z}{\partial x^2}=2f(u)+2(5x^2+y^2)f'(u)+4x^2uf''(u),$$
$$\frac{\partial^2 z}{\partial y^2}=2f(u)+2(5y^2+x^2)f'(u)+4y^2uf''(u).$$
代入微分方程 $\dfrac{\partial^2 z}{\partial x^2}+\dfrac{\partial^2 z}{\partial y^2}=0$，可得
$$u^2f''(u)+3uf'(u)+f(u)=0,$$
这是欧拉方程，通解为
$$f=\mathrm{e}^{-t}(C_1+C_2t)=\frac{1}{u}(C_1+C_2\ln u),$$
于是 $f(x)=\dfrac{\ln x}{x}$，从而求得该函数的最大值为 $\dfrac{1}{\mathrm{e}}$.

8. 收敛域为 $(-1,1)$，满足微分方程 $(1-x)y'=\dfrac{y}{2}$，且 $y|_{x=0}=1$. 由解的唯一性知
$$1+\sum_{k=1}^{\infty}\frac{(2k-1)!!}{(2k)!!}x^k=\frac{1}{\sqrt{1-x}},\quad -1<x<1.$$

9. 设 $y = y(x)$ 上任意一点 $P(x,y)$ 处切线方程为

$$Y - y = y'(x)(X - x),$$

它与 x 轴的交点为 $\left(x - \dfrac{y}{y'}, 0\right)$，从而

$$S_1 = \frac{y}{2}\left| x - \left(x - \frac{y}{y'}\right) \right| = \frac{1}{2}\frac{y^2}{y'}.$$

由 $2S_1 - S_2 = 1$ 可知

$$\frac{y^2}{y'} - \int_0^x y(t)\,\mathrm{d}t = 1.$$

两边求导，化简得 $yy'' = y'^2$，方程通解为 $y = \mathrm{e}^{C_1 x + C_2}$。由 $y(0) = 0$ 与 $\dfrac{y^2}{y'} - \displaystyle\int_0^x y(t)\,\mathrm{d}t = 1$ 可知 $y'(0) = 1$。从而 $C_1 = 1, C_2 = 0$，从而 $y = \mathrm{e}^x$。

第7章 空间解析几何

7.1 知识概要介绍

7.1.1 向量及其运算

1. 向量的概念

既有大小又有方向的量称为向量,记作 $\boldsymbol{a}$,$\overrightarrow{M_1M_2}$ 等.

向量的大小叫做向量的模,向量 $\boldsymbol{a}$ 的模记为 $|\boldsymbol{a}|$.

若向量的坐标表达式为 $\boldsymbol{a}=a_x\boldsymbol{i}+a_y\boldsymbol{j}+a_z\boldsymbol{k}=(a_x,a_y,a_z)$,则 $|\boldsymbol{a}|=\sqrt{a_x^2+a_y^2+a_z^2}$.

当 $|\boldsymbol{a}|=1$ 时,称 $\boldsymbol{a}$ 为单位向量,当 $|\boldsymbol{a}|=0$ 时,称 $\boldsymbol{a}$ 为零向量,此时记 $\boldsymbol{a}$ 为 $\boldsymbol{0}$.

向量的方向用方向余弦表示,若 $\boldsymbol{a}=a_x\boldsymbol{i}+a_y\boldsymbol{j}+a_z\boldsymbol{k}$,$\boldsymbol{a}$ 和 x,y,z 轴的夹角分别为 α,β,γ,则

$$\cos\alpha=\frac{a_x}{|\boldsymbol{a}|}=\frac{a_x}{\sqrt{a_x^2+a_y^2+a_z^2}},\quad \cos\beta=\frac{a_y}{|\boldsymbol{a}|},\quad \cos\gamma=\frac{a_z}{|\boldsymbol{a}|}.$$

设 $M_1(x_1,y_1,z_1)$,$M_2(x_2,y_2,z_2)$,则

$$\overrightarrow{M_1M_2}=\{x_2-x_1,y_2-y_1,z_2-z_1\},$$

$$|\overrightarrow{M_1M_2}|=\sqrt{(x_2-x_1)^2+(y_2-y_1)^2+(z_2-z_1)^2}.$$

2. 向量的运算

设 $\boldsymbol{a}=(a_x,a_y,a_z)$,$\boldsymbol{b}=(b_x,b_y,b_z)$,$\boldsymbol{c}=(c_x,c_y,c_z)$,利用向量的坐标,可得运算如下:

(1) 加减法

$\boldsymbol{a}\pm\boldsymbol{b}=(a_x\pm b_x,a_y\pm b_y,a_z\pm b_z)$.

(2) 数 乘

$\lambda\boldsymbol{a}=(\lambda a_x,\lambda a_y,\lambda a_z)$.

(3) 数量积(点积)

$\boldsymbol{a}\cdot\boldsymbol{b}=|\boldsymbol{a}||\boldsymbol{b}|\cos\theta=|\boldsymbol{a}||\boldsymbol{b}|\cos(\widehat{\boldsymbol{a},\boldsymbol{b}})$.

(4) 向量积(叉积)

$\boldsymbol{c}=\boldsymbol{a}\times\boldsymbol{b}$ 是一个向量,其大小和方向如下:

大小:$|\boldsymbol{c}|=|\boldsymbol{a}|\cdot|\boldsymbol{b}|\sin(\widehat{\boldsymbol{a},\boldsymbol{b}})$,几何上表示以 $\boldsymbol{a},\boldsymbol{b}$ 为边的平行四边形的面积.

方向:$\boldsymbol{a}\times\boldsymbol{b}\perp\boldsymbol{a}$,$\boldsymbol{a}\times\boldsymbol{b}\perp\boldsymbol{b}$,指向按右手规则从 $\boldsymbol{a}$ 转向 $\boldsymbol{b}$ 来确定.

坐标表达式：$a \times b = \begin{vmatrix} i & j & k \\ a_x & a_y & a_z \\ b_x & b_y & b_z \end{vmatrix} = \left(\begin{vmatrix} a_y & a_z \\ b_y & b_z \end{vmatrix}, -\begin{vmatrix} a_x & a_z \\ b_x & b_z \end{vmatrix}, \begin{vmatrix} a_x & a_y \\ b_x & b_y \end{vmatrix} \right).$

运算律：

① $a \times b = -(b \times a)$（不满足交换律）；

② 分配律 $(a+b) \times c = a \times c + b \times c$；

③ 结合律 $(\lambda a) \times b = a \times (\lambda b) = \lambda(a \times b)$.

（5）混合积

$(a \times b) \cdot c$ 记为 $[a, b, c]$，$(a \times b) \cdot c = \begin{vmatrix} a_x & a_y & a_z \\ b_x & b_y & b_z \\ c_x & c_y & c_z \end{vmatrix}$，混合积是一数量，$|[a, b, c]|$ 在几何

上表示以 a, b, c 为相邻三棱的平行六面体的体积.

运算律：$(a \times b) \cdot c = (b \times c) \cdot a = (c \times a) \cdot b$（轮换性）.

3. 向量间的关系

① $a \perp b \Leftrightarrow a \cdot b = 0 \Leftrightarrow a_x b_x + a_y b_y + a_z b_z = 0$.

② $a /\!/ b \Leftrightarrow a \times b = 0 \Leftrightarrow a = \lambda b \Leftrightarrow \dfrac{a_x}{b_x} = \dfrac{a_y}{b_y} = \dfrac{a_z}{b_z}$.

③ a, b, c 共面 $\Leftrightarrow [a, b, c] = 0 \Leftrightarrow a, b, c$ 线性相关.

7.1.2 平面与空间直线

1. 平面方程

（1）点法式

$A(x-x_0) + B(y-y_0) + C(z-z_0) = 0$，其中直线过点 $M_0(x_0, y_0, z_0)$，$n = (A, B, C)$ 为该平面的一个法向量.

（2）一般式

$Ax + By + Cz + D = 0$，其中法线向量为 $n = (A, B, C)$.

（3）截距式

$\dfrac{x}{a} + \dfrac{y}{b} + \dfrac{z}{c} = 1$，其中 a, b, c 分别为该平面在 x, y, z 轴上的截距.

（4）三点式

设平面过不共线的三点 $A(x_1, y_1, z_1)$，$B(x_2, y_2, z_2)$，$C(x_3, y_3, z_3)$，则此平面方程为

$$\begin{vmatrix} x-x_1 & y-y_1 & z-z_1 \\ x_2-x_1 & y_2-y_1 & z_2-z_1 \\ x_3-x_1 & y_3-y_1 & z_3-z_1 \end{vmatrix} = 0.$$

（5）平面束

过直线 L：$\begin{cases} A_1 x + B_1 y + C_1 z + D_1 = 0 \\ A_2 x + B_2 y + C_2 z + D_2 = 0 \end{cases}$ 的平面束方程为

$$\lambda_1(A_1x+B_1y+C_1z+D_1)+\lambda_2(A_2x+B_2y+C_2z+D_2)=0,$$

其中,λ_1,λ_2 不全为零.

2．空间直线方程

（1）一般式（交面式）

$\begin{cases} A_1x+B_1y+C_1z+D_1=0, \\ A_2x+B_2y+C_2z+D_2=0, \end{cases}$ 其中该直线的一个方向向量为 $\boldsymbol{s}=(A_1,B_1,C_1)\times(A_2,B_2,C_2)$.

（2）对称式（点向式）

$\dfrac{x-x_0}{m}=\dfrac{y-y_0}{n}=\dfrac{z-z_0}{p}$,其中 $M_0(x_0,y_0,z_0)$ 为该直线上一点,$\boldsymbol{s}=(m,n,p)$ 是该直线的一个方向向量.

（3）参数式

$$\begin{cases} x=mt+x_0 \\ y=nt+y_0 \\ z=pt+z_0 \end{cases}, 其中\ t\ 为参数.$$

3．点、空间直线、平面之间的关系

（1）面面之间的关系

设有两平面：
$$\pi_1: A_1x+B_1y+C_1z+D_1=0,$$
$$\pi_2: A_2x+B_2y+C_2z+D_2=0,$$

则两平面夹角余弦为

$$\cos\theta=\frac{\boldsymbol{n}_1\cdot\boldsymbol{n}_2}{|\boldsymbol{n}_1|\cdot|\boldsymbol{n}_2|}=\frac{|A_1A_2+B_1B_2+C_1C_2|}{\sqrt{A_1^2+B_1^2+C_1^2}\cdot\sqrt{A_2^2+B_2^2+C_2^2}}.$$

$\pi_1\perp\pi_2\Leftrightarrow\boldsymbol{n}_1\cdot\boldsymbol{n}_2=0\Leftrightarrow A_1A_2+B_1B_2+C_1C_2=0$;

$\pi_1/\!/\pi_2\Leftrightarrow\boldsymbol{n}_1\times\boldsymbol{n}_2=\boldsymbol{0}\Leftrightarrow\dfrac{A_1}{A_2}=\dfrac{B_1}{B_2}=\dfrac{C_1}{C_2}$;

π_1 与 π_2 重合 $\Leftrightarrow\dfrac{A_1}{A_2}=\dfrac{B_1}{B_2}=\dfrac{C_1}{C_2}=\dfrac{D_1}{D_2}$.

（2）线线之间的关系

设有两直线
$$L_1: \frac{x-x_1}{m_1}=\frac{y-y_1}{n_1}=\frac{z-z_1}{p_1},$$
$$L_2: \frac{x-x_2}{m_2}=\frac{y-y_2}{n_2}=\frac{z-z_2}{p_2},$$

两直线夹角为 φ,则

$$\cos\varphi=\frac{\boldsymbol{s}_1\cdot\boldsymbol{s}_2}{|\boldsymbol{s}_1|\cdot|\boldsymbol{s}_2|}=\frac{|m_1m_2+n_1n_2+p_1p_2|}{\sqrt{m_1^2+n_1^2+p_1^2}\cdot\sqrt{m_2^2+n_2^2+p_2^2}}.$$

$L_1\perp L_2\Leftrightarrow\boldsymbol{s}_1\cdot\boldsymbol{s}_2=0\Leftrightarrow m_1m_2+n_1n_2+p_1p_2=0$;

$L_1/\!/L_2\Leftrightarrow\boldsymbol{s}_1\times\boldsymbol{s}_2=\boldsymbol{0}\Leftrightarrow\dfrac{m_1}{m_2}=\dfrac{n_1}{n_2}=\dfrac{p_1}{p_2}.$

(3) 线与面间的关系

设 L：$\dfrac{x-x_0}{m}=\dfrac{y-y_0}{n}=\dfrac{z-z_0}{p}$，$\pi$：$Ax+By+Cz+D=0$，则直线 L 与平面 π 夹角的正弦为

$$\sin\varphi=\frac{\boldsymbol{n}\cdot\boldsymbol{s}}{|\boldsymbol{n}|\cdot|\boldsymbol{s}|}=\frac{|Am+Bn+Cp|}{\sqrt{A^2+B^2+C^2}\cdot\sqrt{m^2+n^2+p^2}}.$$

$L\perp\pi\Leftrightarrow\boldsymbol{s}\times\boldsymbol{n}=\boldsymbol{0}\Leftrightarrow\dfrac{A}{m}=\dfrac{B}{n}=\dfrac{C}{p}$；

$L/\!/\pi\Leftrightarrow\boldsymbol{s}\cdot\boldsymbol{n}=0\Leftrightarrow Am+Bn+Cp=0.$

(4) 点 $P_0(x_0,y_0,z_0)$ 到平面 $Ax+By+Cz+D=0$ 的距离

$$d=\frac{|Ax_0+By_0+Cz_0+D|}{\sqrt{A^2+B^2+C^2}}.$$

(5) 点 M_0 到直线 L 的距离

$$d=\frac{|\overrightarrow{M_1M_0}\times\boldsymbol{s}|}{|\boldsymbol{s}|},$$

其中，M_1 是直线 L 上任一点，s 是直线 L 的方向向量.

(6) 公垂线的长

两不平行直线 L_1：$\dfrac{x-x_1}{m_1}=\dfrac{y-y_1}{n_1}=\dfrac{z-z_1}{p_1}$ 与 L_2：$\dfrac{x-x_2}{m_2}=\dfrac{y-y_2}{n_2}=\dfrac{z-z_2}{p_2}$ 间的最短距离

$$d=\frac{|\overrightarrow{M_1M_2}\cdot(\boldsymbol{s}_1\times\boldsymbol{s}_2)|}{|\boldsymbol{s}_1\times\boldsymbol{s}_2|},$$

其中，$M_1=(x_1,y_1,z_1)$，$M_2=(x_2,y_2,z_2)$，$s_1=(m_1,n_1,p_1)$，$s_2=(m_2,n_2,p_2)$.

7.1.3　曲面与空间曲线

1. 曲面及其方程

三元方程 $F(x,y,z)=0$ 在空间解析几何上表示曲面，记为 S.

(1) 旋转曲面

以一条平面曲线绕其平面上的一条直线旋转一周所成的曲面叫做旋转曲面，旋转曲线和定直线依次叫做旋转曲面的母线和轴.

在 yOz 坐标面上有一已知曲线 C，它的方程为 $f(y,z)=0$，绕 z 轴旋转一周所得的旋转曲面的方程为 $f(\pm\sqrt{x^2+y^2},z)=0$，即在曲线 C 的方程中 $f(y,z)=0$ 将 y 改为 $\pm\sqrt{x^2+y^2}$.

(2) 柱　面

平行于定直线并沿定曲线 C 移动的直线 L 形成的轨迹叫做柱面，定曲线 C 叫做柱面的准线，动直线 L 叫做柱面的母线.

只含 x,y 而缺 z 的方程 $F(x,y)=0$，在空间直角坐标系中表示母线平行于 z 轴的柱面，其准线是 xOy 面上的曲线 C：$F(x,y)=0$.

(3) 锥　面

设 Γ 为一空间曲线，和 Γ 相交且经过一已知定点 A 的所有直线形成的轨迹称为锥面，Γ 称为锥面的准线，A 称为顶点，组成锥面的直线称为母线.

顶点在原点，准线为 $\begin{cases}F(x,y)=0\\z=k\end{cases}$ 的锥面方程为 $F\left(\dfrac{kx}{z},\dfrac{ky}{z}\right)=0$.

一条直线绕另一条相交的定直线旋转一周,所得的旋转曲面称为圆锥面.

（4）二次曲面

三元二次方程 $F(x,y,z)=0$ 所表示的曲面叫做二次曲面.相应地,平面就叫一次曲面,常见的二次曲面有:

球面: $(x-x_0)^2+(y-y_0)^2+(z-z_0)^2=R^2$,其中 $M_0(x_0,y_0,z_0)$ 为球心、R 为半径.

9 种标准的二次曲面:

① 椭球面: $\dfrac{x^2}{a^2}+\dfrac{y^2}{b^2}+\dfrac{z^2}{c^2}=1$.

② 椭圆锥面: $\dfrac{x^2}{a^2}+\dfrac{y^2}{b^2}=z^2$.

③ 单叶双曲面: $\dfrac{x^2}{a^2}+\dfrac{y^2}{b^2}-\dfrac{z^2}{c^2}=1$.

④ 双叶双曲面: $\dfrac{x^2}{a^2}+\dfrac{y^2}{b^2}-\dfrac{z^2}{c^2}=-1$.

⑤ 椭圆抛物面: $\dfrac{x^2}{a^2}+\dfrac{y^2}{b^2}=z$.

⑥ 双曲抛物面（马鞍面）: $\dfrac{x^2}{a^2}-\dfrac{y^2}{b^2}=z$.

⑦ 抛物面柱面 $y^2=2px$.

⑧ 双曲柱面 $\dfrac{x^2}{a^2}-\dfrac{y^2}{b^2}=1$.

⑨ 椭圆柱面 $\dfrac{x^2}{a^2}+\dfrac{y^2}{b^2}=1$.

（5）空间曲面的切平面与法线

① 设曲面 Σ 的方程为（隐式情况）$F(x,y,z)=0$.

曲面的法向量:垂直于曲面上切平面的向量称为曲面的法向量.

曲面 Σ 在点 $M_0(x_0,y_0,z_0)$ 处的一个法向量为
$$\boldsymbol{n}=(F_x(x_0,y_0,z_0),F_y(x_0,y_0,z_0),F_z(x_0,y_0,z_0)),$$
所以在点 $M_0(x_0,y_0,z_0)$ 处的切平面方程为
$$F_x(x_0,y_0,z_0)(x-x_0)+F_y(x_0,y_0,z_0)(y-y_0)+F_z(x_0,y_0,z_0)(z-z_0)=0.$$

曲面的法线:通过点 $M_0(x_0,y_0,z_0)$ 而垂直于切平面的直线称为曲面在该点的法线.故法线方程为
$$\frac{x-x_0}{F_x(x_0,y_0,z_0)}=\frac{y-y_0}{F_y(x_0,y_0,z_0)}=\frac{z-z_0}{F_z(x_0,y_0,z_0)}.$$

② 设曲面 Σ 的方程为（显式情况）$z=f(x,y)$.

曲面 Σ 在点 $M_0(x_0,y_0,z_0)$ 处的一个法向量为
$$\boldsymbol{n}=(f_x(x_0,y_0),f_y(x_0,y_0),-1),$$
所以在点 $M_0(x_0,y_0,z_0)$ 处的切平面方程为
$$z-z_0=f_x(x_0,y_0)(x-x_0)+f_y(x_0,y_0)(y-y_0).$$

法线方程为
$$\frac{x-x_0}{f_x(x_0,y_0)}=\frac{y-y_0}{f_y(x_0,y_0)}=\frac{z-z_0}{-1}.$$

2. 空间曲线及其方程

（1）空间曲线的一般方程

$$\begin{cases} F(x,y,z)=0, \\ G(x,y,z)=0. \end{cases}$$

（2）空间曲线的参数方程

$$\begin{cases} x=x(t), \\ y=y(t), \quad t \text{ 为参数}. \\ z=z(t), \end{cases}$$

（3）在坐标面上的投影

空间曲线 C：$\begin{cases} F(x,y,z)=0, \\ G(x,y,z)=0, \end{cases}$ 该方程组消去 z 后所得的方程 $H(x,y)=0$ 为曲线 C 向 xOy 面的投影柱面，曲线 C 在 xOy 面上的投影曲线的方程为

$$\begin{cases} H(x,y)=0, \\ z=0. \end{cases}$$

（4）空间曲线的切线与法平面

① 设空间曲线 Γ 的参数方程为

$$x=\varphi(t), \quad y=\psi(t), \quad z=\omega(t),$$

这里假定 $\varphi(t),\psi(t),\omega(t)$ 都在 $[\alpha,\beta]$ 上可导.

曲线的切向量：切线的方向向量称为曲线的切向量.向量

$$\boldsymbol{T}=(\varphi'(t_0),\psi'(t_0),\omega'(t_0))$$

就是曲线 Γ 在点 $M_0(x_0,y_0,z_0)$ 处的一个切向量. 所以曲线在点 M_0 处的切线方程为

$$\frac{x-x_0}{\varphi'(t_0)}=\frac{y-y_0}{\psi'(t_0)}=\frac{z-z_0}{\omega'(t_0)}.$$

法平面：通过点 M_0 且与切线垂直的平面称为曲线 Γ 在点 M_0 处的法平面. 故其在点 $M_0(x_0,y_0,z_0)$ 处法平面的方程为

$$\varphi'(t_0)(x-x_0)+\psi'(t_0)(y-y_0)+\omega'(t_0)(z-z_0)=0.$$

特例：若曲线 Γ 的方程为

$$y=\varphi(x), \quad z=\psi(x),$$

则曲线在点 $M_0(x_0,y_0,z_0)$ 处的切向量为 $\boldsymbol{T}=(1,\varphi'(x_0),\psi'(x_0))$. 曲线在点 $M_0(x_0,y_0,z_0)$ 处的切线方程为

$$\frac{x-x_0}{1}=\frac{y-y_0}{\varphi'(x_0)}=\frac{z-z_0}{\psi'(x_0)};$$

在点 $M_0(x_0,y_0,z_0)$ 处的法平面方程为

$$(x-x_0)+\varphi'(x_0)(y-y_0)+\psi'(x_0)(z-z_0)=0.$$

② 若曲线 Γ 的方程为一般式

$$\begin{cases} F(x,y,z)=0, \\ G(x,y,z)=0, \end{cases}$$

则曲线在点 $M_0(x_0,y_0,z_0)$ 处的切向量为

$$T=\begin{vmatrix} \boldsymbol{i} & \boldsymbol{j} & \boldsymbol{k} \\ F_x(M_0) & F_y(M_0) & F_z(M_0) \\ G_x(M_0) & G_y(M_0) & G_z(M_0) \end{vmatrix}=\left(\left.\frac{\partial(F,G)}{\partial(y,z)}\right|_{M_0},\left.\frac{\partial(F,G)}{\partial(z,x)}\right|_{M_0},\left.\frac{\partial(F,G)}{\partial(x,y)}\right|_{M_0}\right),$$

切线方程为

$$\frac{x-x_0}{\left.\frac{\partial(F,G)}{\partial(y,z)}\right|_{M_0}}=\frac{y-y_0}{\left.\frac{\partial(F,G)}{\partial(z,x)}\right|_{M_0}}=\frac{z-z_0}{\left.\frac{\partial(F,G)}{\partial(x,y)}\right|_{M_0}};$$

法平面方程为

$$\left.\frac{\partial(F,G)}{\partial(y,z)}\right|_{M_0}(x-x_0)+\left.\frac{\partial(F,G)}{\partial(z,x)}\right|_{M_0}(y-y_0)+\left.\frac{\partial(F,G)}{\partial(x,y)}\right|_{M_0}(z-z_0)=0.$$

7.2　典型例题分析

例 1　设向量 $\boldsymbol{a},\boldsymbol{b}$ 是三维空间中两非零向量,且 $|\boldsymbol{b}|=1,(\widehat{\boldsymbol{a},\boldsymbol{b}})=\dfrac{\pi}{3}$,求极限 $\lim\limits_{x\to0}\dfrac{|\boldsymbol{a}+x\boldsymbol{b}|-|\boldsymbol{a}|}{x}$.

解　$\lim\limits_{x\to0}\dfrac{|\boldsymbol{a}+x\boldsymbol{b}|-|\boldsymbol{a}|}{x}=\lim\limits_{x\to0}\dfrac{|\boldsymbol{a}+x\boldsymbol{b}|^2-|\boldsymbol{a}|^2}{x(|\boldsymbol{a}+x\boldsymbol{b}|+|\boldsymbol{a}|)}=\lim\limits_{x\to0}\dfrac{(\boldsymbol{a}+x\boldsymbol{b})\cdot(\boldsymbol{a}+x\boldsymbol{b})-\boldsymbol{a}^2}{x(|\boldsymbol{a}+x\boldsymbol{b}|+|\boldsymbol{a}|)}$

$=\lim\limits_{x\to0}\dfrac{2\boldsymbol{a}\cdot\boldsymbol{b}+x\boldsymbol{b}^2}{|\boldsymbol{a}+x\boldsymbol{b}|+|\boldsymbol{a}|}=\dfrac{2\boldsymbol{a}\cdot\boldsymbol{b}}{2|\boldsymbol{a}|}=\dfrac{|\boldsymbol{a}|\cdot|\boldsymbol{b}|\cos(\widehat{\boldsymbol{a}\cdot\boldsymbol{b}})}{|\boldsymbol{a}|}=\dfrac{1}{2}.$

例 2　已知单位向量 $\overrightarrow{OA}$ 与三坐标轴正向夹角为相等的钝角,B 是点 $M(1,-3,2)$ 关于点 $N(-1,2,1)$ 的对称点,求 $\overrightarrow{OA}\times\overrightarrow{OB}$.

解　设 $\overrightarrow{OA}=(\cos\alpha,\cos\beta,\cos\gamma),\dfrac{\pi}{2}<\alpha=\beta=\gamma<\pi,\cos^2\alpha+\cos^2\beta+\cos^2\gamma=1$,所以

$$\cos\alpha=\cos\beta=\cos\gamma=-\frac{\sqrt{3}}{3}.$$

再设点 $B=(x,y,z)$,则

$$\frac{x+1}{2}=-1,\quad\frac{y-3}{2}=2,\quad\frac{z+2}{2}=1,$$

从而 $x=-3,\quad y=7,\quad z=0$,于是 $\overrightarrow{OB}=(-3,7,0)$,故

$$\overrightarrow{OA}\times\overrightarrow{OB}=\begin{vmatrix} \boldsymbol{i} & \boldsymbol{j} & \boldsymbol{k} \\ -\dfrac{\sqrt{3}}{3} & -\dfrac{\sqrt{3}}{3} & -\dfrac{\sqrt{3}}{3} \\ -3 & 7 & 0 \end{vmatrix}=\left(\frac{7}{3}\sqrt{3},\sqrt{3},-\frac{10\sqrt{3}}{3}\right).$$

例 3　平面通过两直线 $L_1:\dfrac{x-1}{1}=\dfrac{y+2}{2}=\dfrac{z-5}{1}$ 和 $L_2:\dfrac{x}{1}=\dfrac{y+3}{3}=\dfrac{z+1}{2}$ 的公垂线 L,且平行于向量 $\boldsymbol{c}=(1,0,-1)$,试求此平面的方程.

解　设 L_1,L_2,L 的方向向量分别为 $\boldsymbol{s}_1,\boldsymbol{s}_2,\boldsymbol{s}$,所求平面法向量为 $\boldsymbol{n}$,则有

$$\boldsymbol{s}=\boldsymbol{s}_1\times\boldsymbol{s}_2=(1,2,1)\times(1,3,2)=(1,-1,1),$$
$$\boldsymbol{n}=\boldsymbol{s}\times\boldsymbol{c}=(1-1,1)\times(1,0,-1)=(1,2,1),$$

设 L 与 L_1,L_2 的交点分别为 A,B,则 A,B 可分别表示为

$$A(1+t,-2+2t,t+5),\quad B(\lambda,3\lambda-3,2\lambda-1),$$
$$\overrightarrow{AB}=(\lambda-t-1,3\lambda-2t-1,2\lambda-t-6),$$

由 $\overrightarrow{AB}/\!/s$,于是

$$\frac{\lambda-t-1}{1}=\frac{3\lambda-2t-1}{-1}=\frac{2\lambda-t-6}{1},$$

可得 $A(7,10,11)$,所求平面方程为 $(x-7)+2(y-10)+(z-11)=0$.

例 4(2010 年全国预赛) 求直线 $l_1:\begin{cases}x-y=0\\z=0\end{cases}$ 与直线 $l_2:\dfrac{x-2}{4}=\dfrac{y-1}{-2}=\dfrac{z-3}{-1}$ 的距离.

解 直线 l_1 的对称式方程为 $l_1:\dfrac{x}{1}=\dfrac{y}{1}=\dfrac{z}{0}$,两直线的方向向量分别为

$$s_1=(1,1,0),\quad s_2=(4,-2,-1),$$

两直线上的定点分别为 $P_1(0,0,0)$ 和 $P_2(2,1,3)$,记 $a=\overrightarrow{P_1P_2}=(2,1,3)$,由于 $s_1\times s_2=(-1,1,-6)$,则两直线的距离为

$$d=\frac{|a\cdot(s_1\times s_2)|}{|s_1\times s_2|}=\frac{|-2+1-18|}{\sqrt{1+1+36}}=\frac{19}{\sqrt{38}}.$$

例 5 已知点 $P(1,0,-1)$ 与 $Q(3,1,2)$,在平面 $x-2y+z=12$ 上求一点 M,使得 $|PM|+|MQ|$ 最小.

解 将 P,Q 点的坐标分别代入 $x-2y+z$ 得 0 及 3,均小于 12,故点 P,Q 在已知平面的同侧.从 P 作直线 l 垂直于平面,l 的方程为

$$x=1+t,\quad y=-2t,\quad z=-1+t,$$

代入平面方程解得 $t=2$,得直线 l 与平面的交点为 $P_0(3,-4,1)$,于是点 P 关于平面的对称点为 $P_1(5,-8,3)$.连接 P_1Q,其方程为

$$x=3+2t,\quad y=1-9t,\quad z=2+t,$$

代入平面方程解得 $t=\dfrac{3}{7}$,于是所求点 M 的坐标为 $M\left(\dfrac{27}{7},-\dfrac{20}{7},\dfrac{17}{7}\right)$.

例 6 已知曲面

$$x^2-2y^2+z^2-4yz-8zx+4xy-2x+8y-4z-2=0$$

与某一平面的交线的对称中心在坐标原点,求该平面方程.

解 由题意,所求平面过原点,若该平面为 yOz 面,则此平面 yOz 与曲面的交线为

$$\begin{cases}-2y^2+z^2-4yz+8y-4z-2=0,\\x=0.\end{cases}$$

该曲线不关于原点对称,故 yOz 面不是所求平面.

设所求平面方程为 $x+By+Cz=0$,与曲面方程联立消去 x,得

$$(By+Cz)^2-2y^2+z^2-4yz-8z(-By-Cz)+4y(-By-Cz)-2(-By-Cz)+8y-4z-2=0,$$

即

$$(B^2-4B-2)y^2+(C^2+8C+1)z^2+2(BC+4B-2C-2)yz+2(B+4)y+2(C-2)z-2=0,$$

$$\tag{7.1}$$

它与 $x=0$ 联立为曲面与平面的交线在 yOz 面上的投影曲线,该投影曲线必然也以原点为对称中心,故若在式(7.1)中分别用 $-y,-z$ 替换 y,z 则方程应保持不变,因此

$$2(B+4)=0\quad 及 \quad 2(C-2)=0,$$

解得 $B=-4,C=2$,故所求平面方程为 $x-4y+2z=0$.

例 7 求以直线 $L: \dfrac{x-\frac{\sqrt{2}}{2}}{0}=\dfrac{y+\frac{1}{2}}{1}=\dfrac{z-\frac{1}{2}}{1}$ 为中心轴、半径为 1 的圆柱面方程.

解 设圆柱面上任一点的坐标为 $P(x,y,z)$,根据距离公式 $d=\dfrac{|\overrightarrow{MP}\times\boldsymbol{\tau}|}{|\boldsymbol{\tau}|}$,取 L 上的一点 $\left(\dfrac{\sqrt{2}}{2},-\dfrac{1}{2},\dfrac{1}{2}\right)$ 作为 M,L 的方向向量 $\boldsymbol{\tau}=(0,1,1)$,于是就有

$$\frac{1}{\sqrt{0^2+1^2+1^2}}\left|\left(\begin{vmatrix} y+\frac{1}{2} & z-\frac{1}{2} \\ 1 & 1 \end{vmatrix}, \begin{vmatrix} z-\frac{1}{2} & x-\frac{\sqrt{2}}{2} \\ 1 & 0 \end{vmatrix}, \begin{vmatrix} x-\frac{\sqrt{2}}{2} & y+\frac{1}{2} \\ 0 & 1 \end{vmatrix}\right)\right|=1,$$

化简得所求的圆柱面方程为 $2x^2+y^2+z^2-2yz-2\sqrt{2}x+2y-2z=0$.

例 8 求过点 $(1,2,3)$ 且与曲面 $z=x+(y-z)^3$ 的所有切平面皆垂直的平面方程.

解 令 $F(x,y,z)=z-x-(y-z)^3$,则曲面上过一点 (x,y,z) 的切平面法向量为
$$\boldsymbol{n}=(F_x,F_y,F_z)=(-1,-3(y-z)^2,1+3(y-z)^2),$$
记 $\boldsymbol{n}_1=(1,1,1)$,注意 $\boldsymbol{n}\cdot\boldsymbol{n}_1=1+3(y-z)^2+1+3(y-z)^2\equiv 0$,所以 $\boldsymbol{n}\perp\boldsymbol{n}_1$,因此所求平面方程为
$$(x-1)+(y-2)+(z-3)=0.$$

例 9 证明:曲面 $z+\sqrt{x^2+y^2+z^2}=x^3f\left(\dfrac{y}{x}\right)$ 上任意点处的切平面在 Oz 轴上的截距与切点到坐标原点的距离之比为常数,并求出此常数.

解 记 $F(x,y,z)=z+\sqrt{x^2+y^2+z^2}-x^3f\left(\dfrac{y}{x}\right)$,则曲面上任一点 $M(x,y,z)$ 处法向量为
$$\boldsymbol{n}=(F_x,F_y,F_z)$$
$$=\left(\frac{x}{\sqrt{x^2+y^2+z^2}}-3x^2f\left(\frac{y}{x}\right)+xyf'\left(\frac{y}{x}\right),\frac{y}{\sqrt{x^2+y^2+z^2}}-x^2f'\left(\frac{y}{x}\right),1+\frac{z}{\sqrt{x^2+y^2+z^2}}\right),$$

点 M 处的切平面方程为
$$\left[\frac{x}{\sqrt{x^2+y^2+z^2}}-3x^2f\left(\frac{y}{x}\right)+xyf'\left(\frac{y}{x}\right)\right](X-x)+\left[\frac{y}{\sqrt{x^2+y^2+z^2}}-x^2f'\left(\frac{y}{x}\right)\right](Y-y)+$$
$$\left(1+\frac{z}{\sqrt{x^2+y^2+z^2}}\right)(Z-z)=0.$$

令 $X=Y=0$,得该切平面在 Oz 轴上的截距为
$$d=\frac{\sqrt{x^2+y^2+z^2}\left[-3x^3f\left(\frac{y}{x}\right)+z+\sqrt{x^2+y^2+z^2}\right]}{\sqrt{x^2+y^2+z^2}+z}$$
$$=\frac{\sqrt{x^2+y^2+z^2}\left[-3(z+\sqrt{x^2+y^2+z^2})+z+\sqrt{x^2+y^2+z^2}\right]}{\sqrt{x^2+y^2+z^2}+z}$$
$$=-2\sqrt{x^2+y^2+z^2},$$

于是截距与切点到原点的距离之比为 $\dfrac{d}{\sqrt{x^2+y^2+z^2}}=-2.$

例 10(2008 年天津市数学竞赛) 求 λ 的值,使两曲面:$xyz=\lambda$ 与 $\dfrac{x^2}{a^2}+\dfrac{y^2}{b^2}+\dfrac{z^2}{c^2}=1$ 在第一

卦限内相切,并求出在切点处两曲面的公共切平面方程.

解 曲面 $xyz=\lambda$ 在点 (x,y,z) 处切平面的法向量为 $\boldsymbol{n}_1=(yz,zx,xy)$. 曲面 $\dfrac{x^2}{a^2}+\dfrac{y^2}{b^2}+\dfrac{z^2}{c^2}=1$ 在点 (x,y,z) 处切平面的法向量为 $\boldsymbol{n}_2=\left(\dfrac{x}{a^2},\dfrac{y}{b^2},\dfrac{z}{c^2}\right)$.

欲使两曲面在点 (x,y,z) 处相切,必须 $\boldsymbol{n}_1 /\!/ \boldsymbol{n}_2$,即 $\dfrac{x}{a^2 yz}=\dfrac{y}{b^2 zx}=\dfrac{z}{c^2 xy}=t$,由 $x>0,y>0$, $z>0$,结合 $xyz=\lambda$ 得 $\dfrac{x^2}{a^2\lambda}=\dfrac{y^2}{b^2\lambda}=\dfrac{z^2}{c^2\lambda}=t$,进一步结合 $\dfrac{x^2}{a^2}+\dfrac{y^2}{b^2}+\dfrac{z^2}{c^2}=1$,得到 $3\lambda t=1$,于是有 $\dfrac{x^2}{a^2}=\dfrac{y^2}{b^2}=\dfrac{z^2}{c^2}=\dfrac{1}{3}$,解得

$$x=\frac{a}{\sqrt{3}},\quad y=\frac{b}{\sqrt{3}},\quad z=\frac{c}{\sqrt{3}},$$
$$\boldsymbol{n}_1=\left(\frac{bc}{3},\frac{ac}{3},\frac{ab}{3}\right).$$

所以公共切平面方程为 $\dfrac{bc}{3}\left(x-\dfrac{a}{\sqrt{3}}\right)+\dfrac{ac}{3}\left(y-\dfrac{b}{\sqrt{3}}\right)+\dfrac{ab}{3}\left(z-\dfrac{c}{\sqrt{3}}\right)=0$,即 $\dfrac{x}{a}+\dfrac{y}{b}+\dfrac{z}{c}=\sqrt{3}$.

例 11(2016 年全国决赛) 设 $F(u,v)$ 是可微函数,证明:曲面 $F\left(\dfrac{x-a}{z-c},\dfrac{y-b}{z-c}\right)=0$ 上任一点处的切平面都经过固定点.

解 由曲面方程可得 $\dfrac{\partial F}{\partial x}=\dfrac{F_1'}{z-c},\dfrac{\partial F}{\partial y}=\dfrac{F_2'}{z-c},\dfrac{\partial F}{\partial z}=-F_1'\dfrac{x-a}{(z-c)^2}-F_2'\dfrac{y-b}{(z-c)^2}$,于是曲面 $F\left(\dfrac{x-a}{z-c},\dfrac{y-b}{z-c}\right)=0$ 在任一点 $M(x_0,y_0,z_0)$ 处的切平面方程为

$$\frac{F_1'(M)}{z_0-c}(x-x_0)+\frac{F_2'(M)}{z_0-c}(y-y_0)-\frac{(x_0-a)F_1'(M)+(y_0-b)F_2'(M)}{(z_0-c)^2}(z-z_0)=0,$$

整理得

$$F_1'(M)(z_0-c)(x-x_0)+F_2'(M)(z_0-c)(y-y_0)-$$
$$[(x_0-a)F_1'(M)+(y_0-b)F_2'(M)](z-z_0)=0,$$

显然当 $x=a,y=b,z=c$ 时上式恒为零,由此可见,曲面上任一点处的切平面都经过点 (a,b,c).

例 12 若可微函数 $f(x,y)$ 对任意的 x,y,t 满足 $f(tx,ty)=t^2 f(x,y)$,$P_0(1,-2,2)$ 是曲面 $z=f(x,y)$ 上的一点,且 $f_x(1,-2)=4$,求曲面在 P_0 处的切平面方程.

解 由 $f(tx,ty)=t^2 f(x,y)$,两边对 t 求偏导得

$$f_x(tx,ty)x+f_y(tx,ty)y=2tf(x,y),$$

取 $t=1,x=1,y=-2$,得

$$f_x(1,-2)+f_y(1,-2)(-2)=2f(1,-2),$$

将 $f(1,-2)=2,f_x(1,-2)=4$ 代入上式,得 $f_y(1,-2)=0$,故曲面在 P_0 处的法向量为

$$\boldsymbol{n}=(f_x(P_0),f_y(P_0),-1)=(4,0,-1),$$

于是所求切平面方程为 $4(x-1)-(z-2)=0$,即 $4x-z-2=0$.

例 13 若可微函数 $F(x,y,z)$ 对任意的 x,y,z,t 满足 $F(tx,ty,tz)=t^n F(x,y,z)$,则称 $F(x,y,z)=0$ 为 n 次齐次方程,证明:若 $F(x,y,z)=0$ 为 n 次齐次方程,则它表示以原点为顶点的锥面.

证明　因为 $F(x,y,z)=0$ 为 n 次齐次方程,所以原点坐标 $O(0,0,0)$ 满足方程,故原点在曲面上.

设 $M_1(x_1,y_1,z_1)$ 是曲面上异于原点的任意一点,则 $F(x_1,y_1,z_1)=0$,连接 OM_1,在直线 OM_1 上任取一点 $M(x,y,z)$,因为 $\overrightarrow{OM}=t\overrightarrow{OM_1}$,所以有

$$x=tx_1,\quad y=ty_1,\quad z=tz_1,$$

把点 $M(x,y,z)$ 坐标代入原方程的左边,根据方程的齐次性,就有

$$F(x,y,z)=F(tx_1,ty_1,tz_1)=t^nF(x_1,y_1,z_1)=0,$$

所以直线上任意一点 M 也在曲面上,即直线 OM_1 在曲面上,这就说明齐次方程 $F(x,y,z)=0$ 所表示的曲面是由通过原点的动直线组成的. 因此曲面是以原点为顶点的锥面.

例 14(2014 年国家决赛)　设 $F(x,y,z)$ 和 $G(x,y,z)$ 有连续偏导数,且 $\frac{\partial(F,G)}{\partial(x,z)}\neq0$,曲线

$$\Gamma:\begin{cases}F(x,y,z)=0,\\G(x,y,z)=0\end{cases}$$

过点 $P_0(x_0,y_0,z_0)$,记 Γ 在 xOy 面上的投影曲线为 S,求 S 在点 (x_0,y_0) 处的切线方程.

解　由两个方程定义的曲面在点 $P_0(x_0,y_0,z_0)$ 处的切平面分别为

$$\begin{cases}F_x(P_0)(x-x_0)+F_y(P_0)(y-y_0)+F_z(P_0)(z-z_0)=0,\\G_x(P_0)(x-x_0)+G_y(P_0)(y-y_0)+G_z(P_0)(z-z_0)=0,\end{cases}$$

上述两切平面的交线就是 Γ 在点 $P_0(x_0,y_0,z_0)$ 处的切线,此切线在 xOy 面上的投影曲线为 S 过点 (x_0,y_0) 处的切线. 从上述两个切平面方程中消去 $z-z_0$ 得

$$(F_xG_z-G_xF_z)|_{P_0}(x-x_0)+(F_yG_z-G_yF_z)|_{P_0}(y-y_0)=0,$$

即

$$\frac{\partial(F,G)}{\partial(x,z)}\Big|_{P_0}(x-x_0)+\frac{\partial(F,G)}{\partial(y,z)}\Big|_{P_0}(y-y_0)=0,$$

这里系数 $\frac{\partial(F,G)}{\partial(x,z)}\neq0$,故它代表一条直线,即为 Γ 在 xOy 面上的投影曲线为 S 在点 (x_0,y_0) 处的切线.

例 15　设直线 $\begin{cases}x+2y-3z=2\\2x-y+z=3\end{cases}$ 在平面 $z=1$ 上的投影为直线 L,求点 $(1,2,1)$ 与直线 L 的距离.

解　取平面束 $x+2y-3z-2+\lambda(2x-y+z-3)=0$,其法向量为

$$\boldsymbol{n}_1=(1+2\lambda,2-\lambda,-3+\lambda),$$

平面 $z=1$ 的法向量 $\boldsymbol{n}_2=(0,0,1)$,由题意 $\boldsymbol{n}_1\cdot\boldsymbol{n}_2=0$,得 $\lambda=3$,故投影平面的方程为

$$7x-y-11=0,$$

因而投影直线 L 的方程为 $\begin{cases}7x-y-11=0,\\z=1,\end{cases}$ 其方向向量为

$$\boldsymbol{s}=(7,-1,0)\times(0,0,1)=-(1,7,0),$$

取 L 上的点 $P_1(1,-4,1)$,则点 $P_0(1,2,1)$ 到直线 L 的距离为

$$d=\frac{|\overrightarrow{P_1P_0}\times\boldsymbol{s}|}{|\boldsymbol{s}|}=\frac{|(0,6,0)\times(1,7,0)|}{|(1,7,0)|}=\frac{|(0,0,-6)|}{\sqrt{50}}=\frac{6}{\sqrt{50}}.$$

例 16 求直线 $\dfrac{x-1}{2}=\dfrac{y}{1}=\dfrac{z}{-1}$ 绕 y 轴旋转一周所得旋转曲面的方程,并求该曲面与 $y=0$, $y=2$ 所包围的立体的体积.

解 如图 7.1 所示,在所求曲面上任取点 $P(x,y,z)$,过 P 作垂直于 y 轴的平面,该平面与所给直线交于点 $M_0(x_0,y_0,z_0)$,与 y 轴交于点 $Q(0,y,0)$,则 $y_0=y$,且 $|PQ|=|MQ|$,所以 $x^2+z^2=x_0^2+z_0^2$.

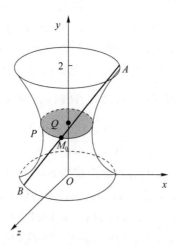

图 7.1

因为 $\dfrac{x_0-1}{2}=\dfrac{y_0}{1}=\dfrac{z_0}{-1}$,所以 $x_0=1+2y, z_0=-y$,由此可得旋转曲面的方程为

$$x^2+z^2=1+4y+5y^2,$$

所求立体体积为

$$V=\pi\int_0^2(x^2+z^2)\mathrm{d}y=\pi\int_0^2(1+4y+5y^2)\mathrm{d}y$$

$$=\pi\left(y+2y^2+\frac{5}{3}y^3\right)\Big|_0^2=\frac{70}{3}\pi.$$

例 17 求直线 $L:\dfrac{x-1}{1}=\dfrac{y}{1}=\dfrac{z}{-1}$ 绕直线 $L_0:x=y=z$ 旋转一周生成的旋转曲面 S 的方程.

解 设点 $P(x,y,z)\in S$,它由 L 上点 $M(x_0,y_0,z_0)$ 旋转而产生. 故 $\overrightarrow{PM}\perp L_0$,又 L_0 的方向向量 $\boldsymbol{s}_0=\{1,1,1\}$,所以

$$(x-x_0)+(y-y_0)+(z-z_0)=0, \tag{7.2}$$

由 $L_0:x=y=z$ 的方程知,$M_0(0,0,0)$ 是 L_0 上的定点,又因为 $P(x,y,z)$ 到旋转轴 L_0 的距离等于点 $M(x_0,y_0,z_0)$ 到 L_0 的距离,由点到直线的距离公式,得

$$\frac{|\overrightarrow{PM_0}\times\boldsymbol{s}_0|}{|\boldsymbol{s}_0|}=\frac{|\overrightarrow{MM_0}\times\boldsymbol{s}_0|}{|\boldsymbol{s}_0|},$$

即

$$(z-y)^2+(x-z)^2+(y-x)^2=(z_0-y_0)^2+(x_0-z_0)^2+(y_0-x_0)^2, \tag{7.3}$$

因为

$$\frac{x_0-1}{1}=\frac{y_0}{1}=\frac{z_0}{-1}, \tag{7.4}$$

从式(7.2)~式(7.4)中消去 x_0,y_0,z_0，化简得

$$x^2+y^2+z^2+3(xy+yz+zx)-2(x+y+z)+1=0.$$

例 18 设 Γ：$\begin{cases} x^2+y^2+z^2+4x-4y+2z=0, \\ 2x+y-2z=k. \end{cases}$

(1) 当 k 为何值时 Γ 为一圆?

(2) 当 $k=6$ 时，求 Γ 的圆心和半径.

解 (1) 球面方程可化为

$$(x+2)^2+(y-2)^2+(z+1)^2=9,$$

所以球面的球心为 $(-2,2,-1)$，半径为 3，球心到平面 $2x+y-2z=k$ 的距离为

$$d=\frac{|-4+2+2-k|}{\sqrt{4+1+4}}=\frac{1}{3}|k|.$$

由 $\frac{1}{3}|k|<3$ 得 k 的取值范围为 $(-9,9)$.

(2) 当 $k=6$ 时，$d=2$，所以圆 Γ 的半径 $r=\sqrt{3^2-2^2}=\sqrt{5}$，过球心与已知平面 $2x+y-2z=6$ 垂直的直线为

$$\begin{cases} x=-2+2t, \\ y=2+t, \\ z=-1-2t, \end{cases}$$

代入平面方程解得 $t=\frac{2}{3}$，故所求圆的圆心为 $\left(-\frac{2}{3},\frac{8}{3},-\frac{7}{3}\right)$，半径 $r=\sqrt{5}$.

例 19 已知点 $A(1,2,-1)$，$B(5,-2,3)$ 在平面 Π：$2x-y-2z=3$ 的两侧，过点 A,B 作球面 S 使其在平面 Π 上截得的圆 Γ 最小.

(1) 求球面 S 的球心坐标与该球面的方程;

(2) 证明：直线 AB 与平面 Π 的交点是圆 Γ 的圆心.

解 (1) $\overrightarrow{AB}=4(1,-1,1)$，线段 AB 的中点是 $(3,0,1)$，于是线段 AB 的垂直平分面 Π_1 的方程为 $x-y+z=4$.

因球心在 Π_1 上，设球心为 $O(a,b,4-a+b)$，则

$$OA^2=(a-1)^2+(b-2)^2+(5-a+b)^2.$$

设球心 O 到平面 Π 的距离为 d，则

$$d^2=\left[\frac{2a-b-2(4-a+b)-3}{3}\right]^2=\frac{1}{9}(4a-3b-11)^2.$$

设圆 Γ 的半径为 r，则

$$u=r^2=OA^2-d^2=(a-1)^2+(b-2)^2+(5-a+b)^2-\frac{1}{9}(4a-3b-11)^2,$$

由 $\begin{cases} \dfrac{\partial u}{\partial a}=2(a-1)-2(5-a+b)-\dfrac{8}{9}(4a-3b-11)=0, \\ \dfrac{\partial u}{\partial b}=2(b-2)+2(5-a+b)+\dfrac{6}{9}(4a-3b-11)=0, \end{cases}$ 化简得 $\begin{cases} 2a+3b=10, \\ a+3b=2, \end{cases}$ 解得 $a=8,b=-2$. 因

驻点是唯一的，圆 Γ 的半径 r 的最小值存在，故 $a=8,b=-2$ 为所求的球心坐标分量，于是球心坐标为 $O(8,-2,-6)$. 因 $OA=\sqrt{90}$，所以球面方程为 $(x-8)^2+(y+2)^2+(z+6)^2=90$.

(2) 设直线 AB 的参数为 $\begin{cases} x=1+t, \\ y=2-t, \\ z=-1+t, \end{cases}$ 代入平面 Π 的方程,解得 $t=1$,故直线 AB 与平面 Π

的交点 M 的坐标为 $M(2,1,0)$. 平面 Π 的法向量 $\boldsymbol{n}=(2,-1,-2)$,因 $\overrightarrow{OM}=(-6,3,6)$,显然 $\overrightarrow{OM}//\boldsymbol{n}$,所以 $\overrightarrow{OM}\perp\Pi$,于是点 M 是圆 Γ 的圆心.

例 20 求半径为 2,对称轴为 $\dfrac{x}{2}=\dfrac{y}{3}=\dfrac{z}{4}$ 的圆柱面方程.

解 在所求圆柱面上任取一点 $M(x,y,z)$,由

$$\frac{|\overrightarrow{OM}\times(2,3,4)|}{|(2,3,4)|}=2,$$

得到圆柱面方程为 $(4y-3z)^2+(2z-4x)^2+(3x-2y)^2=116$.

例 21 设柱面 S 母线的方向向量 $\boldsymbol{s}=\{1,1,1\}$,准线 C_0:$\begin{cases} x^2+y^2+z^2=1, \\ x+y+z=0, \end{cases}$ 求该柱面 S

方程.

解 设 $M_0(x_0,y_0,z_0)$ 是 C_0 上的任意一点,由题意,过该点的母线为

$$\frac{x-x_0}{1}=\frac{y-y_0}{1}=\frac{z-z_0}{1}, \tag{7.5}$$

这里 (x,y,z) 在母线上,从而也在柱面 S 上. 因为 $M_0(x_0,y_0,z_0)$ 是 C_0 上的任意一点,所以

$$\begin{cases} x_0^2+y_0^2+z_0^2=1, \\ x_0+y_0+z_0=0, \end{cases} \tag{7.6}$$

当 $M_0(x_0,y_0,z_0)$ 在 C_0 上变动时,由式(7.5)的点 (x,y,z) 描出的就是柱面 S.

令式(7.5)中 $\dfrac{x-x_0}{1}=\dfrac{y-y_0}{1}=\dfrac{z-z_0}{1}=t$,则 $x_0=x-t,y_0=y-t,z_0=z-t$,代入式(7.6)消

去 t 得 $x^2+y^2+z^2-xy-yz-zx-\dfrac{3}{2}=0$.

例 22(2015 年全国预赛) 设 M 是以 3 个正半轴为母线的半圆锥面,求其方程.

解 易知该半圆锥面的顶点在原点 O. 分别取 3 个坐标轴上的点 $A(0,0,1)$,$B(0,1,0)$,$C(1,0,0)$,则过这 3 个点的平面为 $x+y+z=1$,因此圆

$$C:\begin{cases} x^2+y^2+z^2=1, \\ x+y+z=1 \end{cases}$$

是锥面的一条准线.

设点 P 为该锥面上任意一点,它在由原点和圆 C 上一点 $P_0(x_0,y_0,z_0)$ 确定的母线上,从

而 $\dfrac{x-0}{x_0-0}=\dfrac{y-0}{y_0-0}=\dfrac{z-0}{z_0-0}$,即 $\dfrac{x}{x_0}=\dfrac{y}{y_0}=\dfrac{z}{z_0}$,设 $\dfrac{x}{x_0}=\dfrac{y}{y_0}=\dfrac{z}{z_0}=\dfrac{1}{t}$,则

$$x_0=xt, \quad y_0=yt, \quad z_0=zt,$$

代入 C 的方程得 $\begin{cases} (xt)^2+(yt)^2+(zt)^2=1, \\ xt+yt+zt=1, \end{cases}$ 将其中的参数 t 代换,得 $xy+yz+xz=0$,即为该

锥面的方程.

例 23 设一礼堂的顶部是一个半椭球面,其方程为 $z=4\sqrt{1-\dfrac{x^2}{16}-\dfrac{y^2}{36}}$,求下雨时过房顶

上点 $P(1,3,\sqrt{11})$ 处的雨水流下的路线方程.

解　由椭球面方程 $z=4\sqrt{1-\dfrac{x^2}{16}-\dfrac{y^2}{36}}$，得

$$\mathbf{grad}\,z=\frac{\partial z}{\partial x}\boldsymbol{i}+\frac{\partial z}{\partial y}\boldsymbol{j}=\left(-\frac{x}{4\sqrt{1-\dfrac{x^2}{16}-\dfrac{y^2}{36}}},-\frac{y}{9\sqrt{1-\dfrac{x^2}{16}-\dfrac{y^2}{36}}}\right),$$

雨水沿着 z 下降最快的方向向下流，即沿着 $\mathbf{grad}\,z$ 的反方向向下流，因而雨水从椭球面上流下的路线在坐标面 xOy 上的投影曲线上任一点处的切线应与 $\mathbf{grad}\,z$ 平行.

设雨水流下的路线在 xOy 面上的投影曲线的方程为 $f(x,y)=0$，其上任一点处的切向量为 $(\mathrm{d}x,\mathrm{d}y)\,/\!/\,\mathbf{grad}\,z$，故得

$$\frac{\mathrm{d}y}{\mathrm{d}x}=\frac{4y}{9x},$$

解微分方程的 $y=Cx^{\frac{4}{9}}$，以它为准线，母线平行于 z 轴的柱面方程为 $y=Cx^{\frac{4}{9}}$.

令 $x=1,y=3$，知 $C=3$，故过房顶上点 $P(1,3,\sqrt{11})$ 的雨水流下的路线方程为

$$\begin{cases}z=4\sqrt{1-\dfrac{x^2}{16}-\dfrac{y^2}{36}},\\[2mm]y=3x^{\frac{4}{9}}.\end{cases}$$

7.3　模拟题目自测

1. 设 $(\boldsymbol{a}\times\boldsymbol{b})\cdot\boldsymbol{c}=2$，则 $[(\boldsymbol{a}+\boldsymbol{b})\times(\boldsymbol{b}+\boldsymbol{c})]\cdot(\boldsymbol{c}+\boldsymbol{a})=$ ＿＿＿＿＿＿.

2. 已知 $\boldsymbol{a}=(3,-2,1),\boldsymbol{b}=(2,1,2),\boldsymbol{c}=(3,-1,2)$，判断 $\boldsymbol{a},\boldsymbol{b},\boldsymbol{c}$ 是否共面.

3. 设一向量与 3 个坐标平面的夹角分别为 θ,φ,ψ，试证：$\cos^2\theta+\cos^2\varphi+\cos^2\psi=2$.

4. 过点 $(2,0,-3)$ 且与直线 $\begin{cases}x-2y+4z-7=0\\3x+5y-2z+1=0\end{cases}$ 垂直的平面方程.

5. 点 $(2,1,-1)$ 关于平面 $x-y+2z=5$ 的对称点的坐标为 ＿＿＿＿＿＿.

6. (2014 年全国预赛)设有曲面 $S:z=x^2+2y^2$ 和平面 $\Pi:2x+2y+z=0$，则与 Π 平行的 S 的切平面方程为 ＿＿＿＿＿＿.

7. 在平面 $\Pi:x+2y-z=20$ 内作一直线 Γ，使直线 Γ 过另一直线 $L:\begin{cases}x-2y+2z=1\\3x+y-4z=3\end{cases}$ 与平面 Π 的交点，且 Γ 与 L 垂直，求直线 Γ 的参数方程.

8. 直线 $\begin{cases}x=2z\\y=1\end{cases}$ 绕 z 轴旋转，得到的旋转面的方程为 ＿＿＿＿＿＿.

9. 求直线 $L_1:\begin{cases}x+2y+5=0\\2y-z-4=0\end{cases}$ 与直线 $L_2:\begin{cases}y=0\\x+2z+4=0\end{cases}$ 的公垂线方程.

10. (2012 年全国预赛)求过直线 $L:\begin{cases}2x+y-3z+2=0\\5x+5y-4z+3=0\end{cases}$ 的两个相互垂直的平面 π_1,π_2，使其中一个平面过点 $(4,-3,1)$.

11. (2013 年全国决赛)过直线 $\begin{cases}10x+2y-2z=27\\x+y-z=0\end{cases}$ 作曲面 $3x^2+y^2-z^2=27$ 的切平面，求

切平面的方程.

    12. 证明：所有切于曲面 $z=xf\left(\dfrac{y}{x}\right)$ 的平面都相交于一点.

    13. 求以曲线 $C_0:\begin{cases}x^2+y^2+z^2=1\\x+y+z=1\end{cases}$，为准线，母线平行于 z 轴的柱面 S 的方程.

    14. 求直线 $L:\dfrac{x-1}{1}=\dfrac{y}{1}=\dfrac{z-1}{-1}$ 在平面 $\pi:x-y+2z-1=0$ 上的投影直线 L_0 的方程，并求 L_0 绕 y 轴旋转一周所成曲面的方程.

答案及提示

    1. 4.

    2. 否.

    3. 设 $\boldsymbol{a}=(a_x,a_y,a_z),\theta,\varphi,\psi$ 分别是 $\boldsymbol{a}$ 与 xOy 面，yOz 面，zOx 面的夹角，则

$$\cos\theta=\frac{1}{|\boldsymbol{a}|}\sqrt{a_x^2+a_y^2},\quad \cos\varphi=\frac{1}{|\boldsymbol{a}|}\sqrt{a_y^2+a_z^2},\quad \cos\psi=\frac{1}{|\boldsymbol{a}|}\sqrt{a_x^2+a_z^2},$$

所以

$$\cos^2\theta+\cos^2\varphi+\cos^2\psi=\frac{2(a_x^2+a_y^2+a_z^2)}{a_x^2+a_y^2+a_z^2}=2.$$

    4. 所求平面的法向量为

$$\boldsymbol{n}=(1,-2,4)\times(3,5,-2)=(-16,14,11),$$

平面方程为 $16(x-2)-14(y-0)-11(z+3)=0$.

    5. 先做过已知点与已知平面垂直的直线方程 $\begin{cases}x=2+t,\\y=1-t,\\z=-1+2t,\end{cases}$ 代入平面方程得 $t=1$，于是与

平面的交点为 $Q(3,0,1)$，则 Q 点是已知点与所求点的中点，所以所求对称点为 $(4,-1,3)$.

    6. 设 $P_0(x_0,y_0,z_0)$ 是 S 上一点，则 S 在点 P_0 处的切平面方程为

$$-2x_0(x-x_0)-4y_0(y-y_0)+(z-z_0)=0,$$

由于该切平面与已知平面 Π 平行，则 $\dfrac{-2x_0}{2}=\dfrac{-4y_0}{2}=\dfrac{1}{1}$，解得

$$x_0=-1,\quad y_0=-\frac{1}{2},$$

从而 $z_0=x_0^2+2y_0^2=\dfrac{3}{2}$. 故切平面方程为 $2x+2y+z+\dfrac{3}{2}=0$.

    7. 直线 L 的方向向量为 $\boldsymbol{s}=(1,-2,2)\times(3,1,-4)=(6,10,7)$，且直线 L 的参数方程为 $\begin{cases}x=1+6t,\\y=10t,\\z=7t,\end{cases}$ 代入平面方程解得 $t=1$，故直线 L 与平面 Π 的交点为 $(7,10,7)$，平面 Π 的法向量为 $\boldsymbol{n}=(1,2,-1)$，所求直线 Γ 的方向向量为

$$\boldsymbol{s}\times\boldsymbol{n}=(6,10,7)\times(1,2,-1)=-(24,-13,-2),$$

于是所求直线 Γ 的参数方程为 $\begin{cases}x=7+24t,\\y=10-13t,\\z=7-2t.\end{cases}$

8. 所求曲面上任取点 $P(x,y,z)$,过 P 作平面垂直于 z 轴,该平面与所给直线交于点 $Q(x_0,y_0,z_0)$,与 z 轴交于点 $M(0,0,z)$,则 $|PM|^2=|QM|^2$,所以 $x^2+y^2=x_0^2+y_0^2$.由于
$$\begin{cases}x_0=2z_0, \\ y_0=1, \\ z=z_0,\end{cases}\quad \text{所以所求旋转曲面方程为}\ x^2+y^2-4z^2=1.$$

9. $\begin{cases}2x+2y+z+14=0, \\ x+5y+4z+8=0.\end{cases}$

10. 过直线 L 的平面束为
$$\lambda(2x+y-3z+2)+\mu(5x+5y-4z+3)=0,$$
即为
$$(2\lambda+5\mu)x+(\lambda+5\mu)y-(3\lambda+4\mu)z+(2\lambda+3\mu)=0.$$

若平面 π_1 过点 $(4,-3,1)$ 代入上述方程得 $\lambda+\mu=0$,即 $\lambda=-\mu$,从而 π_1 的方程为
$$3x+4y-z+1=0.$$

由于平面束中的平面 π_1 与 π_2 垂直,则
$$3\cdot(2\lambda+5\mu)+4\cdot(\lambda+5\mu)+1\cdot(3\lambda+4\mu)=0,$$
解得 $\lambda=-3\mu$,从而平面 π_2 的方程为
$$x-2y-5z+3=0.$$

11. 所求切平面的切点为 $Q(x_0,y_0,z_0)$,于是该切平面方程为
$$6x_0(x-x_0)+2y_0(y-y_0)-2z_0(z-z_0)=0,$$
又 $3x_0^2+y_0^2-z_0^2=27$,于是上面的方程化为
$$3x_0x+y_0y-z_0z=27.$$

又该切平面过已知直线,所以该切平面方程可写成平面束的形式
$$10x+2y-2z-27+\lambda(x+y-z)=0,$$
即为 $(10+\lambda)x+(2+\lambda)y-(2+\lambda)z-27=0$,比较得 $10+\lambda=3x_0,2+\lambda=y_0,2+\lambda=z_0$,即 $x_0=\frac{1}{3}(10+\lambda),y_0=2+\lambda,z_0=2+\lambda$,代入曲面方程中,解得 $\lambda=-1$ 或 $\lambda=-19$,从而得到
$$\begin{cases}x_0=3, \\ y_0=z_0=1\end{cases}\quad \text{或}\quad \begin{cases}x_0=-3, \\ y_0=z_0=-17,\end{cases}$$
故所求切平面方程为 $9x+y-z-27=0$ 或 $9x+17y-17z+27=0$.

12. 令 $F(x,y,z)=xf\left(\dfrac{y}{x}\right)-z$,设 $M(x_0,y_0,z_0)$ 为曲面上任一点,因为
$$\frac{\partial F}{\partial x}=f\left(\frac{y}{x}\right)-\frac{y}{x}f'\left(\frac{y}{x}\right),\quad \frac{\partial F}{\partial y}=f'\left(\frac{y}{x}\right),\quad \frac{\partial F}{\partial z}=-1,$$

所以曲面在点 M 处的一个法向量为 $\left(f\left(\dfrac{y_0}{x_0}\right)-\dfrac{y_0}{x_0}f'\left(\dfrac{y_0}{x_0}\right),f'\left(\dfrac{y_0}{x_0}\right),-1\right)$,曲面在点 M 处的切平面方程为
$$\left[f\left(\frac{y_0}{x_0}\right)-\frac{y_0}{x_0}f'\left(\frac{y_0}{x_0}\right)\right](x-x_0)+f'\left(\frac{y_0}{x_0}\right)(y-y_0)-(z-z_0)=0,$$
即

$$\left[f\left(\frac{y_0}{x_0}\right)-\frac{y_0}{x_0}f'\left(\frac{y_0}{x_0}\right)\right]x+f'\left(\frac{y_0}{x_0}\right)y-z=x_0f\left(\frac{y_0}{x_0}\right)-y_0f'\left(\frac{y_0}{x_0}\right)+f'\left(\frac{y_0}{x_0}\right)y_0-z_0$$
$$=z_0-z_0=0.$$

因此,曲面的所有切平面都过原点.

13. S: $x^2+y^2+xy-x-y=0$.

14. 首先求 L 与平面 π 的交点,将 L 的参数表示 $\begin{cases}x=1+t,\\y=t,\\z=1-t\end{cases}$ 代入 π 的方程得 $t=1$,于是交点为 $M_1(2,1,0)$.

其次求 L 上的点 $M_0(1,0,1)$ 在平面 π 的投影点 M_2. 作过点 $M_0(1,0,1)$,以平面 π 的法向量 $\boldsymbol{n}$ 为方向向量的直线,其参数式为 $\begin{cases}x=1+t,\\y=-t,\\z=1+2t,\end{cases}$ 代入平面 π 的方程得 $t=-\dfrac{1}{3}$,故投影点 $M_2\left(\dfrac{2}{3},\dfrac{1}{3},\dfrac{1}{3}\right)$,可求得 L_0 的方程为 $\dfrac{x-2}{4}=\dfrac{y-1}{2}=\dfrac{z}{-1}$.

最后求 L_0 绕 y 轴旋转一周所成曲面 Σ 的方程,将 L_0 的方程改写为一般式
$$\begin{cases}x=2y,\\z=-\dfrac{1}{2}(y-1).\end{cases}$$

设点 $M(x,y,z)$ 为旋转曲面 Σ 上任一点,它是 L_0 上的点 $M_1(x_1,y_1,z_1)$ 绕 y 轴旋转所得,从而 $y=y_1$,且 M 和 M_1 到 y 轴的距离相等,于是
$$x^2+z^2=x_1^2+z_1^2=(2y_1)^2+\left[-\frac{1}{2}(y_1-1)\right]^2=(2y)^2+\left[\frac{1}{2}(y-1)\right]^2,$$
即 $4x^2-17y^2+4z^2+2y-1=0$.

附录 A 中国大学生数学竞赛竞赛大纲
（非数学专业类）

为了进一步推动高等数学课程的改革与建设,提高大学数学课程的教学水平,激励大学生学习兴趣,发现和选拔数学创新人才,更好地实现"中国大学生数学竞赛"的目标,将制定本大纲.

一、竞赛的性质和参赛对象

"中国大学生数学竞赛"的目的是:激励大学生学习数学的兴趣,进一步推动高等学校数学课程的改革与建设,提高大学数学课程的教学水平,发现和选拔数学创新人才.

"中国大学生数学竞赛"的参赛对象为大学本科二年级及二年级以上的在校大学生.

二、竞赛的内容

"中国大学生数学竞赛内容"分为数学专业类竞赛题和非数学专业类竞赛题,其中非数学专业类竞赛内容为大学本科理工科专业高等数学课程的教学内容,具体内容如下:

（一）函数、极限、连续

1. 函数的概念及表示法、简单应用问题函数关系的建立.
2. 函数的性质:有界性、单调性、周期性和奇偶性.
3. 复合函数、反函数、分段函数和隐函数、基本初等函数的性质及其图形、初等函数.
4. 数列极限与函数极限的定义及其性质、函数的左极限与右极限.
5. 无穷小和无穷大的概念及其关系、无穷小的性质及无穷小的比较.
6. 极限的四则运算、极限存在的单调有界准则和夹逼准则、两个重要极限.
7. 函数的连续性(含左连续与右连续)、函数间断点的类型.
8. 连续函数的性质和初等函数的连续性.
9. 闭区间上连续函数的性质(有界性、最大值和最小值定理、介值定理).

（二）一元函数微分学

1. 导数和微分的概念、导数的几何意义和物理意义、函数的可导性与连续性之间的关系、平面曲线的切线和法线.
2. 基本初等函数的导数、导数和微分的四则运算、一阶微分形式的不变性.
3. 复合函数、反函数、隐函数以及参数方程所确定的函数的微分法.
4. 高阶导数的概念、分段函数的二阶导数、某些简单函数的 n 阶导数.

5. 微分中值定理,包括罗尔定理、拉格朗日中值定理、柯西中值定理和泰勒定理.

6. 洛必达(L'Hospital)法则求未定式极限.

7. 函数的极值、函数单调性、函数图形的凹凸性、拐点及渐近线(水平、铅直和斜渐近线)、函数图形的描绘.

8. 函数的最大值和最小值及其简单应用.

9. 弧微分、曲率、曲率半径.

(三) 一元函数积分学

1. 原函数和不定积分的概念.

2. 不定积分的基本性质、基本积分公式.

3. 定积分的概念和基本性质、定积分中值定理、变上限定积分确定的函数及其导数、牛顿–莱布尼茨(Newton-Leibniz)公式.

4. 不定积分和定积分的换元积分法与分部积分法.

5. 有理函数、三角函数的有理式和简单无理函数的积分.

6. 广义积分.

7. 定积分的应用:平面图形的面积、平面曲线的弧长、旋转体的体积及侧面积、平行截面面积为已知的立体体积、功、引力、压力及函数的平均值.

(四) 常微分方程

1. 常微分方程的基本概念:微分方程及其解、阶、通解、初始条件和特解等.

2. 可分离变量的微分方程、齐次微分方程、一阶线性微分方程、伯努利(Bernoulli)方程、全微分方程.

3. 可用简单的变量代换求解的某些微分方程、可降阶的高阶微分方程:
$$y^{(n)} = f(x), \quad y'' = f(x, y'), \quad y'' = f(y, y').$$

4. 线性微分方程解的性质及解的结构定理.

5. 二阶常系数齐次线性微分方程、高于二阶的某些常系数齐次线性微分方程.

6. 简单的二阶常系数非齐次线性微分方程:自由项为多项式、指数函数、正弦函数、余弦函数,以及它们的和与积.

7. 欧拉(Euler)方程.

8. 微分方程的简单应用

(五) 向量代数和空间解析几何

1. 向量的概念、向量的线性运算、向量的数量积和向量积、向量的混合积.

2. 两向量垂直、平行的条件、两向量的夹角.

3. 向量的坐标表达式及其运算、单位向量、方向数与方向余弦.

4. 曲面方程和空间曲线方程的概念、平面方程、直线方程.

5. 平面与平面、平面与直线、直线与直线的夹角以及平行、垂直的条件、点到平面和点到直线的距离.

6. 球面方程、母线平行于坐标轴的柱面方程、旋转轴为坐标轴的旋转曲面的方程、常用的二次曲面方程及其图形.

7. 空间曲线的参数方程和一般方程、空间曲线在坐标面上的投影曲线方程.

（六）多元函数微分学

1. 多元函数的概念、二元函数的几何意义.
2. 二元函数的极限和连续的概念、有界闭区域上多元连续函数的性质.
3. 多元函数偏导数和全微分、全微分存在的必要条件和充分条件.
4. 多元复合函数、隐函数的求导法.
5. 二阶偏导数、方向导数和梯度.
6. 空间曲线的切线和法平面、曲面的切平面和法线.
7. 二元函数的二阶泰勒公式.
8. 多元函数极值和条件极值、拉格朗日乘数法、多元函数的最大值、最小值及其简单应用.

（七）多元函数积分学

1. 二重积分和三重积分的概念及性质、二重积分的计算（直角坐标、极坐标）、三重积分的计算（直角坐标、柱面坐标、球面坐标）.
2. 两类曲线积分的概念、性质及计算，两类曲线积分的关系.
3. 格林（Green）公式、平面曲线积分与路径无关的条件、已知二元函数全微分求原函数.
4. 两类曲面积分的概念、性质及计算，两类曲面积分的关系.
5. 高斯（Gauss）公式、斯托克斯（Stokes）公式、散度和旋度的概念及计算.
6. 重积分、曲线积分和曲面积分的应用（平面图形的面积、立体图形的体积、曲面面积、弧长、质量、质心、转动惯量、引力、功及流量等）.

（八）无穷级数

1. 常数项级数的收敛与发散、收敛级数的和、级数的基本性质与收敛的必要条件.
2. 几何级数与 p 级数及其收敛性、正项级数收敛性的判别法、交错级数与莱布尼茨（Leibniz）判别法.
3. 任意项级数的绝对收敛与条件收敛.
4. 函数项级数的收敛域与和函数的概念.
5. 幂级数及其收敛半径、收敛区间（指开区间）、收敛域与和函数.
6. 幂级数在其收敛区间内的基本性质（和函数的连续性、逐项求导和逐项积分）、简单幂级数的和函数的求法.
7. 初等函数的幂级数展开式.
8. 函数的傅里叶（Fourier）系数与傅里叶级数、狄利克雷（Dirichlei）定理、函数在 $[-1,1]$ 上的傅里叶级数、函数在 $[0,1]$ 上的正弦级数和余弦级数.

全国大学生数学竞赛组委会

附录 B　2018—2020 年全国大学生数学竞赛真题及参考答案

2018 年第十届全国大学生数学竞赛预赛试题(非数学专业)

一、填空题(本题满分 24 分,共 4 小题,每小题 6 分)

1. 设 $\alpha \in (0,1)$,则 $\lim\limits_{n \to +\infty} \left[(n+1)^{\alpha} - n^{\alpha}\right] = $ _____.

2. 若曲线 $y = y(x)$ 由 $C: \begin{cases} x = t + \cos t \\ e^y + ty + \sin t = 1 \end{cases}$ 确定,则此曲线在 $t = 0$ 对应点处的切线方程为 _____.

3. 设 $\displaystyle\int \frac{\ln(x + \sqrt{1+x^2})}{(1+x^2)^{\frac{3}{2}}} dx = $ _____.

4. 设 $\lim\limits_{x \to 0} \dfrac{1 - \cos x \sqrt{\cos 2x} \sqrt[3]{\cos 3x}}{x^2} = $ _____.

二、(本题满分 8 分) 设函数 $f(t)$ 在 $t \neq 0$ 时一阶连续可导,且 $f(1) = 0$,求函数 $f(x^2 - y^2)$,使得曲线积分

$$\int_L y\left[2 - f(x^2 - y^2)\right]dx + xf(x^2 - y^2)dy$$

与路径无关,其中 L 为任一不与直线 $y = \pm x$ 相交的分段光滑曲线.

三、(本题满分 14 分) 设 $f(x)$ 在区间 $[0,1]$ 上连续,且 $1 \leqslant f(x) \leqslant 3$. 证明:

$$1 \leqslant \int_0^1 f(x)dx \int_0^1 \frac{1}{f(x)}dx \leqslant \frac{4}{3}.$$

四、(本题满分 12 分) 计算三重积分 $\displaystyle\iiint\limits_V (x^2 + y^2)dV$,其中 V 是由 $x^2 + y^2 + (z-2)^2 \geqslant 4$,$x^2 + y^2 + (z-1)^2 \leqslant 9$ 及 $z \geqslant 0$ 所围成的空间图形.

五、(本题满分 14 分) 设 $f(x,y)$ 在区域 D 内可微,且 $\sqrt{\left(\dfrac{\partial f}{\partial x}\right)^2 + \left(\dfrac{\partial f}{\partial y}\right)^2} \leqslant M$,$A(x_1, y_1)$,$B(x_2, y_2)$ 是 D 内两点,线段 AB 包含在 D 内. 证明: $|f(x_1, y_1) - f(x_2, y_2)| \leqslant M|AB|$,其中 $|AB|$ 表示线段 AB 的长度.

六、(本题满分 14 分) 证明:对任意连续函数 $f(x) > 0$,有

$$\ln \int_0^1 f(x)dx \geqslant \int_0^1 \ln f(x)dx.$$

七、(本题满分 14 分) 已知 $\{a_k\}$,$\{b_k\}$ 是正数数列,且 $b_{k+1} - b_k \geqslant \delta > 0$,$k = 1, 2, \cdots$,$\delta$ 为一常

数. 证明：若级数 $\sum\limits_{k=1}^{+\infty} a_k$ 收敛, 则级数 $\sum\limits_{k=1}^{+\infty} \dfrac{k\sqrt[k]{(a_1 a_2 \cdots a_k)(b_1 b_2 \cdots b_k)}}{b_{k+1} b_k}$ 收敛.

2019 年第十一届全国大学生数学竞赛预赛试题(非数学专业)

一、填空题(每小题 6 分, 共 30 分).

1. $\lim\limits_{x \to 0} \dfrac{\ln(\mathrm{e}^{\sin x} + \sqrt[3]{1 - \cos x}) - \sin x}{\arctan(4\sqrt[3]{1 - \cos x})} = $ _____.

2. 设隐函数 $y = y(x)$ 由方程 $y^2(x - y) = x^2$ 所确定, 则 $\int \dfrac{\mathrm{d}x}{y^2} = $ _____.

3. 定积分 $\displaystyle\int_0^{\frac{\pi}{2}} \dfrac{\mathrm{e}^x(1 + \sin x)}{1 + \cos x}\,\mathrm{d}x = $ _____.

4. 已知 $\mathrm{d}u(x, y) = \dfrac{y\mathrm{d}x - x\mathrm{d}y}{3x^2 - 2xy + 3y^2}$, 则 $u(x, y) = $ _____.

5. 设 $a, b, c, \mu > 0$, 曲面 $xyz = \mu$ 与曲面 $\dfrac{x^2}{a^2} + \dfrac{y^2}{b^2} + \dfrac{z^2}{c^2} = 1$ 相切, 则 $\mu = $ _____.

二、(本题满分 14 分)　计算三重积分 $\displaystyle\iiint_\Omega \dfrac{xyz}{x^2 + y^2}\,\mathrm{d}x\mathrm{d}y\mathrm{d}z$, 其中 Ω 是由曲面 $(x^2 + y^2 + z^2)^2 = 2xy$ 围成的区域在第一卦限部分.

三、(本题满分 14 分)　设 $f(x)$ 在 $[0, +\infty)$ 上可微, $f(0) = 0$, 且存在常数 $A > 0$, 使得 $|f'(x)| \leqslant A|f(x)|$ 在 $[0, +\infty)$ 上成立, 试证明在 $(0, +\infty)$ 上有 $f(x) \equiv 0$.

四、(本题满分 14 分)　计算积分 $I = \displaystyle\int_0^{2\pi}\mathrm{d}\varphi\int_0^{\pi} \mathrm{e}^{\sin\theta(\cos\varphi - \sin\varphi)} \sin\theta\,\mathrm{d}\theta$.

五、(本题满分 14 分)　设 $f(x)$ 是仅有正实根的多项式函数, 满足:

$$\dfrac{f'(x)}{f(x)} = -\sum_{n=0}^{+\infty} c_n x^n,$$

证明: $c_n > 0 (n \geqslant 0)$, 极限 $\lim\limits_{n \to +\infty} \dfrac{1}{\sqrt[n]{c_n}}$ 存在, 且等于 $f(x)$ 的最小根.

六、(本题满分 14 分)　设 $f(x)$ 在 $[0, +\infty)$ 上具有连续导数, 满足
$$3[3 + f^2(x)]f'(x) = 2[1 + f^2(x)]^2 \mathrm{e}^{-x^2}, \quad \text{且} \quad f(0) \leqslant 1,$$
证明: 存在常数 $M > 0$, 使得 $x \in [0, +\infty)$ 时, 恒有 $|f(x)| \leqslant M$.

2020 年第十二届全国大学生数学竞赛预赛试题(非数学专业)

一、填空题(每小题 6 分, 共 30 分).

1. 极限 $\lim\limits_{x \to 0} \dfrac{(x - \sin x)\mathrm{e}^{-x^2}}{\sqrt{1 - x^3} - 1} = $ _____.

2. 设函数 $f(x) = (x + 1)^n \mathrm{e}^{-x^2}$, 则 $f^{(n)}(-1) = $ _____.

3. 设 $y = f(x)$ 是由方程 $\arctan\dfrac{x}{y} = \ln\sqrt{x^2 + y^2} - \dfrac{1}{2}\ln 2 + \dfrac{\pi}{4}$ 确定的隐函数且满足 $f(1) = 1$, 则曲线 $y = f(x)$ 在点 $(1, 1)$ 处的切线方程为 _____.

4. 已知 $\int_0^{+\infty} \dfrac{\sin x}{x} \mathrm{d}x = \dfrac{\pi}{2}$，则 $\int_0^{+\infty} \int_0^{+\infty} \dfrac{\sin x \sin(x+y)}{x(x+y)} \mathrm{d}x \mathrm{d}y = $ _____.

5. 设 $f(x), g(x)$ 在 $x=0$ 的某一邻域 U 内有定义，对任意 $x \in U$，$f(x) \neq g(x)$，且 $\lim\limits_{x \to 0} f(x) = \lim\limits_{x \to 0} g(x) = a > 0$，则 $\lim\limits_{x \to 0} \dfrac{[f(x)]^{g(x)} - [g(x)]^{g(x)}}{f(x) - g(x)} = $ _____.

二、(本题满分 10 分) 设数列 $\{a_n\}$ 满足：

$$a_1 = 1, \quad a_{n+1} = \frac{a_n}{(n+1)(a_n+1)}, \quad n \geq 1.$$

求极限 $\lim\limits_{n \to \infty} n! a_n$.

三、(本题满分 10 分) 设 $f(x)$ 在 $[0,1]$ 上连续，$f(x)$ 在 $(0,1)$ 内可导，且 $f(0)=0$，$f(1)=1$，证明：

(1) 存在 $x_0 \in (0,1)$，使得 $f(x_0) = 2 - 3x_0$；

(2) 存在 $\xi, \eta \in (0,1)$，且 $\xi \neq \eta$，使得 $[1+f'(\xi)][1+f'(\eta)] = 4$.

四、(本题满分 12 分) 已知 $z = xf\left(\dfrac{y}{x}\right) + 2y\varphi\left(\dfrac{x}{y}\right)$，其中 f, φ 均为二阶可微函数.

(1) 求 $\dfrac{\partial z}{\partial x}, \dfrac{\partial^2 z}{\partial x \partial y}$；

(2) 当 $f = \varphi$，且 $\left. \dfrac{\partial^2 z}{\partial x \partial y} \right|_{x=a} = -by^2$ 时，求 $f(y)$.

五、(本题满分 12 分) 计算曲线积分 $I = \oint_\Gamma |\sqrt{3}y - x| \, \mathrm{d}x - 5z\mathrm{d}z$，其中曲线 Γ：$\begin{cases} x^2 + y^2 + z^2 = 8, \\ x^2 + y^2 = 2z, \end{cases}$ 从 z 轴正向往坐标原点看去取逆时针方向.

六、(本题满分 12 分) 证明：$f(n) = \sum\limits_{m=1}^{n} \int_0^m \cos \dfrac{2\pi n[x+1]}{m} \mathrm{d}x$ 等于 n 的所有因子(包括 1 和 n 本身)之和，其中 $[x+1]$ 表示不超过 $x+1$ 的最大整数，并计算 $f(2\,021)$.

七、(本题满分 14 分) 设 $u_n = \int_0^1 \dfrac{\mathrm{d}t}{(1+t^4)^n} (n \geq 1)$.

(1) 证明：数列 $\{u_n\}$ 收敛，并求极限 $\lim\limits_{n \to \infty} u_n$；

(2) 证明：级数 $\sum\limits_{n=1}^{\infty} (-1)^n u_n$ 条件收敛；

(3) 证明：当 $p \geq 1$ 时级数 $\sum\limits_{n=1}^{\infty} \dfrac{u_n}{n^p}$ 收敛，并求级数 $\sum\limits_{n=1}^{\infty} \dfrac{u_n}{n}$ 的和.

2018 年第十届全国大学生数学竞赛预赛试题
参考答案(非数学专业)

一、填空题.

1. $\lim\limits_{n \to +\infty} [(n+1)^\alpha - n^\alpha] = \lim\limits_{x \to 0^+} \dfrac{(1+x)^\alpha - 1}{x^\alpha} = \lim\limits_{x \to 0^+} \dfrac{\alpha x}{x^\alpha} = \alpha \lim\limits_{x \to 0^+} x^{1-\alpha} = 0.$

2. 当 $t=0$ 时，$x=1$ 且 $\mathrm{e}^y = 1$，即 $y=0$，从而求点 $(1,0)$ 处曲线 $y = y(x)$ 的切线方程. 在方程组两端对 t 求导，得

$$\begin{cases} x'(t) = 1 - \sin t, \\ e^y y'(t) + y + t y'(t) + \cos t = 0, \end{cases}$$

将 $t=0, y=0$ 代入方程,得 $x'(0)=0, y'(0)=-1$,所以 $\dfrac{\mathrm{d}y}{\mathrm{d}x}\Big|_{x=0} = \dfrac{y'(0)}{x'(0)} = -1$,所以切线方程为 $y-0=-(x-1)$,即 $y=-x+1$.

3.

$$\begin{aligned} \int \frac{\ln(x+\sqrt{1+x^2})}{(1+x^2)^{\frac{3}{2}}} \mathrm{d}x &= \int \ln(x+\sqrt{1+x^2}) \mathrm{d}\frac{x}{\sqrt{1+x^2}} \\ &= \frac{x}{\sqrt{1+x^2}} \ln(x+\sqrt{1+x^2}) - \int \frac{x}{1+x^2} \mathrm{d}x \\ &= \frac{x}{\sqrt{1+x^2}} \ln(x+\sqrt{1+x^2}) - \frac{1}{2}\ln(1+x^2) + C. \end{aligned}$$

4.

$$\cos x = 1 - \frac{x^2}{2} + o(x^2),$$

$$(\cos 2x)^{\frac{1}{2}} = 1 - x^2 + o(x^2),$$

$$(\cos 3x)^{\frac{1}{3}} = 1 - \frac{3x^2}{2} + o(x^2).$$

$$\lim_{x\to 0} \frac{1-\cos x \sqrt{\cos 2x} \sqrt[3]{\cos 3x}}{x^2} = \lim_{x\to 0} \frac{1-[1-3x^2+o(x^2)]}{x^2}$$

$$= \lim_{x\to 0} \frac{3x^2 + o(x^2)}{x^2} = 3.$$

二、$P(x,y) = y[2 - f(x^2-y^2)]$,$Q(x,y) = x f(x^2-y^2)$. 由积分与路径无关条件 $\dfrac{\partial P(x,y)}{\partial y} = \dfrac{\partial Q(x,y)}{\partial x}$,得

$$(x^2-y^2)f'(x^2-y^2) + f(x^2-y^2) - 1 = 0.$$

令 $u = x^2 - y^2$,有

$$u f'(u) + f(u) - 1 = 0,$$

分离变量解微分方程,得 $f(u) = 1 + \dfrac{C}{u}$.

由 $f(1)=0$,得 $C=-1$,即 $f(x^2-y^2) = 1 - \dfrac{1}{x^2-y^2}$.

三、由柯西不等式,得

$$\int_0^1 f(x)\mathrm{d}x \int_0^1 \frac{1}{f(x)}\mathrm{d}x \geqslant \left[\int_0^1 \sqrt{f(x)} \frac{1}{\sqrt{f(x)}}\mathrm{d}x\right]^2 = 1.$$

又由于 $[f(x)-1][f(x)-3] \leqslant 0$,则

$$\frac{[f(x)-1][f(x)-3]}{f(x)} \leqslant 0,$$

即 $f(x) + \dfrac{3}{f(x)} \leqslant 4$,所以 $\int_0^1 \left[f(x) + \dfrac{3}{f(x)}\right]\mathrm{d}x \leqslant 4$.

$$\int_0^1 f(x)\mathrm{d}x \int_0^1 \frac{3}{f(x)}\mathrm{d}x \leqslant \frac{1}{4}\left[\int_0^1 f(x)\mathrm{d}x + \int_0^1 \frac{3}{f(x)}\mathrm{d}x\right]^2 \leqslant 4,$$

所以 $1 \leqslant \int_0^1 f(x)\mathrm{d}x \int_0^1 \dfrac{1}{f(x)}\mathrm{d}x \leqslant \dfrac{4}{3}$.

四、画域可知,可以采用容易计算的整体减去容易计算的部分来完成计算.

第一部分,采用球面坐标计算整个大球的积分.

$$\iiint\limits_{V_1}(x^2+y^2)\mathrm{d}V = \int_0^{2\pi}\mathrm{d}\theta\int_0^{\pi}\mathrm{d}\varphi\int_0^3 r^2\sin^2\varphi r^2\sin\varphi\mathrm{d}r = \frac{648\pi}{5}.$$

第二部分,采用球面坐标计算整个小球的积分.

$$\iiint\limits_{V_2}(x^2+y^2)\mathrm{d}V = \int_0^{2\pi}\mathrm{d}\theta\int_0^{\pi}\mathrm{d}\varphi\int_0^2 r^2\sin^2\varphi r^2\sin\varphi\mathrm{d}r = \frac{256\pi}{15}.$$

第三部分,采用柱面坐标计算大球 $z=0$ 以下部分的积分.

$$\iiint\limits_{V_3}(x^2+y^2)\mathrm{d}V = \int_0^{2\pi}\mathrm{d}\theta\int_0^{2\sqrt{2}} r\mathrm{d}r\int_{1-\sqrt{9-r^2}}^0 r^2\mathrm{d}z = \frac{136\pi}{15}.$$

最终,有

$$\iiint\limits_{V}(x^2+y^2)\mathrm{d}V = \iiint\limits_{V_1}(x^2+y^2)\mathrm{d}V - \iiint\limits_{V_2}(x^2+y^2)\mathrm{d}V - \iiint\limits_{V_3}(x^2+y^2)\mathrm{d}V = \frac{256\pi}{3}.$$

五、做辅助函数

$$\varphi(t) = f[x_1+t(x_2-x_1), y_1+t(y_2-y_1)].$$

显然 $\varphi(t)$ 在 $[0,1]$ 上可导,根据拉格朗日中值定理,存在 $c \in (0,1)$,使得

$$\varphi(1)-\varphi(0) = \varphi'(c) = \frac{\partial f(u,v)}{\partial u}(x_2-x_1) + \frac{\partial f(u,v)}{\partial v}(y_2-y_1),$$

所以

$$|\varphi(1)-\varphi(0)| = |f(x_1,y_1)-f(x_2,y_2)| = \left|\frac{\partial f(u,v)}{\partial u}(x_2-x_1) + \frac{\partial f(u,v)}{\partial v}(y_2-y_1)\right|$$

$$\leqslant \sqrt{\left(\frac{\partial f(u,v)}{\partial u}\right)^2 + \left(\frac{\partial f(u,v)}{\partial v}\right)^2}\sqrt{(x_2-x_1)^2+(y_2-y_1)^2}$$

$$\leqslant M|AB|.$$

六、由于 $f(x)$ 在 $[0,1]$ 上连续,所以

$$\int_0^1 f(x)\mathrm{d}x = \lim_{n\to\infty}\frac{1}{n}\sum_{k=1}^n f(x_k), \quad x_k \in \left[\frac{k-1}{n}, \frac{k}{n}\right],$$

由算术几何不等式,得到

$$\frac{1}{n}\sum_{k=1}^n \ln f(x_k) = \ln[f(x_1)f(x_2)\cdots f(x_n)]^{\frac{1}{n}} \leqslant \ln\left[\frac{1}{n}\sum_{k=1}^n f(x_k)\right],$$

根据 $\ln x$ 的连续性,两边取极限,得

$$\lim_{n\to\infty}\frac{1}{n}\sum_{k=1}^n \ln f(x_k) \leqslant \lim_{n\to\infty}\ln\left[\frac{1}{n}\sum_{k=1}^n f(x_k)\right],$$

即 $\ln\int_0^1 f(x)\mathrm{d}x \geqslant \int_0^1 \ln f(x)\mathrm{d}x$.

七、令 $S_k = \sum_{i=1}^k a_ib_i, a_kb_k = S_k - S_{k-1}$,

$$S_0=0, \quad a_k=\frac{S_k-S_{k-1}}{b_k}, \quad k=1,2,\cdots,$$

由于

$$\sum_{k=1}^{N} a_k = \sum_{k=1}^{N} \frac{S_k - S_{k-1}}{b_k} = \sum_{k=1}^{N-1} \left(\frac{S_k}{b_k} - \frac{S_k}{b_{k+1}} \right) + \frac{S_N}{b_N}$$

$$= \sum_{k=1}^{N-1} \frac{b_{k+1} - b_k}{b_k b_{k+1}} S_k + \frac{S_N}{b_N} \geqslant \sum_{k=1}^{N-1} \frac{\delta}{b_k b_{k+1}} S_k,$$

所以 $\sum\limits_{k=1}^{+\infty} \dfrac{\delta}{b_k b_{k+1}} S_k$ 收敛. 由不等式

$$\sqrt[k]{(a_1 a_2 \cdots a_k)(b_1 b_2 \cdots b_k)} \leqslant \frac{a_1 b_1 + a_2 b_2 + \cdots + a_k b_k}{k} = \frac{S_k}{k},$$

可知

$$\sum_{k=1}^{+\infty} \frac{k \sqrt[k]{(a_1 a_2 \cdots a_k)(b_1 b_2 \cdots b_k)}}{b_{k+1} b_k} \leqslant \sum_{k=1}^{+\infty} \frac{S_k}{b_{k+1} b_k},$$

因此原不等式成立.

2019 年第十一届全国大学生数学竞赛预赛试题
参考答案（非数学专业）

一、填空题.

1. $\displaystyle\lim_{x \to 0} \frac{\ln(e^{\sin x} + \sqrt[3]{1 - \cos x}) - \sin x}{\arctan(4\sqrt[3]{1 - \cos x})}$

$= \displaystyle\lim_{x \to 0} \frac{(e^{\sin x} - 1) + \sqrt[3]{1 - \cos x}}{4\sqrt[3]{1 - \cos x}} - \lim_{x \to 0} \frac{\sin x}{4\sqrt[3]{1 - \cos x}}$

$= \displaystyle\lim_{x \to 0} \frac{e^{\sin x} - 1}{4\left(\dfrac{x^2}{2}\right)^{1/3}} + \frac{1}{4} - \lim_{x \to 0} \frac{\sin x}{4\left(\dfrac{x^2}{2}\right)^{1/3}} = \frac{1}{4}.$

2. 令 $y = tx$, 得

$$x = \frac{1}{t^2(1-t)}, \quad y = \frac{1}{t(1-t)}, \quad dx = \frac{-2 + 3t}{t^3(1-t)^2} dt,$$

则

$$\int \frac{dx}{y^2} = \int \frac{-2 + 3t}{t} dt = 3t - 2\ln|t| + C = \frac{3y}{x} - 2\ln\left|\frac{y}{x}\right| + C.$$

3. $\displaystyle\int_0^{\frac{\pi}{2}} \frac{e^x (1 + \sin x)}{1 + \cos x} dx$

$= \displaystyle\int_0^{\frac{\pi}{2}} \frac{e^x}{1 + \cos x} dx + \int_0^{\frac{\pi}{2}} \frac{\sin x}{1 + \cos x} de^x$

$= \displaystyle\int_0^{\frac{\pi}{2}} \frac{e^x}{1 + \cos x} dx + \frac{e^x \sin x}{1 + \cos x} \Big|_0^{\frac{\pi}{2}} - \int_0^{\frac{\pi}{2}} e^x \frac{\cos x(1 + \cos x) + \sin^2 x}{(1 + \cos x)^2} dx$

$= \displaystyle\int_0^{\frac{\pi}{2}} \frac{e^x}{1 + \cos x} dx + \frac{e^x \sin x}{1 + \cos x} \Big|_0^{\frac{\pi}{2}} - \int_0^{\frac{\pi}{2}} \frac{e^x}{(1 + \cos x)^2} dx = e^{\frac{\pi}{2}}.$

4. $du(x, y) = \dfrac{y\,dx - x\,dy}{3x^2 - 2xy + 3y^2} = \dfrac{d\left(\dfrac{x}{y}\right)}{3\left(\dfrac{x}{y}\right)^2 - \dfrac{2x}{y} + 3}$

$$= \frac{1}{2\sqrt{2}}\text{darctan}\ \frac{3}{2\sqrt{2}}\left(\frac{x}{y}-\frac{1}{3}\right),$$

所以 $u(x,y) = \frac{1}{2\sqrt{2}}\arctan\ \frac{3}{2\sqrt{2}}\left(\frac{x}{y}-\frac{1}{3}\right)+C.$

5. 根据题意，$\dfrac{yz}{\frac{2x}{a^2}} = \dfrac{xz}{\frac{2y}{b^2}} = \dfrac{xy}{\frac{2z}{c^2}} = \lambda$，得 $yz = \dfrac{2x}{a^2}\lambda,\ xz = \dfrac{2y}{b^2}\lambda,\ xy = \dfrac{2z}{c^2}\lambda$，故 $\mu = xyz = 2\lambda\dfrac{x^2}{a^2}$，

$\mu = 2\lambda\dfrac{y^2}{b^2}, \mu = 2\lambda\dfrac{z^2}{c^2}$，从而

$$\mu = \frac{8\lambda^3}{a^2 b^2 c^2}, \quad 3\mu = 2\lambda,$$

解得 $\mu = \dfrac{abc}{3\sqrt{3}}.$

二、采用球坐标计算，并利用对称性，得

$$\iiint\limits_{\Omega}\frac{xyz}{x^2+y^2}\mathrm{d}x\mathrm{d}y\mathrm{d}z = 2\int_0^{\frac{\pi}{4}}\mathrm{d}\theta\int_0^{\frac{\pi}{2}}\mathrm{d}\varphi\int_0^{\sqrt{2}\sin\varphi\sqrt{\sin\theta\cos\theta}}\frac{\rho^3\sin^2\varphi\cos\theta\sin\theta\cos\varphi}{\rho^2\sin^2\varphi}\rho^2\sin\varphi\mathrm{d}\rho$$

$$= 2\int_0^{\frac{\pi}{4}}\sin\theta\cos\theta\mathrm{d}\theta\int_0^{\frac{\pi}{2}}\sin\varphi\cos\varphi\mathrm{d}\varphi\int_0^{\sqrt{2}\sin\varphi\sqrt{\sin\theta\cos\theta}}\rho^3\mathrm{d}\rho$$

$$= 2\int_0^{\frac{\pi}{4}}\sin^3\theta\cos^3\theta\mathrm{d}\theta\int_0^{\frac{\pi}{2}}\sin^5\varphi\cos\varphi\mathrm{d}\varphi$$

$$= \frac{1}{4}\int_0^{\frac{\pi}{4}}\sin^3 2\theta\mathrm{d}\theta\int_0^{\frac{\pi}{2}}\sin^5\varphi\mathrm{d}(\sin\varphi)$$

$$= \frac{1}{48}\int_0^{\frac{\pi}{2}}\sin^3 t\mathrm{d}t = \frac{1}{48}\times\frac{2}{3} = \frac{1}{72}.$$

三、取 $x_0 \in \left[0, \dfrac{1}{2A}\right]$，使得

$$|f(x_0)| = \max\left\{|f(x)|, x\in\left[0,\frac{1}{2A}\right]\right\},$$

由题意

$$|f(x_0)| = |f(0)+f'(\xi)x_0| \leqslant A|f(x_0)|\frac{1}{2A} = \frac{1}{2}|f(x_0)|,$$

所以 $|f(x_0)| = 0$，故当 $x\in\left[0,\dfrac{1}{2A}\right]$ 时，$f(x)\equiv 0$.

递推可得，对于所有的 $x\in\left[\dfrac{k-1}{2A},\dfrac{k}{2A}\right]$，$k=1,2,\cdots$，恒有 $f(x)\equiv 0$.

四、设球面 $\Sigma: x^2+y^2+z^2=1$，由球面的参数方程

$$x = \sin\theta\cos\varphi, \quad y=\sin\theta\sin\varphi, \quad z=\cos\theta,$$

知 $\mathrm{d}S = \sin\theta\mathrm{d}\theta\mathrm{d}\varphi$，所以，所求积分可化为第一型曲面积分

$$I = \iint\limits_{\Sigma}\mathrm{e}^{x-y}\mathrm{d}S.$$

设平面 P_t：$\dfrac{x-y}{\sqrt{2}}=t$，$-1\leqslant t\leqslant 1$，其中 t 为平面 P_t 被球面截下部分中心到原点的距离. 用平面 P_t 分割球面 Σ，球面在平面 P_t，$P_{t+\mathrm{d}t}$ 之间的部分形如圆台外表面状，记为 $\Sigma_{t,\mathrm{d}t}$. 被积函数

在其上为 $e^{x-y}=e^{\sqrt{2}t}$.

由于 $\Sigma_{t,dt}$ 半径为 $r_t=\sqrt{1-t^2}$，半径的增长率为

$$d(\sqrt{1-t^2})=\frac{-t}{\sqrt{1-t^2}}dt$$

就是 $\Sigma_{t,dt}$ 上下底半径之差. 记圆台外表面斜高为 h_t，则由微元法知 $dt^2+[d(\sqrt{1-t^2})]^2=h_t^2$，得 $h_t=\dfrac{dt}{\sqrt{1-t^2}}$，所以 $\Sigma_{t,dt}$ 的面积为 $dS=2\pi r_t h_t=2\pi dt$，于是

$$I=\iint\limits_{\Sigma}e^{x-y}dS=\int_{-1}^{1}e^{\sqrt{2}t}2\pi dt=\frac{2\pi}{\sqrt{2}}e^{\sqrt{2}t}\Big|_{-1}^{1}=\sqrt{2}\pi(e^{\sqrt{2}}-e^{-\sqrt{2}}).$$

五、 由于 $f(x)$ 为仅有正实根的多项式，不妨设 $f(x)$ 的全部根为 $0<a_1<a_2<\cdots<a_k$，则

$$f(x)=A(x-a_1)^{r_1}\cdots(x-a_k)^{r_k},$$

其中，r_i 为对应根 a_i 的重数 $(i=1,2,\cdots,k,r_i\geqslant1)$.

$$f'(x)=Ar_1(x-a_1)^{r_1-1}(x-a_2)^{r_2}\cdots(x-a_k)^{r_k}+\cdots+$$
$$Ar_k(x-a_1)^{r_1}(x-a_2)^{r_2}\cdots(x-a_k)^{r_k-1},$$

所以 $f'(x)=f(x)\Big(\dfrac{r_1}{x-a_1}+\cdots+\dfrac{r_k}{x-a_k}\Big)$，从而

$$-\frac{f'(x)}{f(x)}=\frac{r_1}{a_1}\frac{1}{1-\dfrac{x}{a_1}}+\cdots+\frac{r_k}{a_k}\frac{1}{1-\dfrac{x}{a_k}}.$$

若 $|x|<a_1$，则

$$-\frac{f'(x)}{f(x)}=\frac{r_1}{a_1}\sum_{n=0}^{\infty}\Big(\frac{x}{a_1}\Big)^n+\cdots+\frac{r_k}{a_k}\sum_{n=0}^{\infty}\Big(\frac{x}{a_k}\Big)^n$$
$$=\sum_{n=0}^{\infty}\Big(\frac{r_1}{a_1^{n+1}}+\cdots+\frac{r_k}{a_k^{n+1}}\Big)x^n,$$

由题意 $-\dfrac{f'(x)}{f(x)}=\sum\limits_{n=0}^{+\infty}c_nx^n$，由幂级数的唯一性知 $c_n=\dfrac{r_1}{a_1^{n+1}}+\cdots+\dfrac{r_k}{a_k^{n+1}}>0$，且

$$\frac{c_n}{c_{n+1}}=\frac{\dfrac{r_1}{a_1^{n+1}}+\cdots+\dfrac{r_k}{a_k^{n+1}}}{\dfrac{r_1}{a_1^{n+2}}+\cdots+\dfrac{r_k}{a_k^{n+2}}}=a_1\cdot\frac{r_1+\cdots+\Big(\dfrac{a_1}{a_k}\Big)^{n+1}r_k}{r_1+\cdots+\Big(\dfrac{a_1}{a_k}\Big)^{n+2}r_k}.$$

因此 $\lim\limits_{n\to\infty}\dfrac{c_n}{c_{n+1}}=\lim\limits_{n\to\infty}a_1\cdot\dfrac{r_1+\cdots+\Big(\dfrac{a_1}{a_k}\Big)^{n+1}r_k}{r_1+\cdots+\Big(\dfrac{a_1}{a_k}\Big)^{n+2}r_k}=a_1\cdot\dfrac{r_1+0+\cdots+0}{r_1+0+\cdots+0}=a_1>0$，故 $\lim\limits_{n\to\infty}\dfrac{c_{n+1}}{c_n}=\dfrac{1}{a_1}$，从而有

$$\lim_{n\to\infty}\frac{1}{n}\Big(\ln\frac{c_2}{c_1}+\cdots+\ln\frac{c_{n+1}}{c_n}\Big)=\ln\frac{1}{a_1},$$

所以 $\sqrt[n]{c_n}=e^{\frac{\ln c_n}{n}}=e^{\frac{\ln c_n}{n}}=e^{\frac{\ln c_1}{n}+\frac{1}{n}\left(\ln\frac{c_2}{c_1}+\cdots+\ln\frac{c_{n+1}}{c_n}\right)}\to e^{\ln\frac{1}{a_1}}=\dfrac{1}{a_1}$，即 $\lim\limits_{n\to+\infty}\dfrac{1}{\sqrt[n]{c_n}}=a_1$.

六、 由题意知 $f'(x)>0$，所以 $f(x)$ 是 $[0,+\infty)$ 上的严格增函数，故 $\lim\limits_{x\to+\infty}f(x)=L(L$ 有限或为 $+\infty)$. 下面证明 $L\neq+\infty$.

记 $y=f(x)$，将所给等式分离变量并积分得

$$\int \frac{3+y^2}{(1+y^2)^2}\mathrm{d}y = \frac{2}{3}\int \mathrm{e}^{-x^2}\mathrm{d}x,$$

即 $\dfrac{y}{1+y^2} + 2\arctan y = \dfrac{2}{3}\displaystyle\int_0^x \mathrm{e}^{-t^2}\mathrm{d}t + C$,其中 $C = \dfrac{f(0)}{1+f^2(0)} + 2\arctan f(0)$.

若 $L = +\infty$,则对上式取 $x \to +\infty$ 的极限,并利用 $\displaystyle\int_0^{+\infty}\mathrm{e}^{-t^2}\mathrm{d}t = \dfrac{\sqrt{\pi}}{2}$,得 $C = \pi - \dfrac{\sqrt{\pi}}{3}$.

另一方面,令 $g(u) = \dfrac{u}{1+u^2} + 2\arctan u$,则

$$g'(u) = \frac{3+u^2}{(1+u^2)^2} > 0,$$

所以函数 $g(u)$ 在 $(-\infty, +\infty)$ 上严格单调增加. 因此当 $f(0) \leqslant 1$ 时,

$$C = g(f(0)) \leqslant g(1) = \frac{1+\pi}{2},$$

但 $C = \pi - \dfrac{\sqrt{\pi}}{3} > \dfrac{2\pi - \sqrt{\pi}}{2} > \dfrac{1+\pi}{2}$,矛盾,这证明了 $\displaystyle\lim_{n \to +\infty} f(x) = L$ 为有限数.

最后取 $M = \max\{|f(0)|, |L|\}$,则

$$|f(x)| \leqslant M, \quad \forall\, x \in [0, +\infty).$$

2020 年第十二届全国大学生数学竞赛预赛试题参考答案(非数学专业)

一、填空题.

1. 由等价无穷小和洛必达法则,得

$$\lim_{x\to 0}\frac{(x-\sin x)\mathrm{e}^{-x^2}}{\sqrt{1-x^3}-1} = -2\lim_{x\to 0}\frac{x-\sin x}{x^3} = -2\lim_{x\to 0}\frac{1-\cos x}{3x^2} = -\frac{1}{3}.$$

2. 方法一:由莱布尼茨公式,得

$$f^{(n)}(-1) = \sum_{k=0}^{n} C_n^k \left[(x+1)^n\right]^{(k)} \left(\mathrm{e}^{-x^2}\right)^{(n-k)}\bigg|_{x=-1}$$

$$= C_n^n \left[(x+1)^n\right]^{(n)} \left(\mathrm{e}^{-x^2}\right)^{(n-n)}\bigg|_{x=-1} = n!\,\mathrm{e}^{-1}.$$

方法二:因为 $\mathrm{e}^{-x^2} = \mathrm{e}^{-1} + \alpha$,其中 $\alpha \to 0 (x \to -1)$,故

$$f(x) = (x+1)^n\mathrm{e}^{-x^2} = \mathrm{e}^{-1}(x+1)^n + o((x+1)^n),$$

于是由 $f(x)$ 泰勒公式中泰勒系数的计算公式,得

$$\frac{f^{(n)}(-1)}{n!} = \mathrm{e}^{-1}, \quad 即 \quad f^{(n)}(-1) = n!\,\mathrm{e}^{-1}.$$

3. 等式两端关于 x 求导,得 $(x+y)y' = y - x$,所以 $f'(1) = 0$. 故曲线 $y = f(x)$ 在点 $(1,1)$ 处的切线方程为 $y = 1$.

4. 令 $u = x + y$,则

$$I = \int_0^{+\infty} \frac{\sin x}{x}\mathrm{d}x \int_0^{+\infty} \frac{\sin(x+y)}{x+y}\mathrm{d}y$$

$$= \int_0^{+\infty} \frac{\sin x}{x}\mathrm{d}x \int_x^{+\infty} \frac{\sin u}{u}\mathrm{d}u$$

$$= \int_0^{+\infty} \frac{\sin x}{x} \mathrm{d}x \left(\int_0^{+\infty} \frac{\sin u}{u} \mathrm{d}u - \int_0^x \frac{\sin u}{u} \mathrm{d}u \right)$$

$$= \left(\int_0^{+\infty} \frac{\sin x}{x} \mathrm{d}x \right)^2 - \int_0^{+\infty} \frac{\sin x}{x} \mathrm{d}x \int_0^x \frac{\sin u}{u} \mathrm{d}u.$$

令 $F(x) = \int_0^x \frac{\sin u}{u} \mathrm{d}u$，则 $F'(x) = \frac{\sin x}{x}$，$\lim\limits_{x \to \infty} F(x) = \frac{\pi}{2}$，代入可得

$$I = \frac{\pi^2}{4} - \int_0^{+\infty} F(x) F'(x) \mathrm{d}x$$

$$= \frac{\pi^2}{4} - \frac{1}{2} \left[F(x) \right]^2 \Big|_0^{+\infty} = \frac{\pi^2}{4} - \frac{1}{2} \left(\frac{\pi}{2} \right)^2 = \frac{\pi^2}{8}.$$

5. 由极限的保号性，存在一个去心邻域 $U_1(0)$，当 $x \in U_1$ 时，$f(x) > 0$，$g(x) > 0$. 当 $x \to 0$ 时，$\mathrm{e}^x - 1 \sim x$，$\ln(1+x) \sim x$，所以

$$\text{原式} = \lim_{x \to 0} \left[g(x) \right]^{g(x)} \frac{\left[\frac{f(x)}{g(x)} \right]^{g(x)} - 1}{f(x) - g(x)}$$

$$= a^a \lim_{x \to 0} \frac{\mathrm{e}^{g(x) \ln \frac{f(x)}{g(x)}} - 1}{f(x) - g(x)} = a^a \lim_{x \to 0} \frac{g(x) \ln \frac{f(x)}{g(x)}}{f(x) - g(x)}$$

$$= a^a \lim_{x \to 0} \frac{g(x) \ln \left[1 + \left(\frac{f(x)}{g(x)} - 1 \right) \right]}{f(x) - g(x)}$$

$$= a^a \lim_{x \to 0} \frac{g(x) \left[\frac{f(x)}{g(x)} - 1 \right]}{f(x) - g(x)} = a^a.$$

二、由题设可知 $a_n > 0 (n \geqslant 1)$. 由于

$$\frac{1}{a_{n+1}} = (n+1) \left(1 + \frac{1}{a_n} \right) = (n+1) + (n+1) \frac{1}{a_n}$$

$$= (n+1) + (n+1) \left(n + n \frac{1}{a_{n-1}} \right)$$

$$= (n+1) + (n+1)n + (n+1)n \frac{1}{a_{n-1}},$$

递推可得

$$\frac{1}{a_{n+1}} = (n+1)! \left(\sum_{k=1}^n \frac{1}{k!} + \frac{1}{a_1} \right) = (n+1)! \sum_{k=0}^n \frac{1}{k!},$$

于是可得

$$\lim_{n \to \infty} n! a_n = \frac{1}{\lim\limits_{n \to \infty} \sum\limits_{k=0}^{n-1} \frac{1}{k!}} = \frac{1}{\mathrm{e}}.$$

三、(1) 令 $F(x) = f(x) - 2 + 3x$，则 $F(x)$ 在 $[0,1]$ 上连续，且 $F(0) = -2$，$F(1) = 2$. 于是由介值定理，存在 $x_0 \in (0,1)$，使得 $F(x_0) = 0$，即

$$f(x_0) = 2 - 3x_0.$$

(2) 在区间 $[0, x_0]$，$[x_0, 1]$ 上利用拉格朗日中值定理，存在 $\xi, \eta \in (0,1)$ 且 $\xi \neq \eta$，使得

$$\frac{f(x_0) - f(0)}{x_0 - 0} = f'(\xi),$$

$$\frac{f(x_0)-f(1)}{x_0-1}=f'(\eta),$$

整理得

$$[1+f'(\xi)][1+f'(\eta)]=4.$$

四、(1)由复合函数求导法则,得

$$\frac{\partial z}{\partial x}=f\left(\frac{y}{x}\right)+xf'\left(\frac{y}{x}\right)\left(-\frac{y}{x^2}\right)+2y\varphi'\left(\frac{x}{y}\right)\cdot\frac{1}{y}$$

$$=f\left(\frac{y}{x}\right)-\frac{y}{x}f'\left(\frac{y}{x}\right)+2\varphi'\left(\frac{x}{y}\right),$$

$$\frac{\partial^2 z}{\partial x\partial y}=f'\left(\frac{y}{x}\right)\cdot\frac{1}{x}-\frac{1}{x}f'\left(\frac{y}{x}\right)-\frac{y}{x}f''\left(\frac{y}{x}\right)\cdot\frac{1}{x}+2\varphi''\left(\frac{x}{y}\right)\left(-\frac{x}{y^2}\right)$$

$$=-\frac{y}{x^2}f''\left(\frac{y}{x}\right)-\frac{2x}{y^2}\varphi''\left(\frac{x}{y}\right).$$

(2)由(1)得 $\frac{y}{a^2}f''\left(\frac{y}{a}\right)+\frac{2a}{y^2}f''\left(\frac{a}{y}\right)=by^2.$ 令 $\frac{y}{a}=u$,得

$$\frac{u}{a}f''(u)+\frac{2}{au^2}f''\left(\frac{1}{u}\right)=a^2bu^2,$$

即 $u^3f''(u)+2f''\left(\frac{1}{u}\right)=a^3bu^4.$ 令 $u=\frac{1}{u}$,得

$$4u^3f''(u)+2f''\left(\frac{1}{u}\right)=2a^3b\frac{1}{u},$$

两式求解得 $f''(u)=\frac{a^3b}{3}\left(\frac{2}{u^4}-u\right).$ 两次积分得

$$f(u)=\frac{a^3b}{3}\left(\frac{1}{3u^2}-\frac{u^3}{6}\right)+C_1u+C_2,$$

即

$$f(y)=\frac{a^3b}{3}\left(\frac{1}{3y^2}-\frac{y^3}{6}\right)+C_1y+C_2.$$

五、方法一:写出曲线的参数方程

$$\begin{cases}z=2,\\x^2+y^2=4,\end{cases}\Rightarrow\begin{cases}x=2\cos\theta,\\y=2\sin\theta,\\z=2,\end{cases}$$

其中,$\theta:0\to2\pi.$ 由于曲线上 $z=2$,曲线积分中 $\mathrm{d}z=0$,因此可得

$$I=\oint_\Gamma|\sqrt3y-x|\mathrm{d}x$$

$$=-\int_0^{2\pi}|2\sqrt3\sin\theta-2\cos\theta|2\sin\theta\mathrm{d}\theta$$

$$=-8\int_0^{2\pi}\left|\frac{\sqrt3}{2}\sin\theta-\frac{1}{2}\cos\theta\right|\sin\theta\mathrm{d}\theta$$

$$=-8\int_0^{2\pi}\left|\cos\left(\theta+\frac{\pi}{3}\right)\right|\sin\theta\mathrm{d}\theta.$$

令 $\theta+\frac{\pi}{3}=t$,根据周期函数的积分性质可得

$$I = -8 \int_{\frac{\pi}{3}}^{2\pi+\frac{\pi}{3}} |\cos t| \sin\left(t - \frac{\pi}{3}\right) dt$$

$$= -8 \int_{-\pi}^{\pi} |\cos t| \sin\left(t - \frac{\pi}{3}\right) dt$$

$$= -4 \int_{-\pi}^{\pi} |\cos t| (\sin t - \sqrt{3}\cos t) dt$$

$$= 8\sqrt{3} \int_{0}^{\pi} |\cos t| \cos t \, dt \quad \left(u = t - \frac{\pi}{2}\right)$$

$$= -8\sqrt{3} \int_{-\frac{\pi}{2}}^{\frac{\pi}{2}} |\sin u| \sin u \, du = 0.$$

方法二：积分曲线方程可表示为 $\begin{cases} z=2, \\ x^2+y^2=4. \end{cases}$ 由于曲线上 $z=2$，故 $\mathrm{d}z=0$，于是

$$I = \oint_{\Gamma} |\sqrt{3}y - x| \, \mathrm{d}x = \oint_{C} |\sqrt{3}y - x| \, \mathrm{d}x,$$

其中，C 为 xOy 面上的圆 $x^2+y^2=4$，方向取逆时针方向. C 上 (x,y) 处的法向量 $\boldsymbol{n}=\{x,y\}$，$\boldsymbol{t}=\{-y,x\}$，且 $\boldsymbol{t}^0=\left\{-\dfrac{y}{2},\dfrac{x}{2}\right\}$. 于是由两类曲线积分之间的关系，得

$$I = \oint_{C} |\sqrt{3}y - x| \left(-\frac{y}{2}\right) \mathrm{d}s,$$

由于曲线积分关于原点对称，且被积函数

$$f(x,y) = |\sqrt{3}y - x| \left(-\frac{y}{2}\right)$$

关于 x,y 变量为奇函数，即 $f(-x,-y)=f(x,y)$，因此由曲线积分的对称性得 $I=0$.

六、由积分区间的可加性，有

$$\int_{0}^{m} \cos \frac{2\pi n [x+1]}{m} \mathrm{d}x = \sum_{k=1}^{m} \int_{k-1}^{k} \cos \frac{2\pi n [x+1]}{m} \mathrm{d}x$$

$$= \sum_{k=1}^{m} \int_{k-1}^{k} \cos \frac{2\pi n k}{m} \mathrm{d}x$$

$$= \sum_{k=1}^{m} \cos k \frac{2\pi n}{m}.$$

如果 m 是 n 的因子，则 $\int_{0}^{m} \cos \dfrac{2\pi n [x+1]}{m} \mathrm{d}x = m$. 否则，由三角恒等式

$$\sum_{k=1}^{m} \cos kt = \cos \frac{m+1}{2}t \cdot \frac{\sin \frac{mt}{2}}{\sin \frac{t}{2}},$$

可得

$$\int_{0}^{m} \cos \frac{2\pi n [x+1]}{m} \mathrm{d}x = \cos\left(\frac{m+1}{2} \cdot \frac{2\pi n}{m}\right) \cdot \frac{\sin\left(\frac{m}{2} \cdot \frac{2\pi n}{m}\right)}{\sin \frac{2\pi n}{2m}} = 0.$$

由此得 $f(2\,021) = 1 + 43 + 47 + 2\,021 = 2\,112$.

七、(1) 对任意 $\varepsilon > 0$，取 $0 < a < \dfrac{\varepsilon}{2}$，将积分区间分成两段，得

$$u_n = \int_0^1 \frac{\mathrm{d}t}{(1+t^4)^n} = \int_0^a \frac{\mathrm{d}t}{(1+t^4)^n} + \int_a^1 \frac{\mathrm{d}t}{(1+t^4)^n}.$$

由于

$$\int_a^1 \frac{\mathrm{d}t}{(1+t^4)^n} \leqslant \frac{1-a}{(1+a^4)^n} < \frac{1}{(1+a^4)^n} \to 0 \quad (n \to \infty),$$

所以存在正整数 N，当 $n > N$ 时，$\int_a^1 \frac{\mathrm{d}t}{(1+t^4)^n} < \frac{\varepsilon}{2}$，从而

$$0 \leqslant u_n < a + \int_a^1 \frac{\mathrm{d}t}{(1+t^4)^n} < \frac{\varepsilon}{2} + \frac{\varepsilon}{2} = \varepsilon.$$

所以 $\lim\limits_{n \to \infty} u_n = 0$.

（2）显然 $0 < u_{n+1} = \int_0^1 \frac{\mathrm{d}t}{(1+t^4)^{n+1}} \leqslant \int_0^1 \frac{\mathrm{d}t}{(1+t^4)^n} = u_n$，即 u_n 单调递减，又 $\lim\limits_{n \to \infty} u_n = 0$，故

由莱布尼茨判别法知，$\sum\limits_{n=1}^{\infty} (-1)^n u_n$ 收敛. 又当 $n \geqslant 2$ 时，有

$$u_n = \int_0^1 \frac{\mathrm{d}t}{(1+t^4)^n} \geqslant \int_0^1 \frac{\mathrm{d}t}{(1+t)^n} = \frac{1}{n-1}(1 - 2^{1-n}),$$

$\sum\limits_{n=2}^{\infty} \frac{1}{n-1}$ 发散，$\sum\limits_{n=2}^{\infty} \frac{1}{n-1} \frac{1}{2^{n-1}}$ 收敛，所以 $\sum\limits_{n=2}^{\infty} \frac{1}{n-1}\left(1 - \frac{1}{2^{n-1}}\right)$ 发散，从而 $\sum\limits_{n=1}^{\infty} u_n$ 发散. 因此级

数 $\sum\limits_{n=1}^{\infty} (-1)^n u_n$ 条件收敛.

（3）先求 $\sum\limits_{n=1}^{\infty} \frac{u_n}{n}$ 的和. 因为

$$u_n = \int_0^1 \frac{\mathrm{d}t}{(1+t^4)^n} = \frac{t}{(1+t^4)^n}\Big|_0^1 + n\int_0^1 \frac{4t^4\,\mathrm{d}t}{(1+t^4)^{n+1}}$$

$$= \frac{1}{2^n} + 4n\int_0^1 \frac{t^4\,\mathrm{d}t}{(1+t^4)^{n+1}}$$

$$= \frac{1}{2^n} + 4n\int_0^1 \frac{1+t^4-1}{(1+t^4)^{n+1}}\mathrm{d}t = \frac{1}{2^n} + 4n(u_n - u_{n+1}),$$

所以

$$\sum_{n=1}^{\infty} \frac{u_n}{n} = \sum_{n=1}^{\infty} \frac{1}{n2^n} + 4\sum_{n=1}^{\infty} (u_n - u_{n+1}) = \sum_{n=1}^{\infty} \frac{1}{n2^n} + 4u_1,$$

由 $\ln(1+x) = \sum\limits_{n=1}^{\infty} (-1)^{n-1} \frac{x^n}{n}$，取 $x = -\frac{1}{2}$，得 $\sum\limits_{n=1}^{\infty} \frac{1}{n2^n} = \ln 2$，又

$$u_1 = \int_0^1 \frac{\mathrm{d}t}{1+t^4} = \frac{\sqrt{2}}{8}\left[\pi + 2\ln(1+\sqrt{2})\right],$$

故得

$$\sum_{n=1}^{\infty} \frac{u_n}{n} = \ln 2 + \frac{\sqrt{2}}{2}\left[\pi + 2\ln(1+\sqrt{2})\right].$$

由于当 $p \geqslant 1$ 时，有 $\frac{u_n}{n^p} \leqslant \frac{u_n}{n}$，又 $\sum\limits_{n=1}^{\infty} \frac{u_n}{n}$ 收敛，所以级数 $\sum\limits_{n=1}^{\infty} \frac{u_n}{n^p}$ 收敛.

参考文献

[1] 同济大学数学系.高等数学[M].7 版.北京：高等教育出版社,2014.

[2] 张天德,窦慧,崔玉良.全国大学生数学竞赛辅导指南[M].北京：清华大学出版社,2014.

[3] 尹逊波,靳水林,郭玉坤.全国大学生数学竞赛复习全书[M].哈尔滨：哈尔滨工业大学出版社,2014.

[4] 周本虎,任耀峰.大学生数学竞赛辅导：高等数学题型方法技巧[M].北京：科学出版社,2015.

[5] 陈仲.高等数学竞赛题解析教程[M].南京：东南大学出版社,2016.

[6] 蒲和平.大学生数学竞赛教程[M].北京：电子工业出版社,2014.

[7] 董秋仙,高文明.大学生数学竞赛指导全书[M].北京：科学出版社,2017.

[8] 裴礼文.数学分析中的典型例题与方法[M].北京：高等教育出版社,2014.

[9] 马儒宁,朱晓星.高等数学竞赛教程[M].北京：机械工业出版社,2014.

[10] 国防科学技术大学数学竞赛编写组.大学生数学竞赛指导[M].北京：清华大学出版社,2014.

[11] 胡适耕,张显文.数学分析原理与方法[M].北京：科学出版社,2008.

[12] 蔡燧林.高等数学例题精选[M].北京：清华大学出版社,2011.